Oldenbourgs

Technische Handbibliothek.

———

Band VIII:

Heinel, C., Bau und Betrieb von Kälte-
Maschinenanlagen etc.

München und **Berlin.**

Druck und Verlag von R. Oldenbourg.

1906.

Bau- und Betrieb von Kälte-Maschinenanlagen.

Zahlenstoff und Winke für Ingenieure,
Baubehörden, Kältemaschinenbesitzer etc.

———

Von

Ingenieur C. Heinel,

Privatdozent an der techn. Hochschule Berlin.

———

Mit 108 Abbildungen und 19 Tafeln.

München und Berlin.
Druck und Verlag von R. Oldenbourg.
1906.

VORWORT.

Über Kältemaschinen ist schon reichlich geschrieben worden. Wenn ich es trotzdem wage, dem Vorhandenen
ein neues Buch zuzufügen, so geschieht es in der Absicht,
den bisherigen guten Teil der Literatur zu ergänzen und
Lücken zu füllen, die ich im Verlaufe meiner Tätigkeit als
Praktiker und Lehrer empfunden habe. Daß es mir nicht
gelingen werde, sämtliche Lücken zu füllen, wußte ich von
vornherein und hoffe in dieser Hinsicht auf Kritik, Anregung
und Unterstützung.

So konnten insbesondere über die neueren raschlaufenden
Kompressoren Zahlenangaben für Leistung und Arbeitsbedarf
noch nicht gegeben werden, da die Versuche der ausführenden Firmen noch nicht vollständig abgeschlossen sind, und
weil die Firmen nicht durch vorzeitige Bekanntgabe ihren
Vorsprung einbüßen wollen.

Daß und inwiefern der Wunsch nach raschlaufenden
Kompressoren auch in der Kälteindustrie große Berechti-
gung hat, ist im vorliegenden Werke an geeigneten Stellen
wiederholt hervorgehoben.

Überhaupt geht mein Bestreben dahin, wo nur irgend
möglich, Fortschritt zu fordern und den Weg dazu anzudeuten, soweit es unsere jetzigen Kenntnisse erlauben.

Hierbei sowohl als auch in den theoretischen Ableitungen
habe ich mich nicht stören lassen durch den Mangel an physikalischen Versuchsergebnissen, in der Absicht, dem Physiker
zu zeigen, wo er fruchtbare Felder in seiner bisherigen Arbeit
übersehen hat, letzteres vielleicht deshalb, weil die Praktiker
nicht immer deutlich genug darlegen, wo sie der Unterstützung

der Physiker bedürfen. Dagegen habe ich es an anderer
Stelle vermieden, Zahlen als Evangelium zu geben, die als
unsicher gelten. Hier müssen die Versuche und Erfahrungen
der Ingenieure selbst eingreifen an Hand der gegebenen
allgemeinen Gesichtspunkte und Winke.

Meine Vorliebe für bildliche Darstellung und Aufzeichnung hat bei dem Verlage äußerst dankenswerte Unterstützung
gefunden. Zum Danke dafür habe ich mich bemüht, in die
einzelnen Figuren recht viel Erklärungen hineinzulegen und
dafür Text zu sparen.

Es möge das als Versuch angesehen werden, durch ein
gutes Beispiel der Unsitte entgegenzutreten, daß manche Verfasser die Figuren mit mangelhaftem oder gar keinem Text
ausstatten, um dafür desto längere Erklärungen im Texte
geben zu können. Das letztere macht jedoch ein Buch un-
übersichtlich und minderwert.

Da das vorliegende Buch den Ingenieur auch auf der
Reise begleiten soll, habe ich außerdem, wo irgend möglich,
den Telegrammstil walten lassen; aus diesem Grunde wird
man sich in die Darstellungsweise erst etwas einleben müssen.
Sollte ich mich bezüglich der Faßbarkeit der Darstellung da
oder dort getäuscht haben, so bitte ich um kritische Mit-
teilung.

Einzelne der Figuren, die sich auf die Darstellung der
Energie- und Wärmemengen beziehen, sind einem früheren
Aufsatze des Verfassers entnommen und konnte ich sie daher
als bekannt ansehen. Jedoch hielt ich ihre Wiederholung an
dieser Stelle zur Unterstützung des Gedächtnisses für nötig.

Der Anhang des Buches enthält eine Reihe von Größenabmessungen für Hilfsmaschinen der Kältetechnik. Ich habe
den betr. Tabellen die Namen der ausführenden Firmen bei-
gegeben, um anzudeuten, daß die Größenabmessungen nicht
allgemein gültig sind und daß jede Firma andere Tabellen
besitzt. Jedoch dürften die Tabellen insbesondere den
Herren Baumeistern guten Anhalt für die Abmessungen der
Maschinenräume geben und auch dem auf der Reise befind-
lichen Ingenieur ermöglichen, rasch ein Projekt zu Papier zu
bringen.

Endlich danke ich der Industrie für freundliche Unterstützung, ferner insbesondere Herrn Ingenieur Petri in Pforzheim für die unermüdliche Ausdauer bei der Durchrechnung der Tabellen und der Aufzeichnung der Zahlentafeln, sowie der Verlagsbuchhandlung C. Steinert, Weimar, für Überlassung vieler Klischees.

Benützte Literatur:

»Zeitschrift für die gesamte Kälte-Industrie«.

Verlag: Oldenbourg.

Des Verfassers: »Vereinfachte Darstellung thermodynamischer Aufgaben des Maschinenbaues mittels Schaulinien.« Verlag: C. Steinert, Weimar.

H. Lorenz: »Neuere Kühlmaschinen«.

Verlag: Oldenbourg.

Stetefeld: »Die Eis- und Kälteerzeugungs-Maschinen«.

Verlag: Max Waag.

Hrabak: »Hilfsbuch für Dampfmaschinen-Techniker«.

Landolt & Börnstein: »Physikalisch-chemische Tabellen«.

U. a. (siehe die Notizen an den betr. Stellen).

Charlottenburg, Januar 1906.

C. HEINEL.

Berichtigungen.

Seite 136 sollte heißen Zeile 10 bis 15 folgendermaßen:

War beim Hauptversuch bei Eintritt der Garantie-Temperatur-verhältnisse die Absenkung der Temperatur pro Stunde (ermittelt durch Tangente an die Temperatur-Absenkungskurve) b °C, und beim Erwärmungsversuch (erstem Hilfsversuch) die Erhöhung der Salzwassertemperatur (ermittelt durch Tangente an die Temperatur-Erhöhungskurve im Punkte der mittleren Garantietemperatur) c °C, so ist

$$M_{|stunde} = \frac{Q^{lt}\,(t_1 - t_2)\,c_p \cdot \gamma \text{ (aus Hauptversuch)}}{c} \cdot b +$$

$$+ \frac{\text{Kälteverlust (aus zweitem Hilfsversuch}}{c} \cdot b.$$

Zur Messung von t_1, t_2 b und c ist zu bemerken, daß dieselben ermittelt werden müssen für die . . . . .

Zeile 26 sollte heißen unter Streichung von M:

Um den Kälteverlust . . . . .

Seite 177. Zeile 24 und 25 sollte heißen:

Endlich ist das Vorschieben der Zellenreihen beim langen und schmalen Eiserzeuger schwieriger als bei einem kürzeren und breiteren.

Inhaltsverzeichnis.

Inhalt des Anhanges.

Vorbemerkung

zu den

Figuren 1—6, Tafel I—XIII, Figuren 7, 10, 15, 16, 33—37.

Die in diesen Figuren und Tafeln verwendete Darstellungsweise der Energieinhalte und Wärmemengen ist in des Verfassers: Vereinfachte Darstellung thermodynamischer Aufgaben des Maschinenbaues vermittels Schaulinien, Verlag: C. Steinert, Weimar, näher begründet und ausgeführt.

Tabelle 1. Thermodynamische Zahlen für vollkommene Gase.

Gasart	Chem. Formel	Spez. Gewicht bei 45° kg/cbm	bezogen auf H=1	Ausdehn.-Koeffizient α bei konstantem Druck	Gas-konstante $R = \frac{1}{a}(c_p - c_v)$	c_p pro 1 kg Druck konst.	c_v Volumen konst.	$\varkappa = \frac{c_p}{c_v}$	$\frac{k}{k-1}$	$\frac{k-1}{k}$	Ungefähre untere Grenze für die Behandlung als vollkommenes Gas	$p_{kr} =$ kg/qcm	$t_{kr} =$ °C
Wasserstoff	H	0,0896	1,	0,003661	422,57	3,41	2,41	1,41	3,44	0,291	bis −200° selbst bei Drucken bis 150 Atm.	—	—
Sauerstoff	O	1,4298	15,96	0,003674	26,472	0,2175	0,1551	1,40	3,50	0,286	bis −100° bei $p=2$ Atm. » − 50° » $p=200$ »	50,5	−118,5
Stickstoff	N	1,2562	14,03	0,003667	30,13	0,244	0,173	1,41	3,44	0,291	bis −150° bei $p=2$ Atm. » −100° » $p=200$ »	34	−146
Atm. Luft 23,1% O 76,9% N		1,2932	14,44	0,003665	29,269	0,2375	0,1685	1,41	3,44	0,291	ähnlich wie bei N	39	−140
Kohlenoxyd	CO	1,2509	13,97	0,0,3667	30,257	0,245	0,174	1,41	3,44	0,291	» » »	35,7	−140
Schweflige Säure	SO$_2$	—	31,95	0,0037	12,9	0,155	0,123	1,26	4,85	0,206	bis 100° bei $p=1$ Atm. » 250° » $p=5$ »	78,9	+157
Kohlensäure	CO$_2$	—	21,94	0,00371	21,35	0,217	0,167	1,30	4,33	0,231	über 100° bei $p=20$ » » 300° » $p=70$ »	77	31
Ammoniak	NH$_3$	—	8,50	0,0037	54,2	0,525	0,398	1,32	4,12	0,242	über 100° bei $p=10$ » » 500° » $p=100$ »	115	130

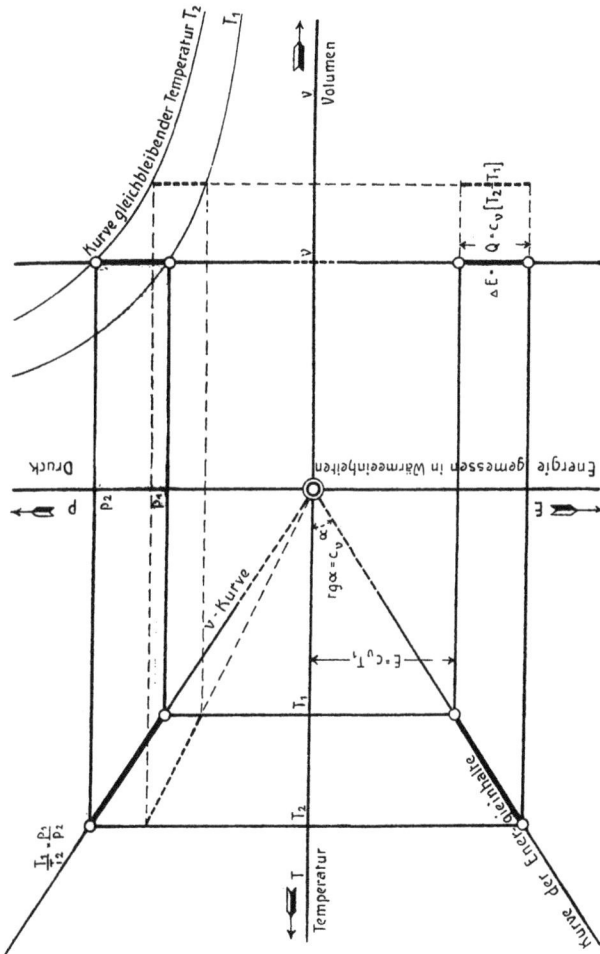

Fig. 1.

Zustandsänderung bei gleichbleibendem Volumen.

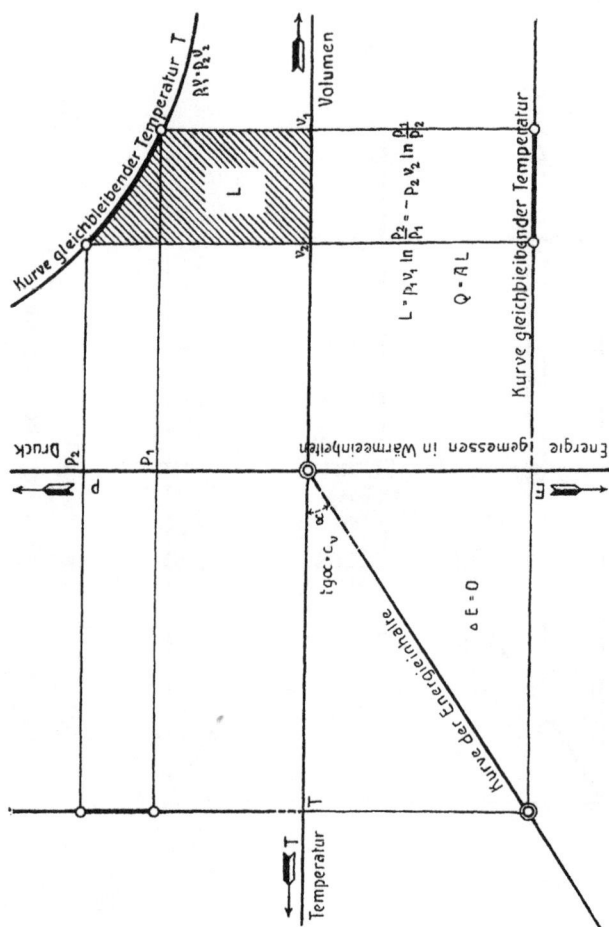

Zustandsänderung bei gleichbleibender Temperatur.

Fig. 2.

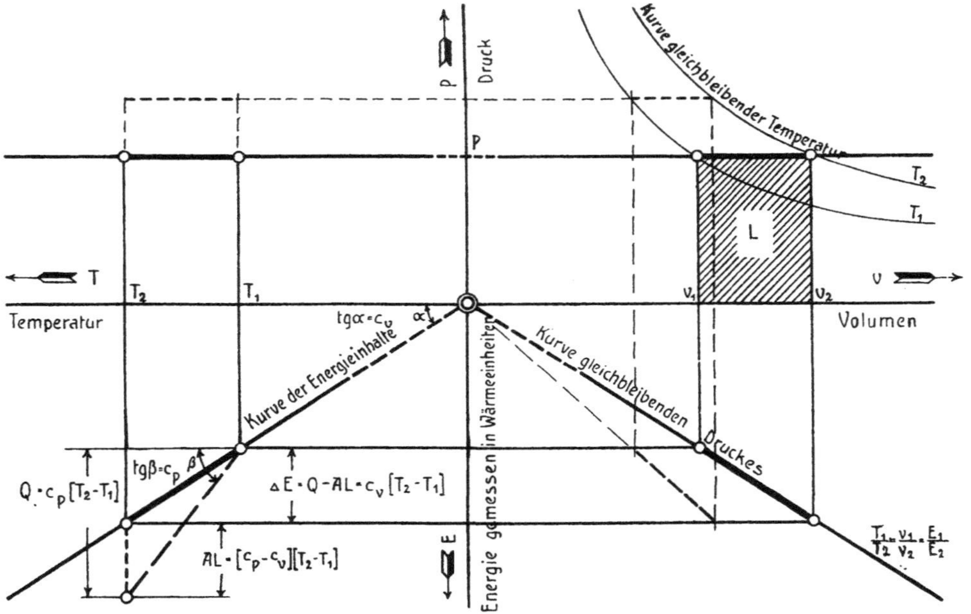

Volumen

T_2

T_1

v

Kurve gleichbleibender Temperatur

L

v_2 v_1

Kurve gleichbleibenden Druckes

$\dfrac{T_1 \cdot v_1 \cdot E_1}{T_2 \cdot v_2 \cdot E_2}$

Druck

p

P

Energie gemessen in Wärmeeinheiten

Fig. 3.

$tg\alpha = c_v$

Kurve der Energieinhalte

$\Delta E \cdot Q \cdot AL \cdot c_v \cdot [T_2 - T_1]$

$AL \cdot [c_p - c_v][T_2 - T_1]$

$tg\beta = c_p$ β

$Q \cdot c_p [T_2 - T_1]$

Temperatur

T

T_1 T_2

E

Zustandsänderung bei gleichbleibendem Drucke.

$\dfrac{v_2}{v_1} = \dfrac{1 + \alpha t_2}{1 + \alpha t_1}$; $T = 273° + t$, $\alpha =$ Ausdehnungskoeffizient für gleichbleibenden Druck $\sim \dfrac{1}{273}$ bei fast allen vollkommenen Gasen.

$v_1 = v$bei $0°$ C $\cdot (1 + \alpha t_1)$

$p_1 v_1 = L \begin{cases} (T = T_1, p = p_1) \\ (T = 0, \ p = p_1) \end{cases} = A \cdot (c_p - c_v) \cdot T_1 = R T_1$

$c_v =$ spezifische Wärme bei konstantem Volumen

$c_p =$ „ „ „ Druck

$A =$ Arbeitsäquival. der Wärme = 427 mkg = 1 Kalorie; 1 Kalorie = Wärmemenge, um 1 kg Wasser bei atm. Druck von 14° auf 15° C zu erwärmen.

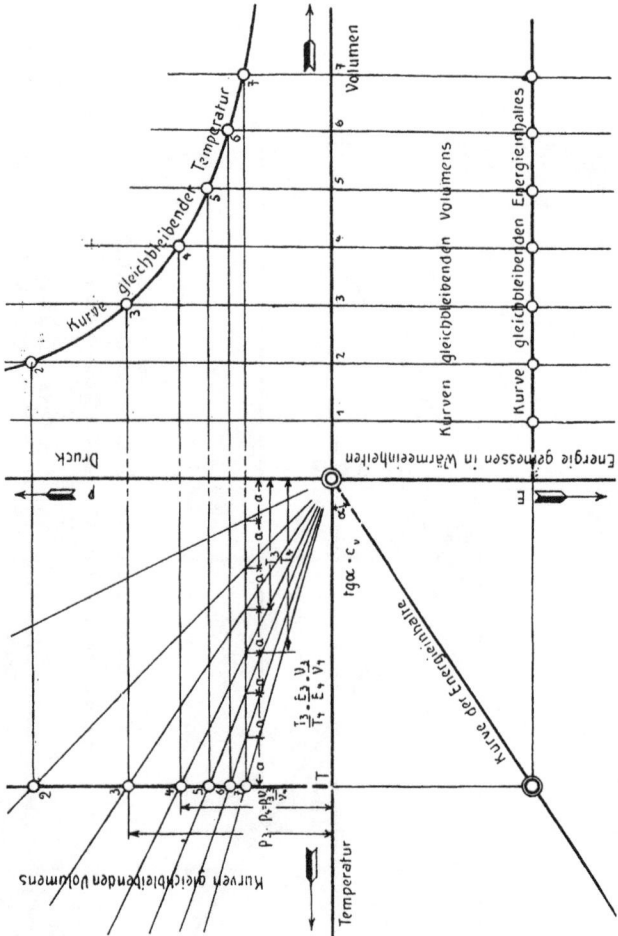

Fig. 4.

Konstruktion einer Kurve gleichbleibender Temperatur aus einer Kurve gleichen Energieinhaltes und einer Gruppe von Kurven gleichbleibenden Volumens.

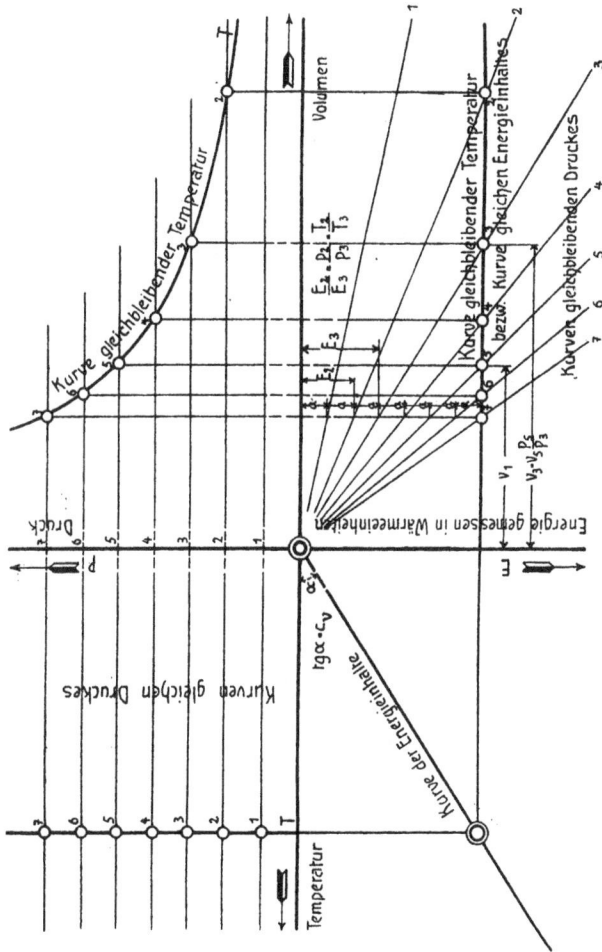

Fig. 5.

Konstruktion einer Kurve gleichbleibender Temperatur aus einer Kurve gleichen Energieinhaltes und einer Gruppe von Kurven gleichen Druckes.

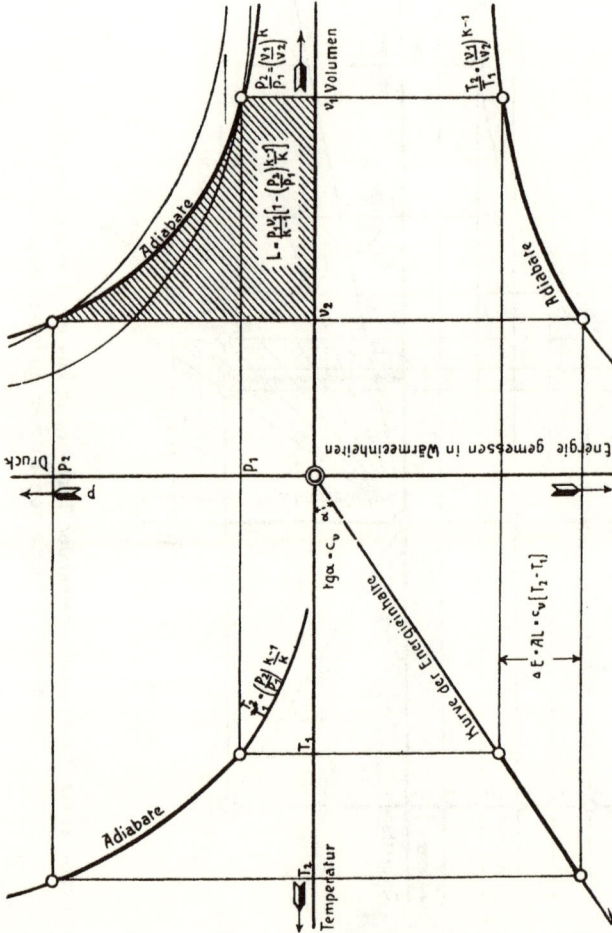

Fig. 6.

Adiabatische Zustandsänderung.

Tabelle 2. Werte von $\dfrac{1+\alpha T_1}{1+\alpha T} = \dfrac{273+T_1}{273+T}$.

$T_1 =$	$T = 40$	35	30	25	20	15	10	+5	0	−5	10	15	20	−25
−25	0,792	0,805	0,818	0,832	0,846	0,861	0,876	0,892	0,908	0,925	0,943	0,961	0,98	1,000
20	0,808	0,821	0,835	0,849	0,863	0,878	0,894	0,91	0,928	0,944	0,962	0,981	1,00	1,020
15	0,824	0,838	0,851	0,866	0,880	0,896	0,912	0,928	0,945	0,963	0,981	1,00	1,02	1,040
10	0,84	0,854	0,868	0,882	0,898	0,913	0,929	0,946	0,963	0,981	1,00	1,019	1,04	1,061
− 5	0,856	0,87	0,884	0,899	0,915	0,931	0,947	0,964	0,982	1,000	1,019	1,039	1,059	1,081
0	0,872	0,886	0,901	0,916	0,932	0,948	0,965	0,982	1,000	1,019	1,038	1,058	1,079	1,101
+ 5	0,888	0,903	0,917	0,933	0,949	0,965	0,982	1,000	1,018	1,037	1,057	1,078	1,099	1,121
10	0,904	0,919	0,934	0,95	0,966	0,983	1,000	1,018	1,037	1,056	1,076	1,097	1,119	1,141
15	0,920	0,935	0,95	0,966	0,983	1,000	1,018	1,036	1,055	1,075	1,095	1,116	1,138	1,161
20	0,936	0,951	0,967	0,983	1,000	1,017	1,035	1,054	1,073	1,093	1,114	1,136	1,158	1,182
25	0,952	0,968	0,983	1,000	1,017	1,035	1,053	1,072	1,092	1,112	1,133	1,155	1,178	1,202
30	0,968	0,984	1,000	1,017	1,034	1,052	1,071	1,09	1,110	1,131	1,152	1,175	1,198	1,222
35	0,984	1,000	1,017	1,034	1,051	1,069	1,088	1,108	1,128	1,149	1,171	1,194	1,218	1,242
40	1,000	1,016	1,033	1,05	1,068	1,087	1,106	1,126	1,147	1,168	1,190	1,213	1,237	1,262

Tabelle 3.

Volumina für verschiedene Druckverhältnisse $\frac{p_1}{p_2}$
bei adiabatischer Veränderung. $v_1 = y \cdot v_2$.

$p_1 = x \cdot p_2$	$k = 1{,}42$	$k = 1{,}32$	$k = 1{,}30$	$k = 1{,}27$	$k = 1{,}25$
	$y =$				
$x = 1{,}1$	0,9311	0,93045	0,92931	0,92771	0,92660
1,2	0,8764	0,87099	0,86916	0,86629	0,86418
1,3	0,8284	0,81975	0,81725	0,81338	0,81069
1,4	0,7851	0,77498	0,77196	0,76726	0,76400
1,5	0,7477	0,73552	0,73207	0,72670	0,72299
1,6	0,7157	0,70043	0,69662	0,69069	0,68660
1,7	0,6858	0,66837	0,66474	0,65818	0,65404
1,8	0,6587	0,64064	0,63627	0,62806	0,62486
1,9	0,6338	0,61498	0,61036	0,60327	0,59841
2,0	0,6116	0,59148	0,58674	0,57939	0,57418
2,2	0,5719	0,55020	0,54526	0,53763	0,53218
2,4	0.5379	0,51519	0,50996	0,50191	0,49640
2,6	0,5083	0,48505	0,47968	0,47143	0,46578
2,8	0,4825	0,45840	0,45293	0,44454	0,43881
3,0	0,4597	0,43506	0,42953	0,42104	0,41524
3,5	0,4123	0,38710	0,38150	0,37291	0,36707
4,0	0,3753	0,34986	0,34426	0,33569	0,32988
4,5	0,3455	0,31999	0,31444	0,30596	0,30022
5,0	0,3202	0,29544	0,28996	0,28161	0,27594
5,5	0,2999	0,26963	0,26921	0,26124	0,25569
6,0	0,28314	0,25739	0,25201	0,24394	0,23850
7	0,25401	0,22896	0,22383	0,21578	0,21082
8	0,23312	0,20694	0,20199	0,19450	0,18946
9	0,21282	0,18927	0,18449	0,17727	0,17243
10	0,19759	0,17475	0,17012	0,16316	0,15849
12	0,17379	0,15221	0,14786	0,14134	0,13698
15	0,14852	0,12854	0,12454	0,11835	0,11459
20	0,12410	0,10336	0,099819	0,094531	0,091029
25	0,10364	0,087292	0,084074	0,079298	0,076147
30	0,091155	0,076028	0,073074	0,068695	0,065812
40	0,074438	0,06114	0,058567	0,054770	0,052283
50	0,063612	0,05163	0,049327	0,045944	0,043735
75	0,047813	0,037975	0,036112	0,033387	0,031619
100	0,039044	0,030539	0,028943	0,026620	0,025119

Tabelle 4.
Temperaturen für verschiedene Druckverhältnisse
bei adiabat. Veränderung. $T_1 = y \cdot T_2$.

$p_1 = x \cdot p_2$	$k = 1{,}42$	$k = 1{,}32$	$k = 1{,}30$	$k = 1{,}27$	$k = 1{,}25$
	$y =$				
$x = 1{,}1$	1,0286	1,0234	1,0222	1.0205	1,0188
1,2	1,0554	1,0452	1,0430	1,0395	1,0361
1,3	1,0806	1,0657	1,0624	1,0574	1,0541
1,4	1,1045	1,0850	1,0807	1,0742	1,0696
1,5	1,1275	1,1033	1,0981	1,0900	1,0845
1,6	1,1493	1,1207	1,1146	1,1051	1,0985
1,7	1,1700	1,1374	1,1303	1,1195	1,1120
1,8	1,1900	1,1531	1,1452	1,1331	1,1247
1,9	1,2093	1,1659	1,1597	1,1462	1,1370
2,0	1,2275	1,1827	1,1735	1,1583	1,1487
2,2	1,262	1,2106	1,1996	1,1825	1,1708
2,4	1,2953	1,2336	1,2219	1,2056	1,1913
2,6	1,3263	1,2605	1,2466	1,2251	1,2105
2,8	1,3555	1,2835	1,2682	1,2447	1,2287
3,0	1,3837	1,3046	1,2885	1,2631	1,2457
3,5	1,449	1,3548	1,3352	1,3051	1,2847
4,0	1,507	1,3986	1,3770	1,3427	1,3195
4,5	1,5603	1,4399	1,4140	1,3755	1,3509
5,0	1,6100	1,4772	1,4498	1,4080	1,3797
5,5	1,6557	1,5117	1,4820	1,4368	1,4063
6,0	1,699	1,5442	1,5121	1,4636	1,4310
7,0	1,7822	1,6025	1,5668	1,5124	1,4758
8	1,8497	1,6555	1,6159	1,5560	1,5157
9	1,9153	1,7035	1,6604	1,5954	1,5519
10	1,9759	1,7475	1,7013	1,6316	1,5849
12	2,0854	1,8265	1,7744	1,6960	1,6417
15	2,2277	1,9280	1,8681	1,7784	1,7188
20	2,4256	2,0673	1,9964	1,8906	1,8206
25	2,5910	2,1822	2,1018	1,9825	1,9037
30	2,7346	2,2808	2,1931	2,0608	1,9743
40	2,9774	2,4455	2,3427	2,1908	2,0913
50	3,1806	2,5814	2,4664	2,2972	2,1867
75	3,5859	2,8481	2,7084	2,5041	2,3714
100	3,9043	3,0538	2,8943	2,6620	2,5119

Zustandsänderung von Dämpfen.

Tafel I.   Veränderung bei gleichbleibendem Druck.

Zugeführte Wärme besteht aus:

1. Innere Flüssigkeitswärme $= \int_{t_1}^{t_2} c\, dt = E_2 - E_1$ ⎫ Summe dieser beiden heißt ganzer Flüssigkeitswärme-

2. Äquivalent der äußeren
   Arbeit $= A p_1\, (v_2 - v_1)$ ⎬ Unterschied.

3. Innere Verdampfungs-
   wärme $= \varrho = E_3 - E_2$ ⎫ Summe dieser beiden heißt ganze Verdampfungswärme $= r$.

4. Äquivalent der äußeren
   Verdampfungsarbeit $= A p_2\, (v_3 - v_2)$ ⎬

5. Innere Überhitzungswärme
   des Dampfes $= \int_{t_3}^{t_4} c\, dt = E_4 - E_3$ ⎫ Summe dieser beiden heißt ganze Überhitzungswärme des Dampfes.

6. Äquivalent der Ausdehnungsarbeit des überhitzten Dampfes ⎬

Alle 6 Teilwärmemengen sind im allgemeinen abhängig von Druck und Temperatur, die spezifische innere Wärmemenge der Flüssigkeit und des überhitzten Dampfes bei gleichbleibendem Druck ist in der Nähe der Grenzkurve stark veränderlich mit der Temperatur, weiter davon entfernt fast gleichbleibend und weniger oder fast gar nicht mehr abhängig vom Druck.

Fig. 7.   Änderung bei gleichbleibendem Volumen.

Zuzuführende Wärmemenge = Energieinhaltsänderung.

Tafel II.   Veränderung bei gleichbleibender Temperatur (Isotherme) und Veränderung bei gleichbleibendem Energieinhalt (Isodyname).

Man beachte die Verschiedenheit der beiden Kurven im Verflüssigungsgebiet, die Gleichheit der beiden Kurven im Gebiet des vollkommenen Gases.

Tafel III.   Veränderung, bei welcher äußere Arbeit geleistet wird auf Kosten des Energieinhaltes oder bei welcher der Energieinhalt lediglich durch Aufwand äußerer Arbeit vergrößert wird. (Adiabate.)

Heinel, Kältemaschinen.

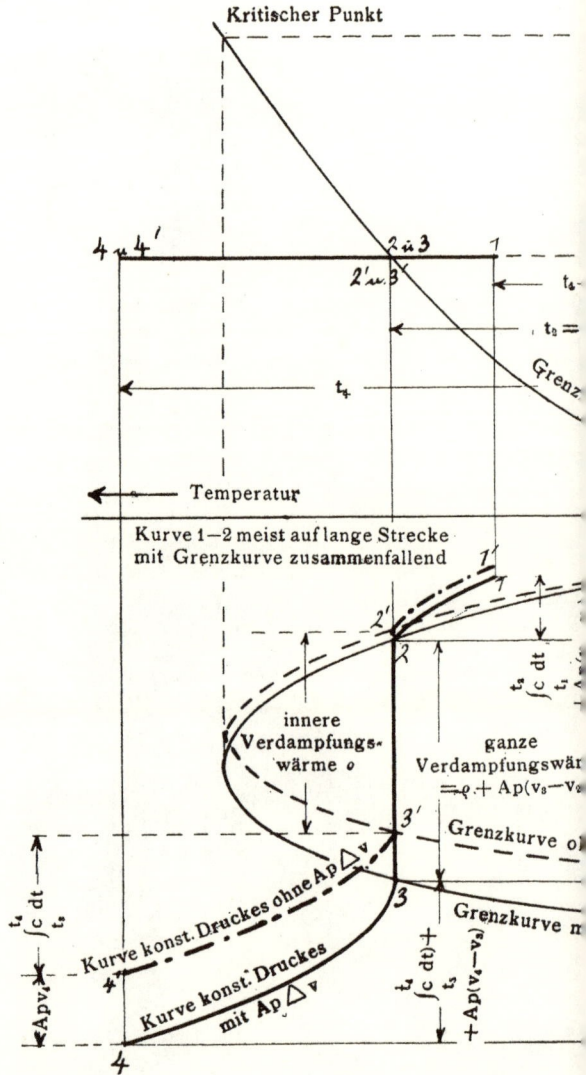

Kritischer Punkt

4 u 4' 2 ü 3 1

2'u.3

t_4

Temperatur

Kurve 1—2 meist auf lange Strecke
mit Grenzkurve zusammenfallend

1'

2'
2

innere
Verdampfungs-
wärme ϱ

ganze
Verdampfungswär
= ϱ + Ap(v₃-v

3' Grenzkurve o

Kurve konst. Druckes ohne Ap△v
4'

Kurve konst. Druckes
mit Ap△v

3 Grenzkurve m

4

Veränderung b

1—2 Erwärmen der Flüssigkeit
2—3 Verdampfen   »   »
3—4 Überhitzen des Dampfes

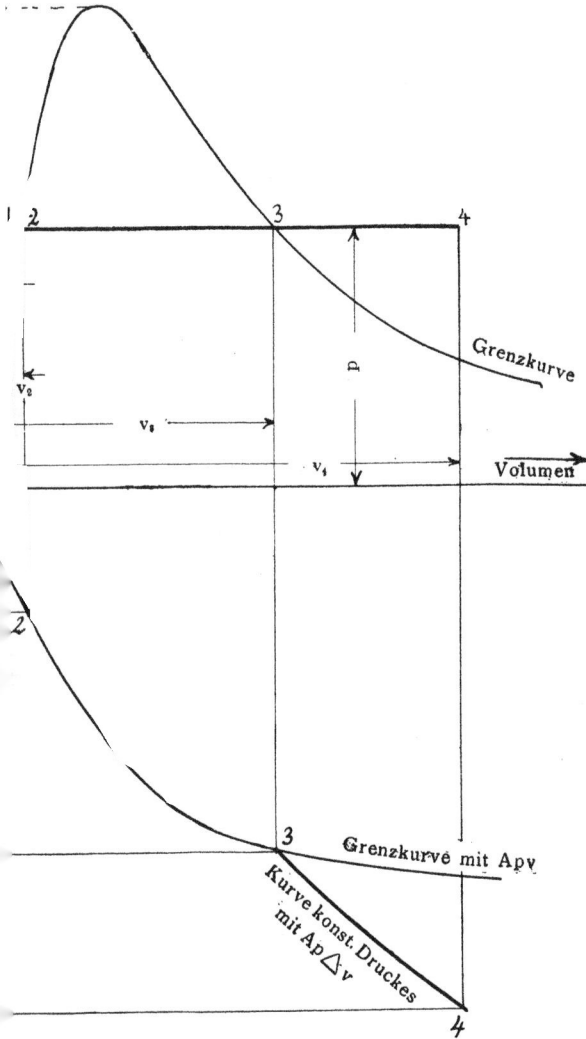

Grenzkurve

p

v₂

v₈

v₄

Volumen

Grenzkurve mit Apv

2

3

Kurve konst. Druckes mit Ap△v

4

ibendem Druck.

unterkühlte Flüssigkeit, bei *2* siedende Flüssigkeit

2 bis *3* nasser Dampf

3 trocken gesättigter Dampf

3 bis *4* überhitzter Dampf.

Druck und Verlag von R. Oldenbourg, München u. Berlin.

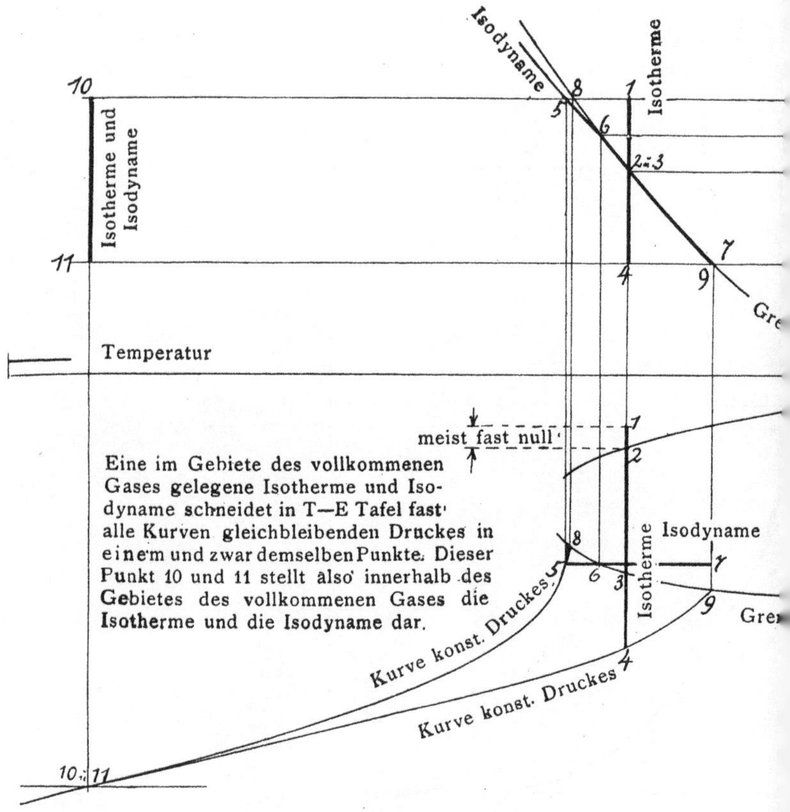

Isodyname

Isotherme

Isotherme und Isodyname

10

11

Temperatur

meist fast null

Eine im Gebiete des vollkommenen
Gases gelegene Isotherme und Iso-
dyname schneidet in T—E Tafel fast
alle Kurven gleichbleibenden Druckes in
einem und zwar demselben Punkte. Dieser
Punkt 10 und 11 stellt also innerhalb des
Gebietes des vollkommenen Gases die
Isotherme und die Isodyname dar.

Isodyname

Isotherme

Kurve konst. Druckes

Kurve konst. Druckes

10 11

Gre

Gre

Isodyname: 5 — 6 — 7 : Zugeführte Wärme $= A \cdot$ Fläche 5 — 7 — 19

Veränderungen bei gleichbleibender Temperatur (Isotherme)

Isotherme und Isodyname zusammenfallend

10

5

8

6

3

Isodyname

Isotherme

7

9

Grenzkurve

4

11

Volumen ⟶

18 14 19 15 16 17

−13 meist
fast null

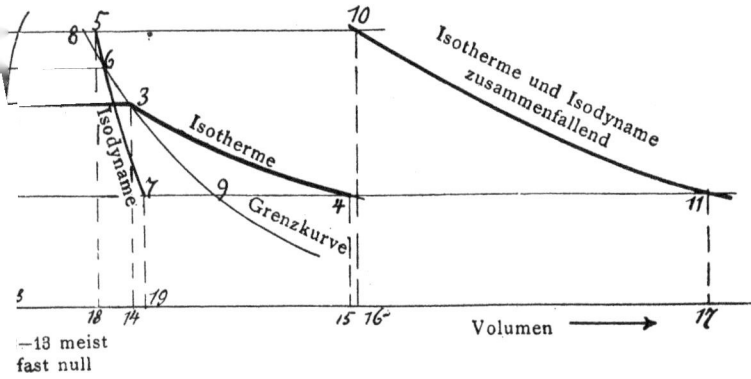

Zuzuführende Wärme besteht aus:

Isotherme 1 — 2 — 3 — 4

1. Innere Flüssigkeitswärme $= \int_{t_1}^{t_2} c\, dt = E_2 - E_1$

2. Äquivalent der äußeren
   Arbeit $= A \cdot$ Fläche $1 - 2 - 13 - 12$

3. Innere Verdampfungs-
   wärme $= \varrho = E_3 - E_2$

4. Äquivalent der äußeren
   Verdampfungsarbeit $= A p_2 (v_3 - v_2)$

5. Innere Dampfwärme $= \int_{t_3}^{t_4} c\, dt = E_4 - E_3$

6. Äquivalent der äußeren
   Dampfarbeit $= A \cdot$ Fläche $3 - 4 - 15 - 14$

änderung bei gleichbleibendem Energiegehalt (Isodyname).

Druck und Verlag von R. Oldenbourg, München u. Berlin.

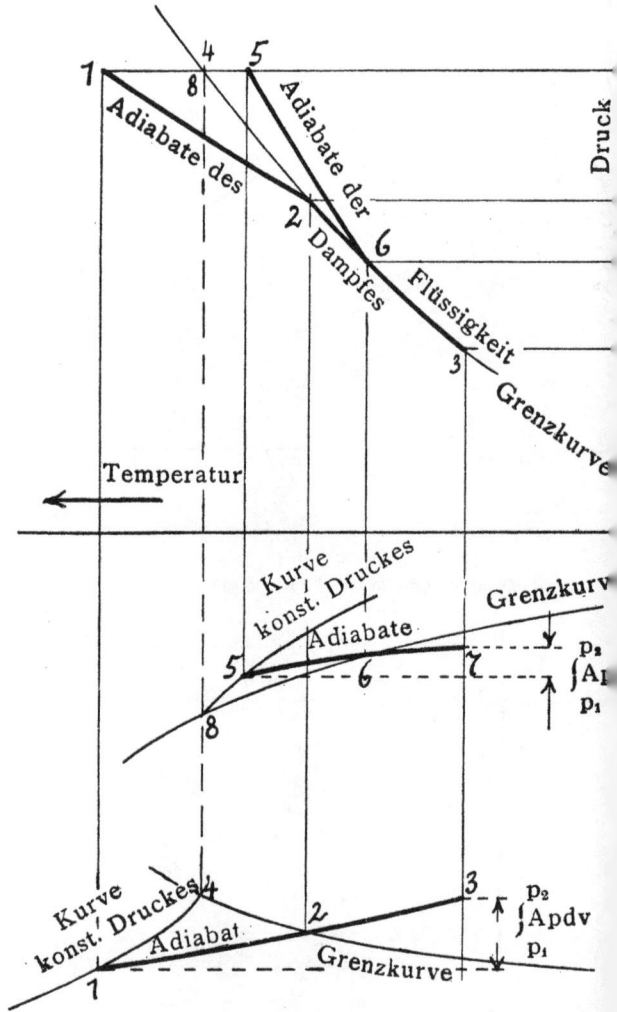

Veränderung, bei welcher äußere Arbeit geleistet wir[d]
der Energieinhalt lediglich durch Aufwa[nd]

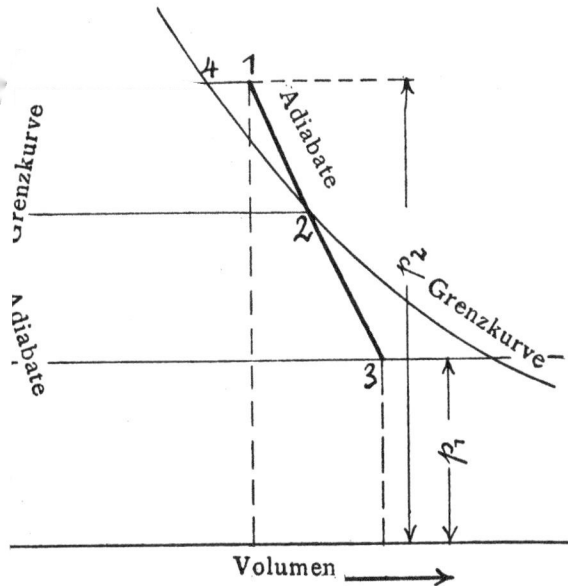

5—6 fast bei allen Flüssigkeiten unbekannt. ($t_5 - t_6$
meist sehr klein.)

6—7 und *2—3* bei manchen Dämpfen dem Gesetz der
gleichbleibenden Entropie folgend:

$$\int_o^{at}\left(\frac{dq}{T} + \frac{r}{T}\right) = \text{konstant; bei anderen unbekannt } (CO_2).$$

1—2 in der Nähe der Verflüssigung fast bei allen Dämpfen
unbekannt, bei niedrigem Anfangsdruck angenähert nach $pv^k = $ konstant, wobei auch k als
konstant angesehen werden kann, über *1* hinaus
nach vollkommenem Gas.

auf Kosten des Energieinhaltes oder bei welcher
Arbeit vergrößert wird. (Adiabate.)

Druck und Verlag von R. Oldenbourg, München u. Berlin

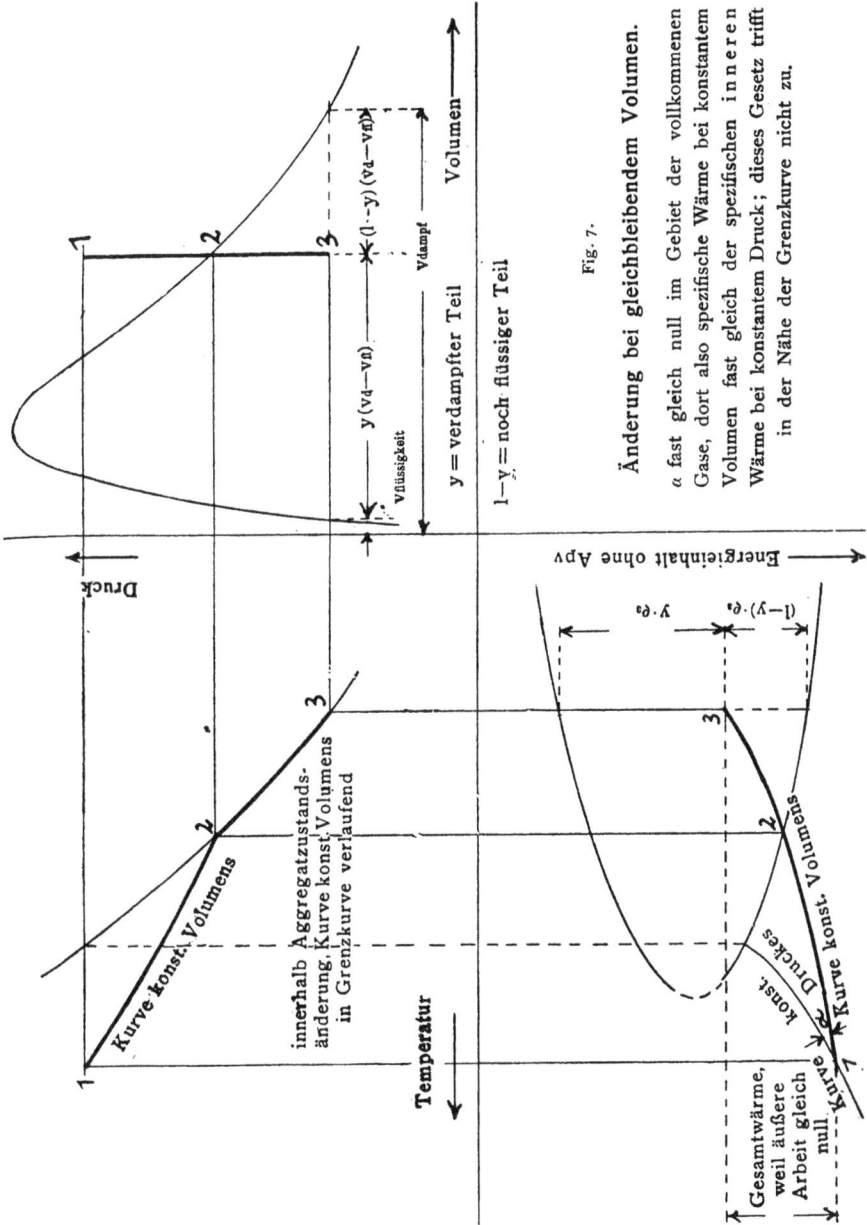

Druck

1 2 3

$y(v_d - v_n)$ — $(1-y)(v_d - v_n)$

Vflüssigkeit — Vdampf

y = verdampfter Teil

$1-y$ = noch flüssiger Teil

Volumen

Fig. 7.

Änderung bei gleichbleibendem Volumen.

a fast gleich null im Gebiet der vollkommenen Gase, dort also spezifische Wärme bei konstantem Volumen fast gleich der spezifischen i n n e r e n Wärme bei konstantem Druck; dieses Gesetz trifft in der Nähe der Grenzkurve nicht zu.

Temperatur

Kurve konst. Volumens

1 2 3

innerhalb Aggregatzustands-änderung, Kurve konst. Volumens in Grenzkurve verlaufend

Energieinhalt ohne Apv

$y \cdot \rho_3$

$(1-y) \cdot \rho_3$

3 2

Kurve konst. Druckes

Kurve konst. Volumens

Gesamtwärme, weil äußere Arbeit gleich null

Tabelle 5. Schwefligsäuredämpfe (nach Lorenz, Technische Wärmelehre).

Temperatur t ⁰ Celsius	Verdampfungsdruck p		Spez. Volumen (1 kg)		Äquivalent der äuß. Verdampfungsarbeit $A \cdot f \cdot (v_d - v_{fl})$	Der siedenden Flüssigkeit auf der inneren Grenzkurve zuzuführende Wärme q	Ganze Verdampfungs-wärme r	Entropiezunahme			Absolute Temperatur T ⁰
	Atm.	kg/qcm	Flüssigkeit v_{fl} cbm	Dampf v_d cbm	WE	WE	WE	während der Verdampfung $\sigma''-\sigma'=\frac{r}{T}$ gegen siedend. Flüssigkeit von t^0	des Dampfes von t^0C geg. siedende Flüssigkeit von 0^0C $\sigma''=\int_0^t \frac{dq}{T}+\frac{r}{T}$	der siedend. Flüssigkeit von t^0C auf der inner. Grenzkurve $\sigma'=\int_0^t \frac{dq}{T}$	
-30	0,38	0,39	0,00066	0,7941	7,32	$-9,26$	103,08	0,424	0,388	$-0,036$	243
-25	0,49	0,51	0,00067	0,6289	7,53	$-7,75$	101,26	0,408	0,378	$-0,030$	248
-20	0,63	0,65	0,00068	0,5026	7,72	$-6,23$	99,41	0,393	0,369	$-0,024$	253
-15	0,80	0,83	0,00068	0,4049	7,88	$-4,69$	97,55	0,378	0,360	$-0,018$	258
-10	1,00	1,03	0,00068	0,3287	8,02	$-3,14$	95,68	0,364	0,352	$-0,012$	263
-5	1,25	1,29	0,00069	0,2687	8,14	$-1,58$	93,78	0,350	0,344	$-0,006$	268
0	1,53	1,58	0,00070	0,2210	8,23	0	91,87	0,337	0,337	0	273
$+5$	1,87	1,93	0,00070	0,1829	8,30	$+1,59$	89,94	0,324	0,330	$+0,006$	278
$+10$	2,26	2,34	0,00071	0,1521	8,35	$+3,20$	88,00	0,312	0,324	$+0,012$	283
$+15$	2,72	2,81	0,00072	0,1272	8,37	$+4,82$	86,03	0,299	0,316	$+0,017$	288
$+20$	3,24	3,35	0,00072	0,1068	8,38	$+6,45$	84,05	0,287	0,310	$+0,023$	293
$+25$	3,84	3,96	0,00073	0,0902	8,37	$+8,10$	82,06	0,275	0,303	$+0,028$	298
$+30$	4,51	4,66	0,00074	0,0762	8,31	$+9,76$	80,04	0,264	0,298	$+0,034$	303
$+35$	5,28	5,46	0,00075	0,0647	8,24	$+11,44$	78,01	0,253	0,292	$+0,039$	308
$+40$	6,15	6,35	0,00076	0,0552	8,15	$+13,13$	75,97	0,243	0,288	$+0,045$	313

Tabelle 6. Ammoniakdämpfe (Lorenz).

Temperatur t^0 Celsius	Verdampfungsdruck p		Spez. Volumen (1 kg)		Äquivalent der äuß. Verdampfungsarbeit $A \cdot p \cdot (v_d - v_{fl})$	Ganze Verdampfungswärme r	Entropiezunahme				Absolute Temperatur T^0
	Atm.	kg/qcm	Flüssigkeit v_{fl} cbm	Dampf v_d cbm	WE	WE	Der siedenden Flüssigkeit auf der inneren Grenzkurve zuzuführende Wärme q WE	während der Verdampfung $\sigma'' - \sigma' = \frac{r}{T}$ geg. siedende Flüssigkeit von t^0	des Dampfes von t^0C geg. siedende Flüssigkeit von 0^0C $\sigma'' = \int_0^t \frac{dq}{T} + \frac{r}{T}$	der siedend. Flüssigkeit von t^0C auf der inner. Grenzkurve $\sigma' = \int_0^t \frac{dq}{T}$	
− 40	0,69	0,77	0,00146	1,6002	27,1	322,0	− 30,1	1,382	1,264	− 0,118	233
− 35	0,90	0,93	0,00147	1,2565	27,6	319,8	− 26,5	1,344	1,241	− 0,103	238
− 30	1,15	1,19	0,00149	0,9961	28,0	317,6	− 22,9	1,307	1,219	− 0,088	243
− 25	1,46	1,51	0,00150	0,7970	28,4	315,4	− 19,2	1,272	1,199	− 0,073	248
− 20	1,84	1,90	0,00152	0,6434	28,8	313,2	− 15,5	1,238	1,180	− 0,058	253
− 15	2,29	2,37	0,00153	0,5238	29,2	311,0	− 11,8	1,206	1,162	− 0,044	258
− 10	2,83	2,92	0,00154	0,4300	29,5	308,7	− 8,0	1,174	1,144	− 0,030	263
− 5	3,46	3,58	0,00156	0,3558	29,9	306,5	− 3,9	1,143	1,128	− 0,015	268
0	4,21	4,35	0,00158	0,2940	30,0	304,3	0	1,115	1,115	0	273
+ 5	5,07	5,24	0,00159	0,2455	30,13	302,1	+ 4,6	1,086	1,105	+ 0,017	278
+ 10	6,07	6,27	0,00161	0,2060	30,22	299,9	+ 9,7	1,060	1,095	+ 0,035	283
+ 15	7,21	7,45	0,00163	0,1740	30,29	297,4	+ 15,0	1,033	1,086	+ 0,053	288
+ 20	8,51	8,79	0,00165	0,1480	30,33	295,4	+ 20,3	1,008	1,080	+ 0,072	293
+ 25	9,98	10,31	0,00167	0,1265	30,31	293,2	+ 25,9	0,984	1,074	+ 0,090	298
+ 30	11,62	12,01	0,00169	0,1080	30,11	291,0	+ 31,5	0,960	1,069	+ 0,109	303
+ 35	13,46	13,91	0,00171	0,0932	30,02	288,8	+ 37,8	0,938	1,066	+ 0,128	308
+ 40	15,50	16,01	0,00174	0,0809	29,94	286,6	+ 43,0	0,916	1,063	+ 0,147	313

Tabelle 7. Kohlensäuredämpfe.

Temperatur $t°$ Celsius	Verdampfungsdruck p Atm.	Verdampfungsdruck p kg/qcm	Volumen von 1 kg Flüssigkeit v_{fl} cbm	Volumen von 1 kg Dampf v_d cbm	Äquivalent der äuß. Arbeit auf der inneren Grenzkurve $A\int_0^t p\,dv_{fl}$ WE	Äquivalent der äuß. Verdampfungsarbeit $A\cdot p\cdot(v_d-v_{fl})$ WE	Der siedenden Flüssigkeit auf der inneren Grenzkurve zuzuführende Wärme $q\cdot$WE	Ganze Verdampfungswärme r WE	während der Verdampfung geg. siedende Flüssigkeit von $t°$ $\sigma''-\sigma'=\frac{r}{T}$	des Dampfes von $t°C$ geg. siedende Flüssigkeit von $0°C$ $\sigma''-\int_0^t\frac{dq}{T}+\frac{r}{T}$	der siedend. Flüssigkeit auf der inner. Grenzkurve $\sigma'=\int_0^t\frac{dq}{T}$	Absolute Temperatur $T°$
—30	14,5	15,0	0,00097	0,0270	— 0,06	9,15	— 13,78	70,40	0,290	0,236	— 0,053	243
—25	16,9	17,5	0,00098	0,0229	— 0,06	9,03	— 11,70	68,47	0,276	0,231	— 0,045	248
—20	19,7	20,3	0,00100	0,0195	— 0,05	8,87	— 9,55	65,35	0,262	0,226	— 0,036	253
—15	22,8	23,5	0,00102	0,0167	— 0,04	8,67	— 7,32	64,03	0,248	0,221	— 0,028	258
—10	26,2	27,1	0,00104	0,0143	— 0,03	8,42	— 5,00	61,47	0,234	0,215	— 0,019	263
— 5	30,0	31,0	0,00107	0,0122	— 0,02	8,12	— 2,57	58,63	0,219	0,209	— 0,010	268
— 0	34,3	35,4	0,00110	0,0104	0	7,76	0	55,45	0,203	0,203	0	273
+ 5	39,0	40,3	0,00113	0,0089	+ 0,03	7,34	+ 2,74	51,86	0,187	0,197	+ 0,010	278
+10	44,2	45,7	0,00117	0,0075	+ 0,07	6,82	+ 5,71	47,74	0,169	0,189	+ 0,021	283
+15	50,0	51,6	0,00123	0,0063	+ 0,14	6,19	+ 9,01	42,89	0,149	0,181	+ 0,032	288
+20	56,3	58,1	0,00131	0,0052	+ 0,24	5,37	+ 12,82	36,93	0,126	0,171	+ 0,045	293
+25	63,3	65,4	0,00142	0,0042	+ 0,40	4,26	+ 17,57	28,98	0,097	0,159	+ 0,061	298
+30	70,7	73,1	0,00167	0,0030	+ 0,81	2,22	+ 25,25	15,00	0,050	0,136	+ 0,087	303
+31	72,3	74,7	0,00186	0,0026	+ 1,14	1,25	+ 28,67	8,40	0,028	0,126	+ 0,098	304
+31,35	72,9	75,3	0,00216	0,0022	+ 1,67	0	+ 32,91	0	0	0,112	+ 0,112	304,35

Heinel, Kältemaschinen.

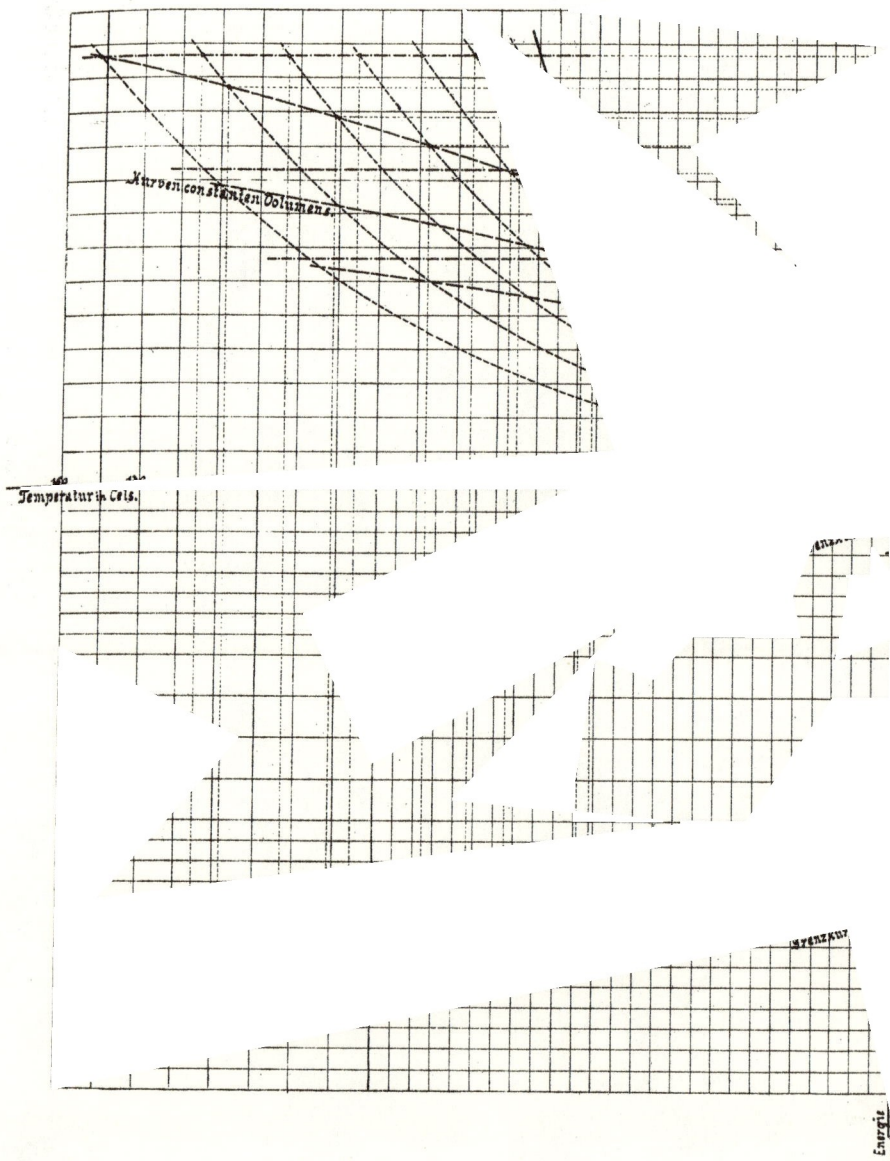

Kurven constanten Volumens.

Temperatur in Cels.

Grenzkurve

Energie in

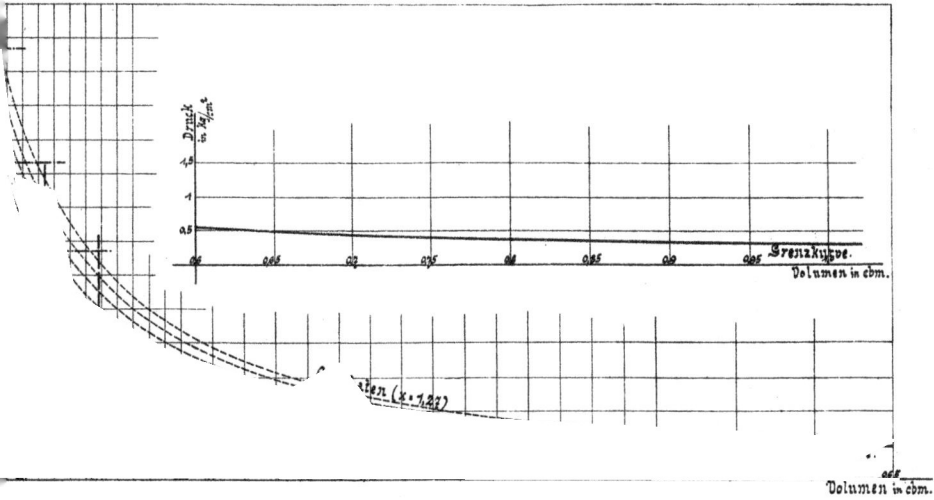

Schweflige Säure.

Verlag von R. Oldenbourg, München u. Berlin.

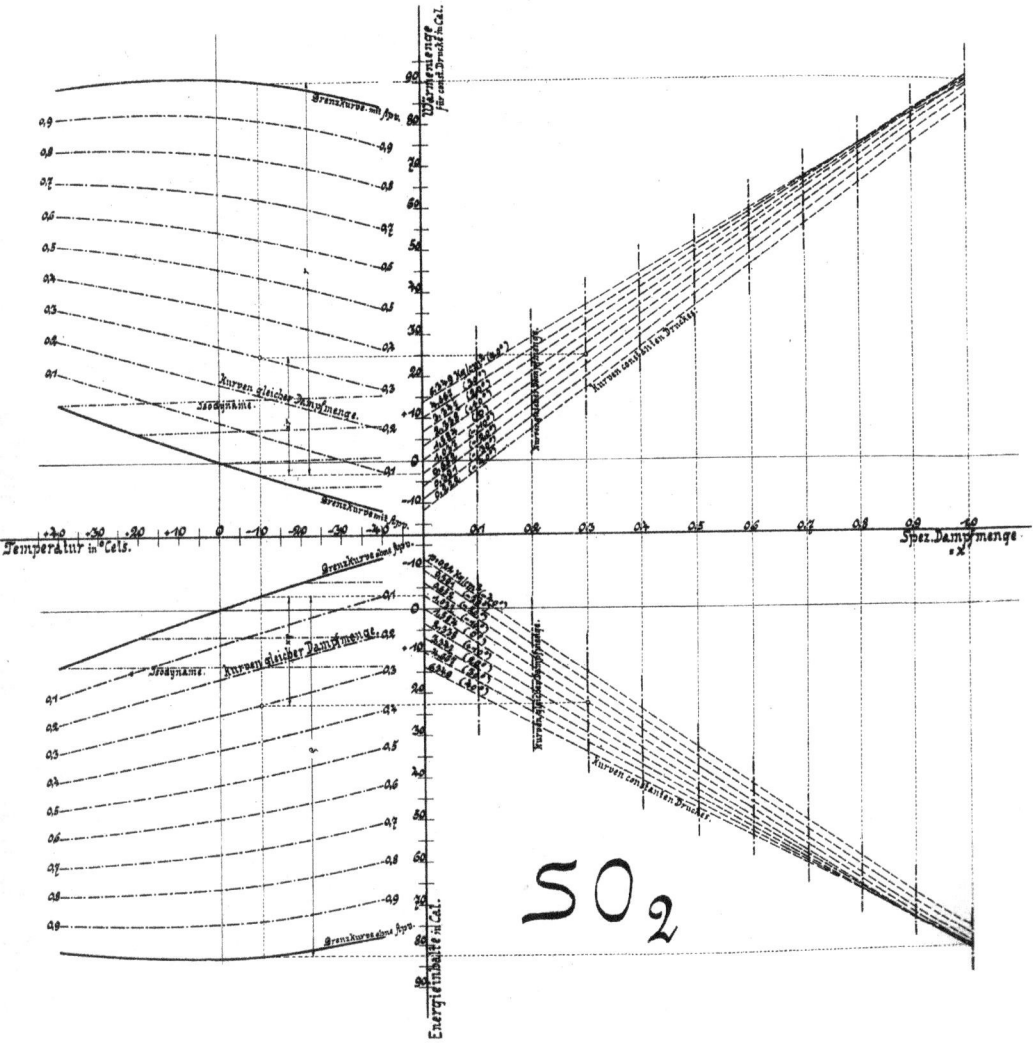

SO_2

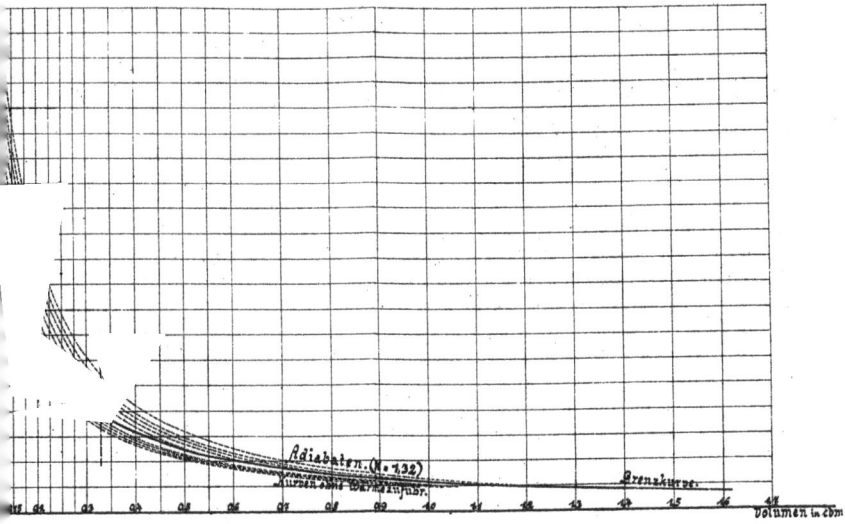

Ammoniak.

Verlag von R. Oldenbourg, München u. Berlin.

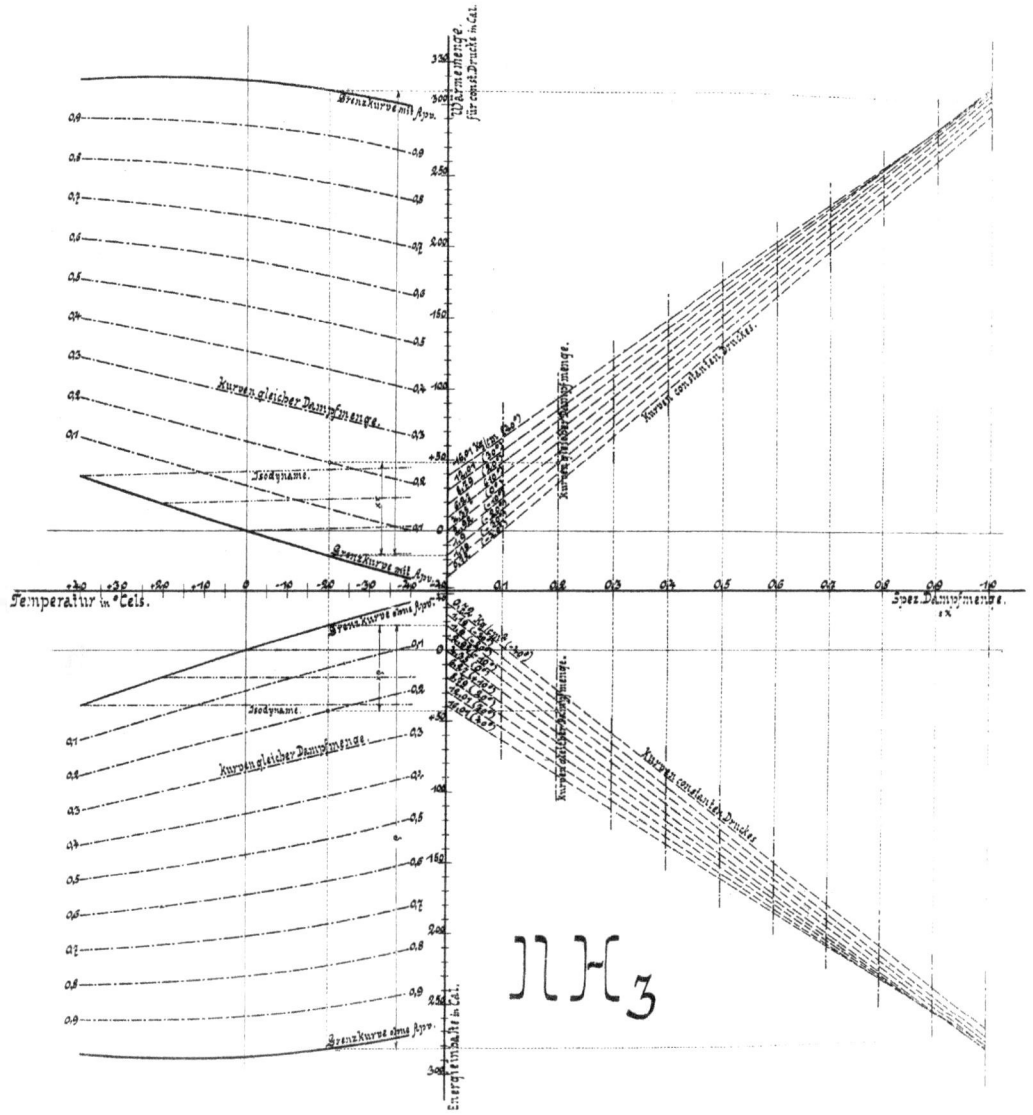

Wärmemenge für cont. Druck in Cal.

Grenzkurve mit App.

0,9

0,8

0,7

0,6

0,5

0,4

0,3

0,2

0,1

Kurven gleicher Dampfmenge.

Isodyname.

Grenzkurve mit App.

Temperatur in °Cels.

Spez. Dampfmenge.

NH_3

Energieinhalt in Cal.

Grenzkurve ohne App.

Isodyname.

Kurven gleicher Dampfmenge.

Grenzkurve ohne App.

Verlag von R. Oldenbourg, München u. Berlin.

Heinel, Kältemaschinen.

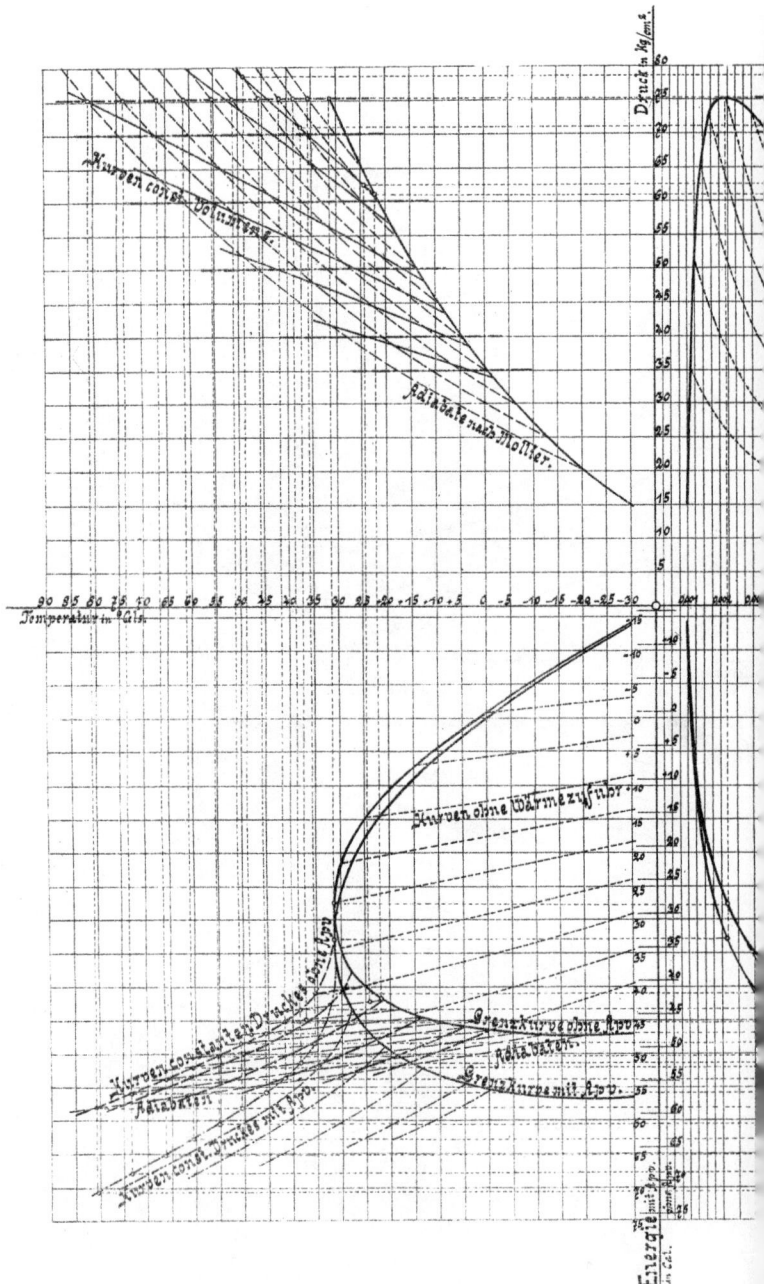

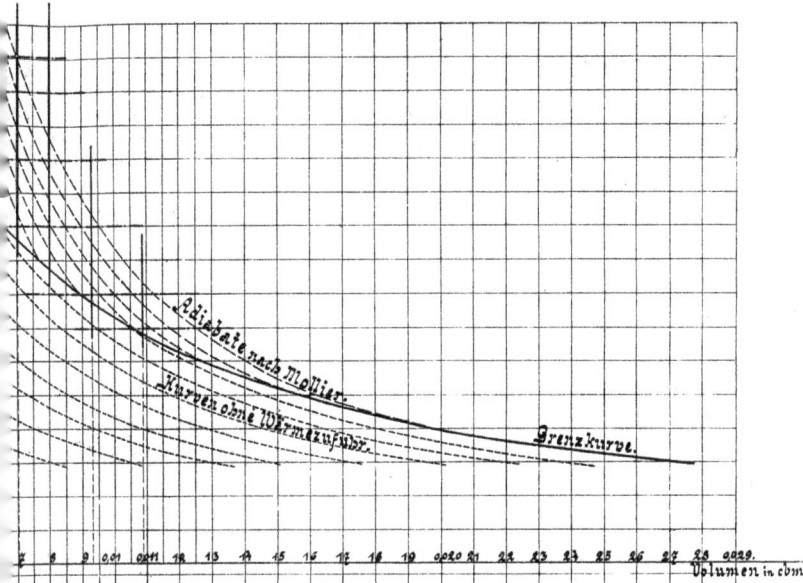

Volumen in cbm

Koblensäure.

Verlag von R. Oldenbourg, München u. Berlin.

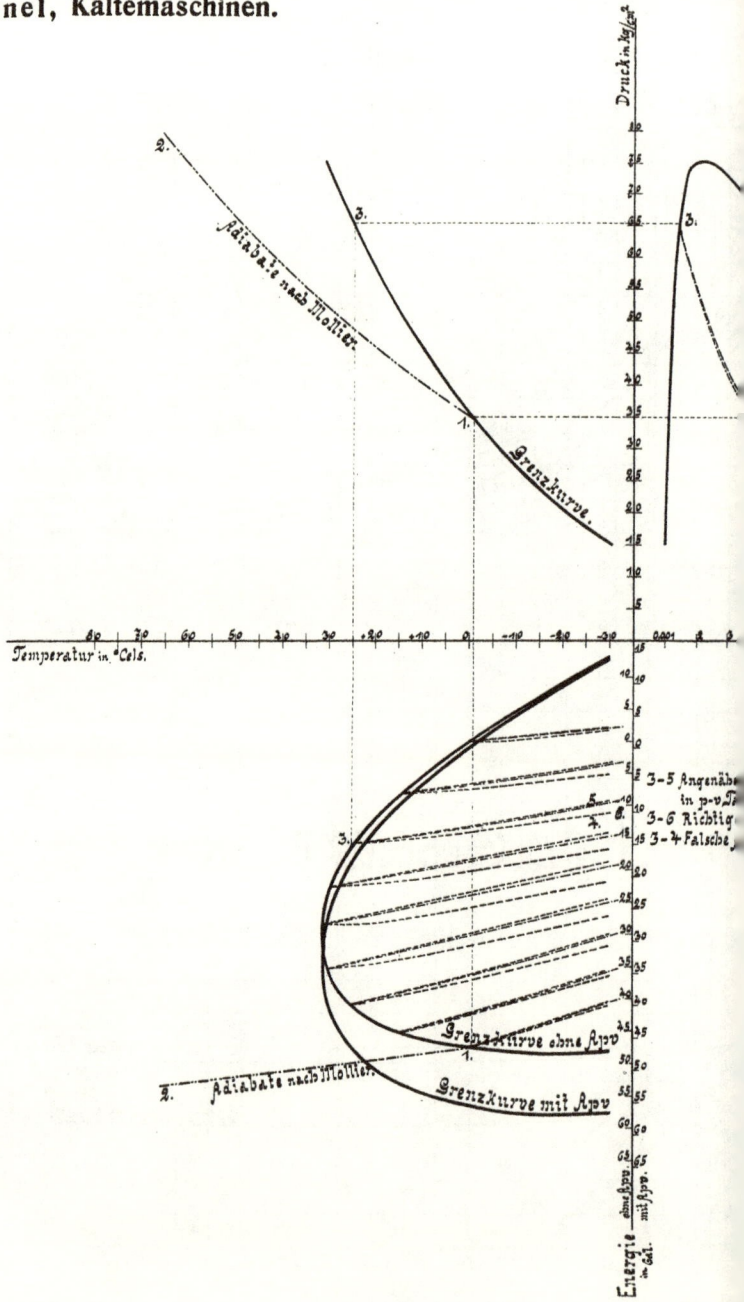

heit nach Mollier.

Λ

le n.d. Formel $\int \frac{dq}{T} + \frac{\kappa n}{\Sigma} = const.$
ige Adiabate. $\frac{1}{\Sigma(\Theta)}$

Grenzkurve

0,015   0,020   0,025   Volumen in cbm.

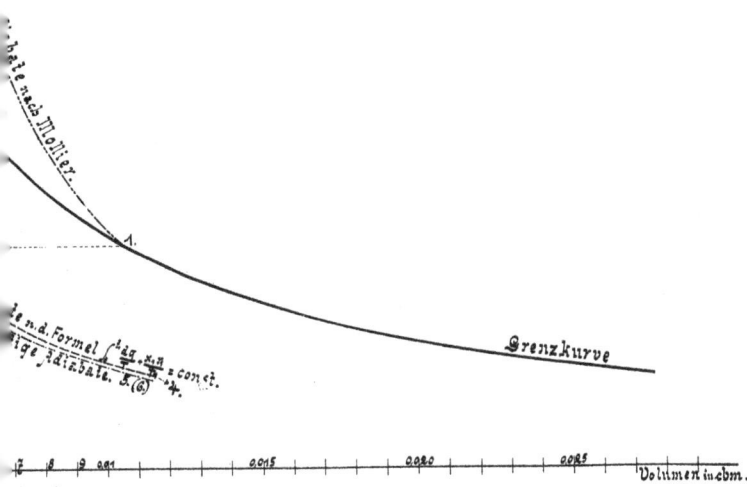

trierung der falschen Adiabate
liabate.

$\int_0^b \frac{dq}{T} + \frac{\kappa n}{T_1} = const.$

Kohlensäure.

Verlag von R. Oldenbourg, München u. Berlin.

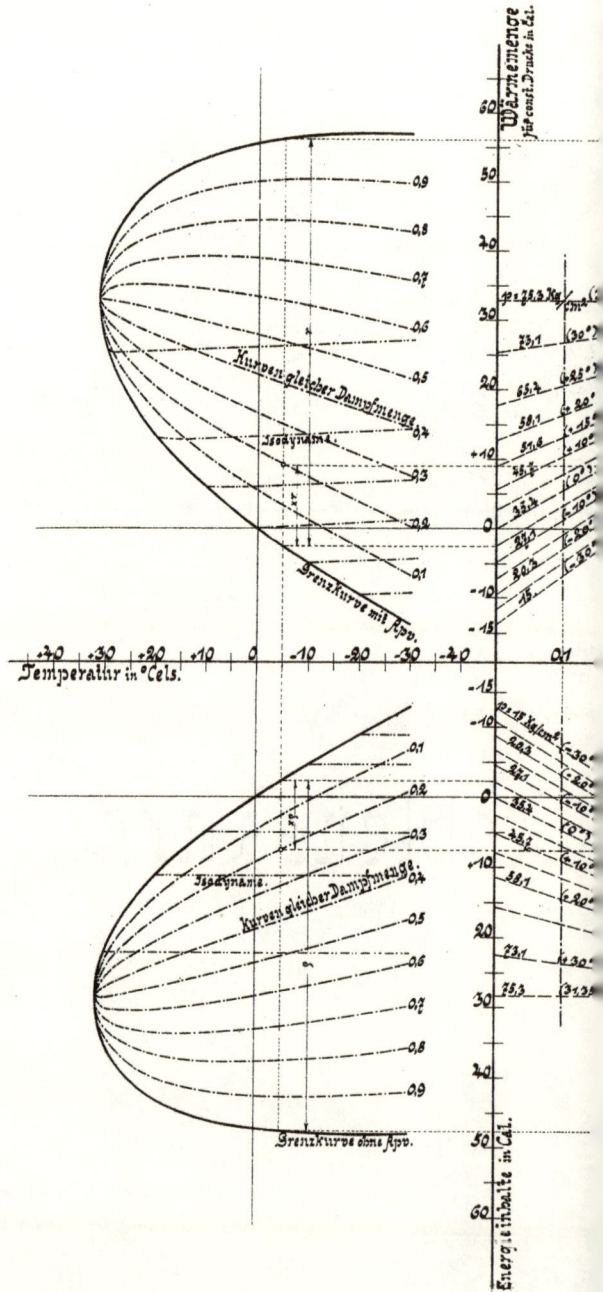

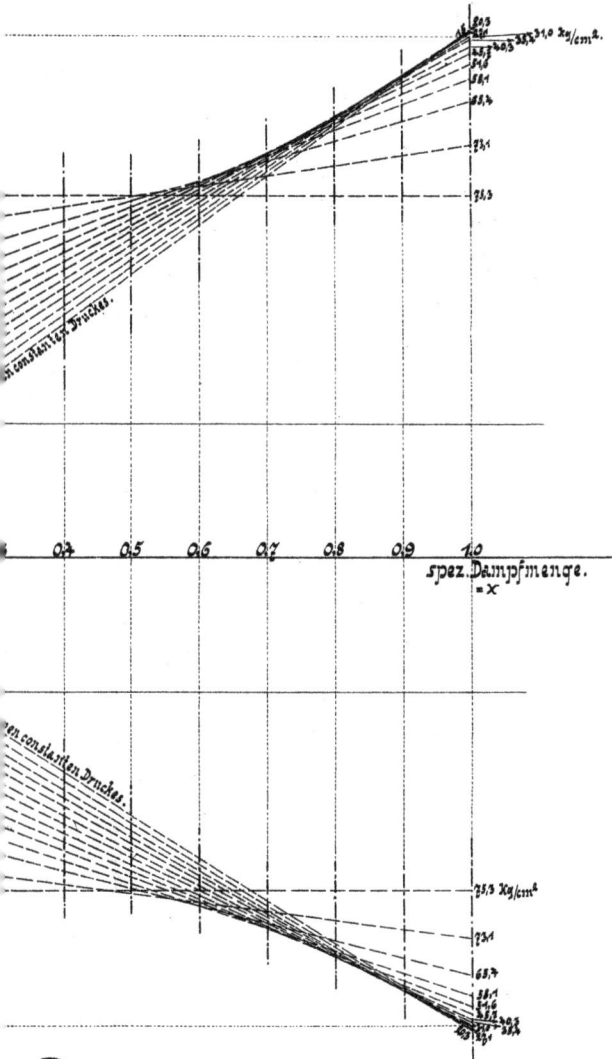

spez. Dampfmenge.
= x

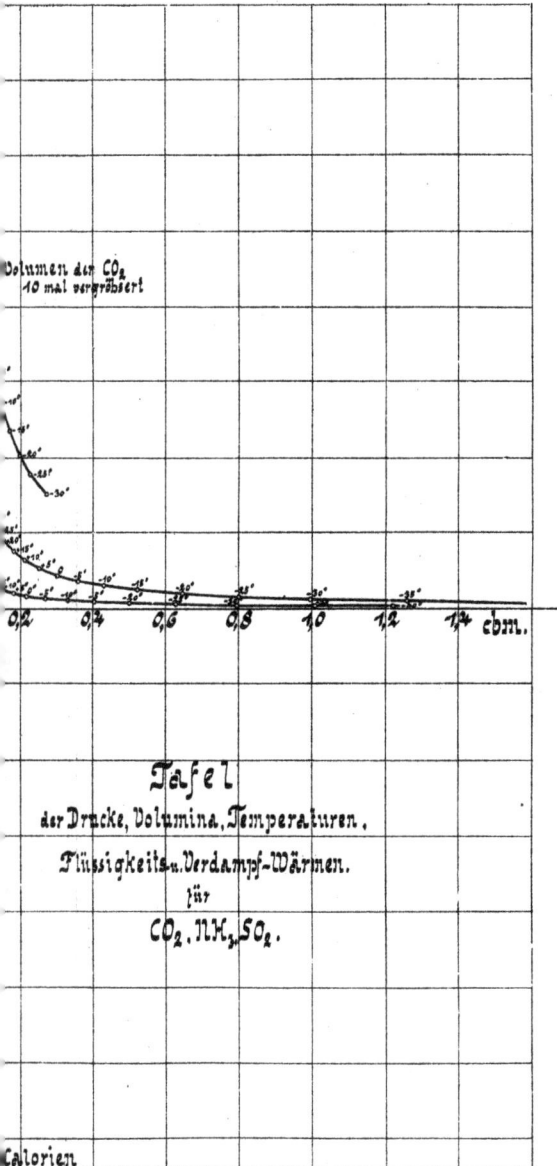

Volumen der CO_2
10 mal vergrößert

0,2   0,4   0,6   0,8   1,0   1,2   1,4 cbm.

𝕋𝔞𝔣𝔢𝔩
der Drucke, Volumina, Temperaturen,
Flüssigkeits-u.Verdampf-Wärmen.
für
CO_2. NH_3. SO_2.

Calorien

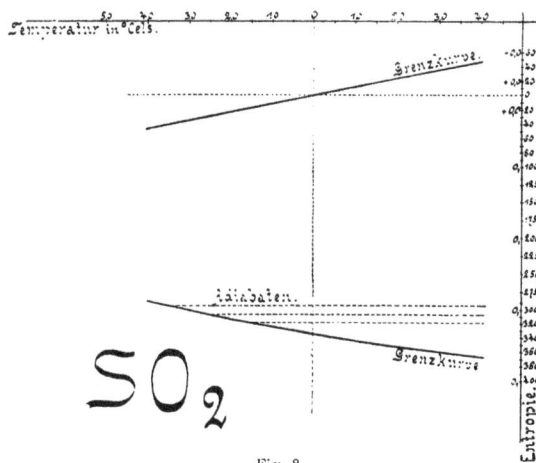

Fig. 8.

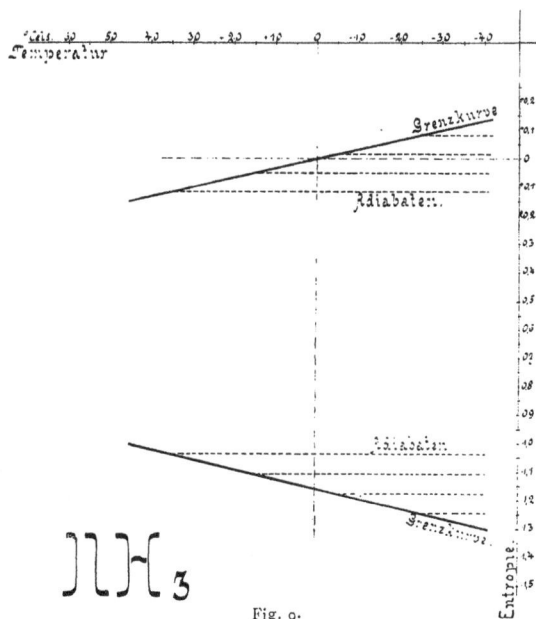

Fig. 9.

Fig. 8 und 9. Entropie der Grenzkurven für SO_2 und NH_3.

Tabelle 8.

Flüssige Kohlensäure und überhitzte Kohlensäuredämpfe: Volumina von 1 kg in cdm.

Temperat. °C	20	25	30	35	40	45	50	55	60	65	70	75	80	85	90	95	100	105	110	115	120	125	130	135	140	145	Druck 150 kg/qcm
—20	19,50	1,00	1,00	0,99	0,99	0,99	0,99	0,98	0,98	0,98	0,98	0,98	0,98	0,98	0,98	0,97	0,97	0,97	0,97	0,97	0,97	0,96	0,96	0,96	0,96	0,96	0,96
—15	20,35	1,02	1,02	1,01	1,01	1,01	1,00	1,00	1,00	0,99	0,99	0,99	0,99	0,99	0,99	0,98	0,98	0,98	0,98	0,98	0,98	0,97	0,97	0,97	0,97	0,97	0,97
—10	21,15	15,85	1,04	1,04	1,03	1,03	1,03	1,02	1,02	1,02	1,01	1,01	1,01	1,01	1,00	1,00	1,01	1,00	0,99	1,00	0,99	0,98	0,98	0,98	0,98	0,98	0,98
—5	21,90	16,55	12,45	1,07	1,06	1,06	1,05	1,05	1,04	1,04	1,03	1,03	1,03	1,02	1,02	1,02	1,01	1,01	1,01	1,00	1,00	1,00	0,99	0,99	0,99	0,98	0,99
—0	22,65	17,20	13,15	10,60	1,09	1,09	1,08	1,08	1,07	1,07	1,06	1,06	1,05	1,05	1,04	1,04	1,03	1,03	1,03	1,02	1,02	1,02	1,02	1,01	1,01	1,01	1,00
5	23,35	17,80	13,80	11,20	8,90	1,12	1,12	1,11	1,11	1,10	1,09	1,09	1,08	1,08	1,07	1,07	1,06	1,06	1,05	1,05	1,04	1,04	1,04	1,03	1,03	1,03	1,02
10	24,05	18,40	14,40	11,70	9,40	7,50	1,17	1,16	1,15	1,14	1,13	1,13	1,11	1,11	1,11	1,10	1,09	1,09	1,08	1,08	1,07	1,07	1,06	1,06	1,05	1,05	1,04
15	24,70	18,95	14,95	12,20	9,90	8,25	6,95	1,22	1,21	1,20	1,19	1,18	1,17	1,16	1,15	1,14	1,13	1,13	1,12	1,11	1,11	1,10	1,09	1,09	1,08	1,08	1,07
20	25,30	19,50	15,50	12,65	10,45	8,75	7,45	6,05	1,29	1,28	1,26	1,24	1,23	1,22	1,20	1,19	1,18	1,17	1,16	1,15	1,14	1,14	1,13	1,13	1,12	1,11	1,10
25	25,90	20,00	16,00	13,10	10,95	9,20	7,90	6,65	5,59	4,20	1,38	1,34	1,31	1,29	1,27	1,26	1,24	1,23	1,22	1,21	1,20	1,19	1,18	1,17	1,16	1,15	1,14
30	26,50	20,50	16,50	13,55	11,40	9,60	8,35	7,15	6,10	5,10	3,97	1,58	1,48	1,41	1,38	1,35	1,32	1,30	1,29	1,27	1,26	1,24	1,23	1,22	1,21	1,20	1,19
35	27,10	21,00	17,00	14,00	11,80	10,00	8,80	7,60	6,52	5,59	4,70	3,90	2,68	1,71	1,58	1,51	1,45	1,40	1,37	1,35	1,33	1,31	1,28	1,28	1,27	1,26	1,25
40	27,70	21,49	17,45	14,40	12,20	10,40	9,20	7,95	6,90	6,03	5,27	4,71	3,80	2,99	2,29	1,80	1,67	1,57	1,51	1,47	1,43	1,39	1,37	1,35	1,33	1,32	1,31
45	28,30	21,98	17,90	14,80	12,60	10,80	9,55	8,30	7,25	6,40	5,75	4,95	4,36	3,67	3,07	2,61	2,19	1,86	1,72	1,64	1,58	1,52	1,48	1,45	1,42	1,40	1,38
50	29,85	22,47	18,35	15,20	13,00	11,20	9,90	8,65	7,60	6,76	6,06	5,32	4,76	4,17	3,65	3,19	2,76	2,38	2,09	1,88	1,77	1,67	1,62	1,57	1,53	1,49	1,46
55	—	22,96	18,80	15,60	13,40	11,50	10,25	9,00	7,90	7,08	6,36	5,66	5,10	4,53	4,09	3,62	3,20	2,82	2,55	2,30	2,05	1,90	1,81	1,73	1,67	1,62	1,58
60	—	23,45	19,25	16,00	13,80	11,80	10,55	9,30	8,25	7,35	6,64	5,97	5,40	4,85	4,44	3,99	3,56	3,20	2,91	2,68	2,45	2,22	2,04	1,92	1,84	1,77	1,71
65	—	23,94	19,65	16,40	14,15	12,10	10,85	9,60	8,50	7,62	6,90	6,27	5,68	5,15	4,72	4,29	3,92	3,53	3,25	2,97	2,75	2,54	2,35	2,29	2,04	1,95	1,86
70	—	24,43	20,05	16,80	14,50	12,40	11,10	9,90	8,80	7,90	7,16	6,55	5,94	5,43	4,99	4,56	4,21	3,84	3,52	3,25	3,02	2,80	2,62	2,45	2,29	2,16	2,03
75	—	24,92	20,45	17,20	14,80	12,70	11,40	10,20	9,10	8,20	7,40	6,79	6,19	5,68	5,23	4,81	4,45	4,10	3,80	3,50	3,26	3,04	2,86	2,69	2,52	2,38	2,24

(Fortsetzung der Tabelle 8.)

Temperat °C	20	25	30	35	40	45	50	55	60	65	70	75	80	85	90	95	100	105	110	115	120	125	130	135	140	145	Druck 150 kg/qcm
80	—	25,42	20,85	17,58	15,10	13,00	11,70	10,45	9,40	8,48	7,63	7,03	6,44	5,93	5,47	5,06	4,69	4,34	4,03	3,74	3,48	3,26	3,06	2,90	2,74	2,59	2,44
85	—	25,91	21,25	17,95	15,45	13,30	11,95	10,75	9,65	8,74	7,88	7,24	6,66	6,18	5,70	5,28	4,90	4,56	4,25	3,96	3,70	3,47	3,27	3,09	2,92	2,77	2,62
90	—	26,40	21,65	18,30	15,75	13,60	12,20	11,00	9,90	8,98	8,12	7,45	6,87	6,39	5,90	5,48	5,10	4,76	4,45	4,18	3,92	3,67	3,47	3,28	3,10	2,95	2,80
95	—	26,89	22,00	18,65	16,05	13,90	12,45	11,25	10,15	9,21	8,36	7,67	7,08	6,60	6,12	5,68	5,30	5,00	4,64	4,37	4,10	3,86	3,65	3,46	3,27	3,11	2,97
100	—	27,38	22,40	19,00	16,35	14,20	12,70	11,50	10,40	9,43	8,60	7,88	7,30	6,80	6,32	5,86	5,50	5,14	4,83	4,54	4,29	4,05	3,83	3,63	3,44	3,28	3,13
105	—	—	22,75	19,35	16,65	14,50	12,95	11,75	10,65	9,65	8,80	8,10	7,49	7,00	6,51	6,05	5,68	5,33	5,01	4,71	4,48	4,22	4,00	3,80	3,60	3,49	3,29
110	—	—	23,15	19,70	16,95	14,80	13,20	12,00	10,85	9,87	9,00	8,32	7,66	7,19	6,69	6,23	5,85	5,50	5,19	4,88	4,64	4,40	4,16	3,95	3,75	3,57	3,44
115	—	—	23,50	20,05	17,25	15,05	13,45	12,20	11,10	10,10	9,20	8,50	7,85	7,37	6,90	6,41	6,03	5,67	5,35	5,04	4,80	4,55	4,32	4,11	3,90	3,74	3,58
120	—	—	23,85	20,35	17,55	15,35	13,70	12,40	11,30	10,30	9,40	8,69	8,04	7,54	7,06	6,58	6,20	5,84	5,52	5,20	4,94	4,70	4,48	4,26	4,04	3,88	3,72
125	—	—	24,20	20,65	17,80	15,65	13,95	12,60	11,50	10,50	9,60	8,83	8,23	7,76	7,20	6,74	6,36	6,00	5,67	5,34	5,08	4,84	4,62	4,40	4,18	4,00	3,84
130			24,50	20,95	18,05	15,90	14,20	12,80	11,70	10,70	9,75	9,00	8,43	7,87	7,36	6,90	6,51	6,16	5,82	5,47	5,20	4,96	4,76	4,54	4,30	4,12	3,96
135			24,80	21,25	18,30	16,15	14,45	13,00	11,90	10,90	9,95	9,17	8,66	8,04	7,52	7,05	6,65	6,36	5,96	5,61	5,33	5,08	4,88	4,64	4,42	4,22	4,06
140			25,10	21,55	18,55	16,45	14,70	13,20	12,10	11,10	10,10	9,34	8,75	8,20	7,68	7,20	6,80	6,46	6,10	5,73	5,44	5,20	5,00	4,76	4,52	4,33	4,16
145			25,40	21,80	18,80	16,70	14,95	13,40	12,25	11,25	10,25	9,47	8,88	8,34	7,84	7,35	6,94	6,59	6,23	5,85	5,55	5,32	5,12	4,86	4,61	4,41	4,24
150			25,70	22,05	19,00	16,95	15,20	13,60	12,40	11,35	10,40	9,60	9,00	8,48	8,00	7,50	7,08	6,71	6,35	5,98	5,65	5,42	5,22	4,95	4,69	4,50	4,32

2*

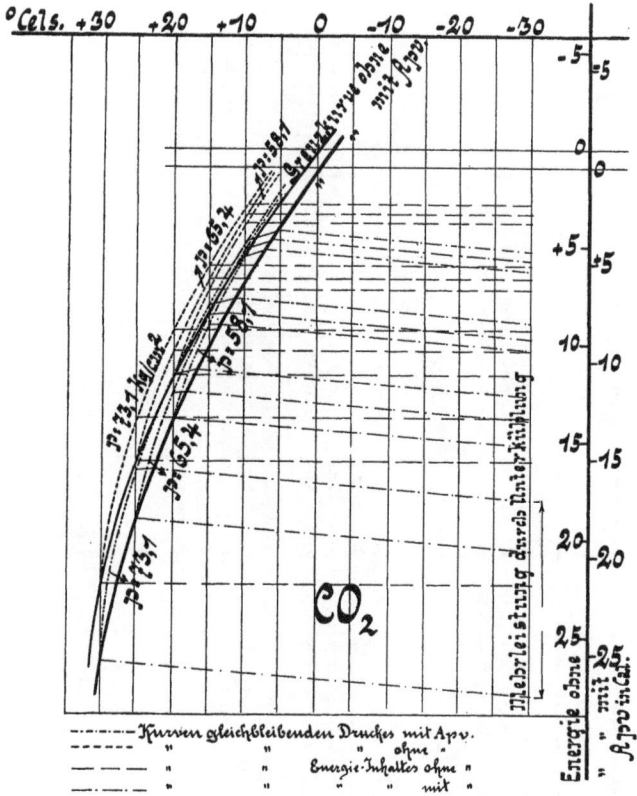

Fig. 10.

Kurven gleichen Druckes und Energieinhalts der
flüssigen CO_2.

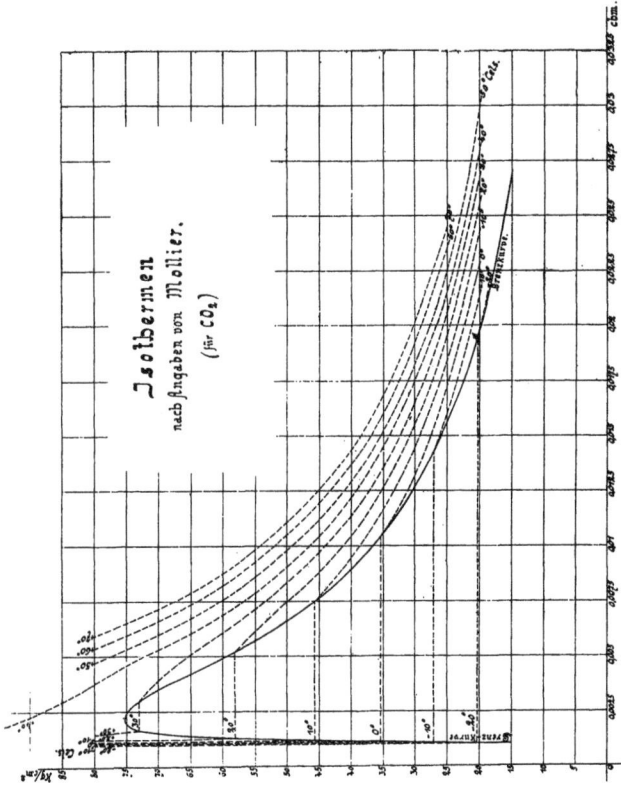

Fig. 11.

Isothermen der Kohlensäure.

Tabelle 9.

Adiabatische Änderung überhitzter Kohlensäuredämpfe von der äußeren Grenzkurve an.

Enddruck	20	25	30	35	40	45	50	55	60	65 kg/qcm Anfangsdruck
Anfangstemperatur	−20,5	−12,8	−6,3	−0,5	+4,7	+9,4	+13,7	+17,7	+21,3	+24,8° C
Anfangsvolumen von 1 kg trocken gesätt. Dampfes	19,86	15,59	12,66	10,60	8,96	7,69	6,61	5,73	4,96	4,22 l
30	6	+1	−6,3	—	—	—	—	—	—	—
40	28	21	+15	10	+4,7	—	—	—	—	—
50	46	38	32	27	22	18	13,7	—	—	—
60	61	53	47	42	37	33	29,7	25	21	—
70	75	67	60	55	49	45	40	36	33,3	30
80	87	79	72	66	60	56	50	46	43	40
90	99	90	83	77	71	65	60	56	52	49
100	109	100	93	87	80	75	70	65	61	57
110	118	108	102	96	89	83	78	73	68	64
120	127	118	111	104	96	91	85	80	74	70

Temperaturen in Celsiusgraden.

Zur Verzeichnung der Adiabaten der überhitzten CO_2 in der Druck-Vol.-Tafel wird nach Ermittlung des Enddruckes aus Tab. 9, das entsprechende Volumen aus Tab. 8 entnommen.

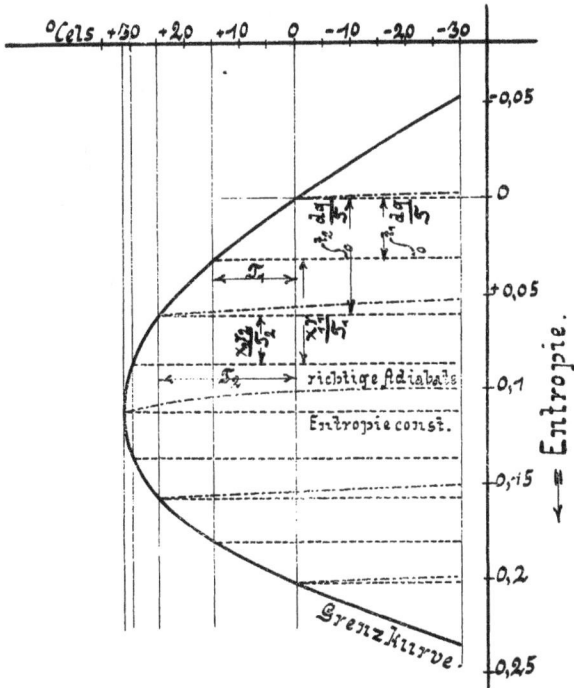

Fig. 12.

Adiabaten des nassen Kohlensäuredampfes (Abweichung
derselben von Kurve gleicher Entropie).

Begründung siehe des Verfassers: V. D. th. A. d. M.-B. v. Sch.

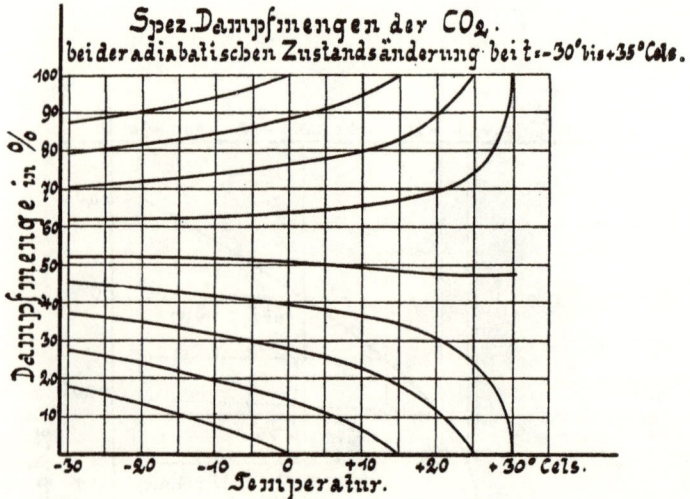

Fig. 13.

Tafeln und Tabellen des Wasserdampfes.

Hiefür liegen neuerdings verschiedene etwas voneinander abweichende Tabellen vor:

Tafel XII (Zeuner),

>   XIII (R. Linde),

Tabelle 10 (Lorenz).

Die Zeunerschen Zahlen erstrecken sich nur auf das Sättigungsgebiet, während die Zahlen von R. Linde hauptsächlich das Gebiet des überhitzten Dampfes betreffen. Mehr, als in Tafel XIII verzeichnet ist, ist noch nicht bekannt.

Die Überhitzungswärme kann meist vernachlässigt werden in Rechnungen; über den Einfluß der Überhitzung auf den Wärmedurchgangskoeffizienten siehe später.

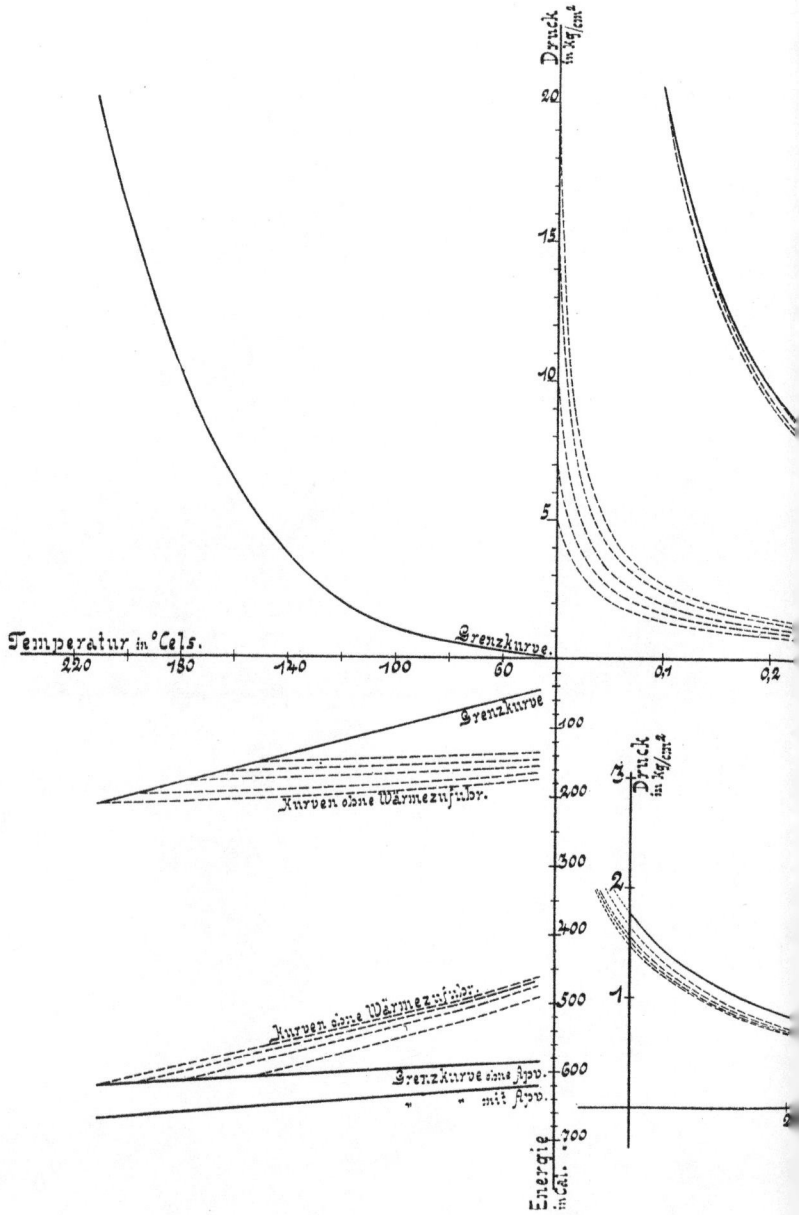

Grenzkurve

Kurven ohne Wärmezufuhr.

Kurven ohne Wärmezufuhr.   Volumen in cbm.

0,4   0,5   0,6   0,7   0,8   0,9   1,0

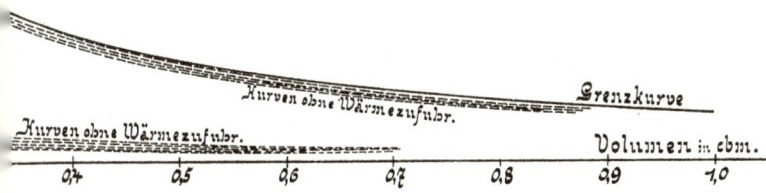

Wasserdampf.
(nach Zeuner.)

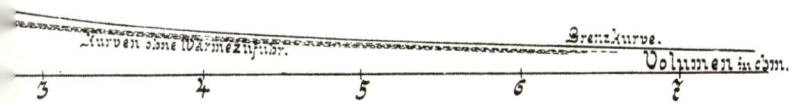

Kurven ohne Wärmezufuhr.   Grenzkurve.
                                  Volumen in cbm.

3   4   5   6   7

Verlag von R. Oldenbourg, München u. Berlin.

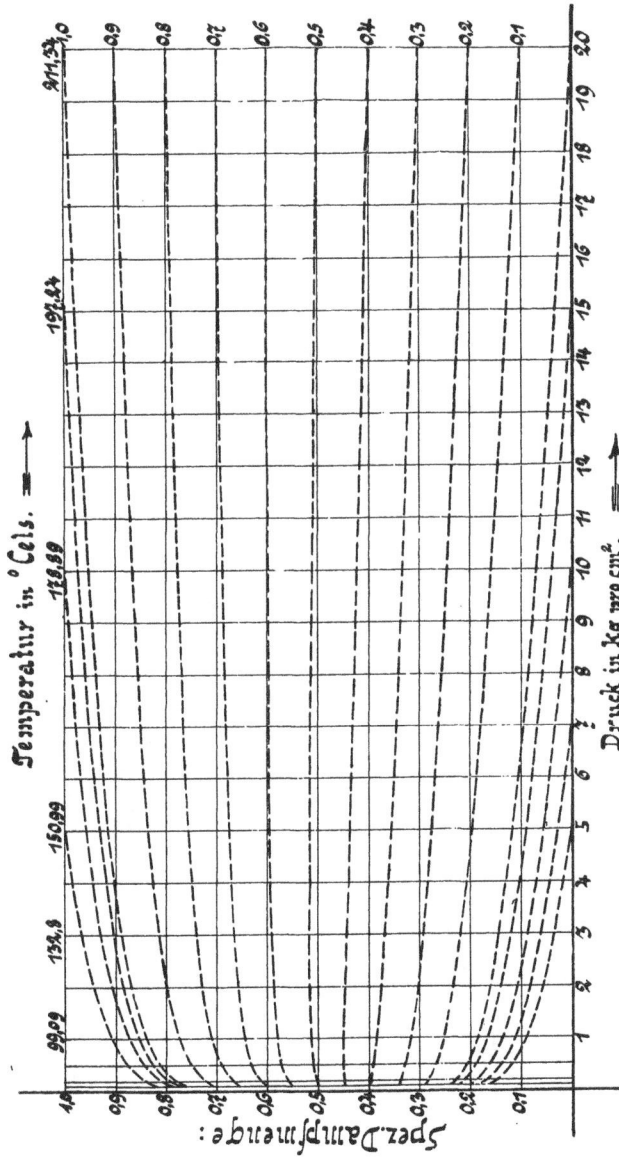

Fig. 14.

Spezifische Dampfmenge von Wasserdampf bei der adiabatischen Zustandsänderung.

Tabelle 10. Gesättigte Wasserdämpfe (Lorenz, techn. W.-L.).

Temperatur t °C	Verdampfungsdruck p		Spez. Volumen (1 kg)		Äquivalent der äuß. Verdampfungsarbeit $A \cdot p \cdot (v_d - v_{fl})$	Innere Verdampfungswärme $\varrho =$	Ganze Verdampfungswärme r	Gesamtwärme einschließl. der Flüssigkeitswärme
	in mm Hg $= p_1$	in kg/qcm $= p$	Flüssigkeit v_{fl} cbm	Dampf v_d cbm	WE	WE	WE	WE
−20	0,927	0,0013	0,001	937,43	28,74	591,66	620,40	600,40
−10	2,093	0,0028	0,001	431,60	28,50	584,95	613,45	603,45
0	4,600	0,0062	0,001	203,84	29,81	576,69	606,50	606,50
+10	9,165	0,0125	0,001	106,05	31,27	568,30	599,55	609,55
+20	17,391	0,0236	0,001	57,860	32,20	560,40	592,60	612,60
+30	31,548	0,0429	0,001	32,991	33,38	552,27	585,65	615,65
+40	54,906	0,0747	0,001	19,572	34,48	544,22	578,70	618,70
+50	91,980	0,1251	0,001	12,053	35,56	536,19	571,75	621,75
+55	117,475	0,1597	0,001	9,5818	36,09	532,19	568,28	623,28
+60	148,786	0,2023	0,001	7,6791	36,63	528,17	564,80	624,80
+65	186,938	0,2542	0,001	6,2020	37,18	524,15	561,33	626,33
+70	233,082	0,3169	0,001	5,0462	37,71	520,14	557,85	627,85
+75	288,500	0,3922	0,001	4,1348	38,24	516,14	554,38	629,38
+80	354,616	0,4821	0,001	3,4107	38,77	512,13	550,90	630,90
+85	433,002	0,5887	0,001	2,8314	39,30	508,13	547,43	632,43
+90	525,392	0,7143	0,001	2,3647	39,82	504,13	543,95	633,95

+ 95	633,692	0,8616	0,001	1,9863	40,34	500,13	540,48	635,48
+ 100	760,000	1,0333	0,001	1,6774	40,85	496,15	537,00	637,00
+ 105	906,810	1,2324	0,001	1,4240	41,36	492,16	533,53	638,53
+ 110	1075,370	1,4621	0,001	1,2149	41,86	488,19	530,05	640,05
+ 115	1269,410	1,7259	0,001	1,0416	42,45	484,12	526,58	641,58
+ 120	1491,280	2,0275	0,00106	0,89678	42,83	480,27	523,10	643,10
+ 125	1743,880	2,3710	0,00106	0,77551	43,31	476,32	519,63	644,63
+ 130	2030,080	2,7604	0,00107	0,67339	43,77	472,28	516,15	646,15
+ 135	2353,730	3,2001	0,00107	0,58699	44,22	468,45	512,68	647,68
+ 140	2717,630	3,6949	0,00108	0,51359	44,66	464,54	509,20	649,20
+ 145	3125,550	4,2495	0,00109	0,45096	45,09	460,64	505,73	650,73
+ 150	3581,280	4,8690	0,00109	0,39730	45,50	456,75	502,25	652,25
+ 155	4088,560	5,5588	0,00110	0,351116	45,90	452,88	498,78	653,78
+ 160	4651,620	6,3243	0,00110	0,31133	46,27	449,03	495,30	655,30
+ 165	5274,540	7,1713	0,00111	0,27683	46,63	445,19	491,83	656,83
+ 170	5961,660	8,1055	0,00111	0,24683	46,97	441,38	488,35	658,35
+ 175	6717,430	9,1330	0,00112	0,22067	47,29	437,58	484,88	659,88
+ 180	7546,390	10,2601	0,00113	0,19779	47,59	433,81	481,40	661,40
+ 185	8453,230	11,4930	0,00113	0,17770	47,86	430,07	477,93	662,95
+ 190	9442,700	12,8383	0,00114	0,16002	48,11	426,34	474,45	664,45
+ 195	10519,630	14,3035	0,00115	0,14444	48,33	422,64	470,98	665,98
+ 200	11688,960	15,8923	0,00115	0,13059	48,51	418,94	467,50	667,50

Verhalten des Kühlmittels beim Umlauf durch die Maschine.

Darstellungsweise (s. Fig. 15):

Alle Vorgänge, bei welchen die zugeführte Wärme den Energieinhalt ändert, ohne äußere Arbeit zu leisten (Volumen gleichbleibend),

оder bei welchen alle geleistete Arbeit nur aus dem Energieinhalt geschöpft wird,

oder bei welchen bei Wärmeabfuhr nur der Energieinhalt geändert wird, während äußere Arbeit nicht in Betracht kommt (Volumen gleichbleibend),

oder bei welchen der Wärmeinhalt gleichbleibt,

oder bei welchen alle aufgewendete Arbeit zur Energieinhaltsvermehrung dient,

werden dargestellt mit Hilfe der Grenzkurven ohne Berücksichtigung der äußeren Arbeit und mit Hilfe von Energieinhaltskurven.

Alle Vorgänge gleichen Druckes oder nahezu gleichbleibenden Druckes werden dargestellt durch Wärmemengen-Zufuhr- oder -Abfuhrkurven gleichbleibenden Druckes mit Berücksichtigung äußerer Arbeit; z. B. bei Punkt 4 gibt E_4 den Energieinhalt ohne die äußere Arbeit $p_4 v_4$ an, dagegen Punkt 4_m wird gewonnen, wenn $A \cdot p_4 v_4$ zu E_4 addiert wird.

Fig. 15. Verhalten des Kühlmittels beim Umlauf durch die Maschine ohne Berücksichtigung der Verluste:

1/b/2 Übergang von hohem Druck p_1 zu niederem Druck p_3 (Regulierventildurchgang und Eintritt in den Verdampfer, Energieinhalt gleichbleibend).

2/3 Verdampfung, $2_m/3_m$ = im Verdampfer erzeugbare Kältemenge, Zunahme des Energieinhaltes $E_3 - E_2$.

3/4 Adiabatische Druckverdichtung von $p_3 = p_2$ auf $p_4 = p_1$, Zunahme des Energieinhaltes $= E_4 - E_3 = A \cdot$ Fläche $3/4/c/d$.

4/5 Entziehung der Dampfüberhitzungswärme $= E_4 m - E_5 m =$ Energieinhaltsabnahme $E_4 - E_5 + A p_4 (v_4 - v_5)$.

5/6 Verflüssigung. Entzogene Wärme $= E_5 m - E_6 m =$ Energieinhaltsabnahme $E_5 - E_6 + A p_4 (v_5 - v_6)$.

6/1 Unterkühlung der Flüssigkeit. Entzogene Wärme $= E_6 m - E_1 m =$ Energieinhaltsabnahme $E_6 - E_1 + A p_4 (v_6 - v_1)$.

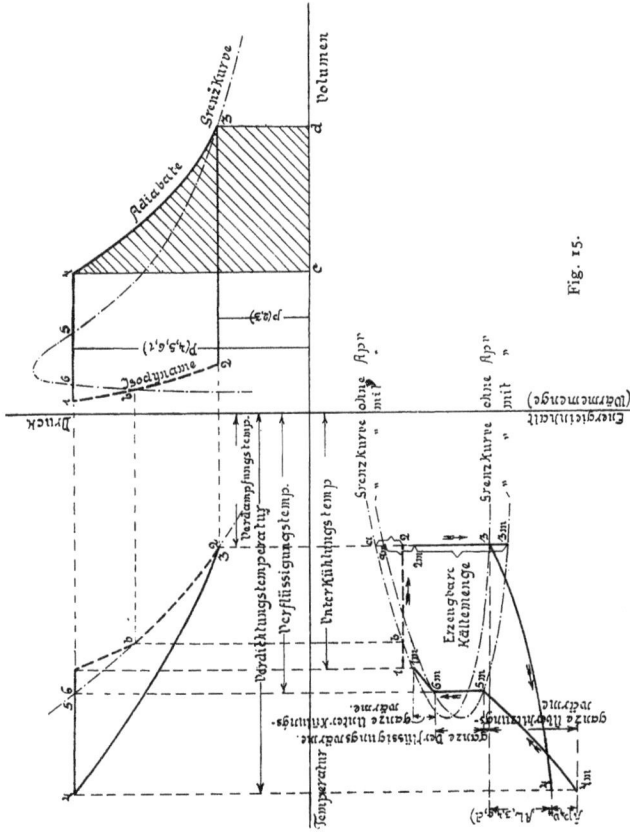

Fig. 15.

Verhalten des Kühlmittels beim Umlauf durch die Maschine ohne Berücksichtigung der Verluste.

Fig. 16.

Verhalten des Kühlmittels beim Umlauf durch die Maschine mit Berücksichtigung der Verluste.

1/2 Übergang zu niedrigem Druck (Regulierventil-Durchgang und Eintritt in den Verdampfer).

2/3 Kälteerzeugung im Verdampfer unter kleinem Druckverluste infolge Reibungswiderstandes der Röhren.

3/4 Druckverlust beim Eintritt in die Saugleitung.

4/5 Verdampfen in der Saugleitung (wegen Unmöglichkeit vollkommener Isolation), kleiner Druckverlust durch Leitungswiderstand.

5/6 Druckverlust infolge von Ventilwiderstand. (Die dabei in Geschwindigkeit umgesetzte innere Energie wird hinter dem Ventil wieder in innere Energie zurückverwandelt.)

6/7 Nachverdampfen im Zylinder infolge der Aufnahme der Wandungswärme.

7/8 Kompression (zwischen Adiabate und Isotherme, d. h. nach beliebiger Kurve. Einfluß der Undichtheiten hier . unberücksichtigt gelassen.

8/9 Durchgang durch das Druckventil unter Druckverlust.

9/10 Durchgang durch die Druckleitung unter Druck- und Wärme-verlust.

10/11 Eintritt in den Kühler unter Druckverlust.

11/12 Kühlung des überhitzten Dampfes mit kleinem Druckverlust.

12/13 Verflüssigung unter kleinem Druckverlust.

13/1 Unterkühlung der Flüssigkeit.

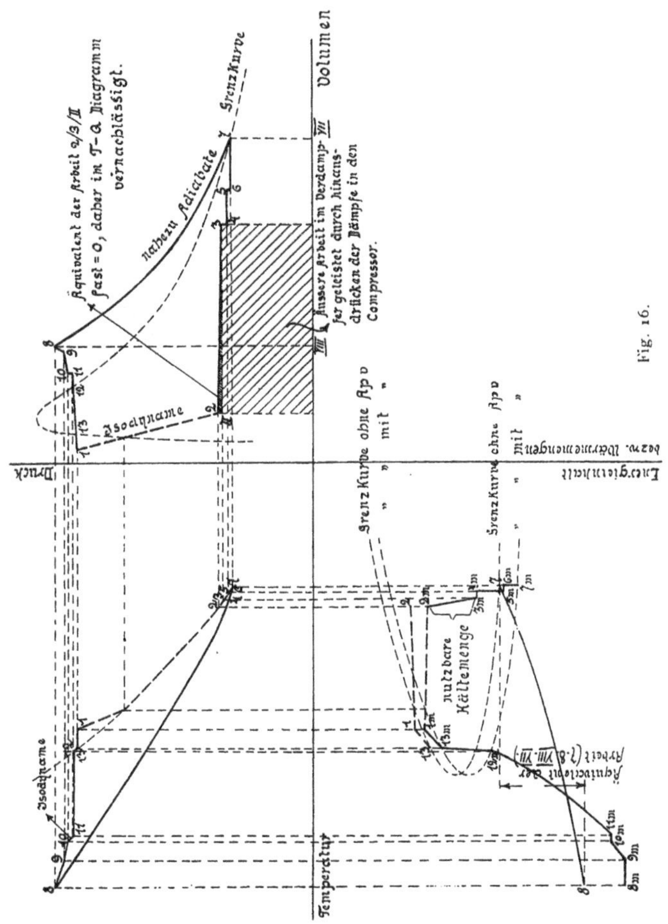
Volumen
Druck
Temperatur
Grenzkurve
nahezu Adiabate
Isodyname
nutzbare Kältemenge

Fig. 16.

Tafel XIV.

Abhängigkeit der theoretischen Kälteleistung von der Verdampfungs- und Verflüssigungstemperatur, bzw. vom Verdampfungs- und Verflüssigungsdruck.

(Beispiel für CO_2-Dampf.)

$1-2-3$ oder $4-5-6$ adiabatische Verdichtung.

$3-6-7-8$ oder $2-5-9$ Abkühlung, Verflüssigung (zwischen 7 und 8 auch Unterkühlung) bei gleichbleibendem Druck.

$7-15-12$ oder $8-14-11$ oder $9-13-10$ Kurven gleichen Energieinhaltes (angenommen daß kinetische Energie hinter dem Regulierventil wieder vollständig als Wärme wiedergewonnen wird).

$$10_m-1_m, \quad 11_m-1, \quad 12_m-1_m \;\rbrace \; \text{Kälteleistungen je nach}$$
$$\text{oder } 13_m-4_m, \; 14_m-4_m, \; 15_m-1_m \;\rbrace \; \begin{array}{l}\text{Verdampf.- u. Verflüssig.-}\\ \text{od. Unterkühl.-Temp.}\end{array}$$

Die Verluste sind in der Tafel XIV nicht berücksichtigt.

Darüber, ob die Dämpfe beim Austritt aus dem Kompressor trocken oder naß sein sollen, entscheidet Bauart und Betriebsweise des Druckverdichters (Kompressors).

Hat Druckverdichter große schädliche Räume, so trocknes Ansaugen nötig (z. B. bei Druckverdichtern mit Stahlplattenventilen). Geeigneten Falles sind dann die Verdichter mit Kühlwassermänteln zu umgeben.*)

Hat Druckverdichter kleine schädliche Räume, so nasses Ansaugen bis zu gewissem Grade zulässig behufs Aufnahme der Wandungswärme des Zylinders. Vor Verdichtung jedoch sollte der Dampf trocken gesättigt sein.

Bei Schwefligsäuremaschine nur trocknes Ansaugen zulässig wegen chemischer Eigenschaft der flüssigen SO_2.

---

*) Siehe Zeitschrift für kompr. und flüss. Gase, 1901, Heft 1 und 2. Verlag C. Steinert, Weimar.

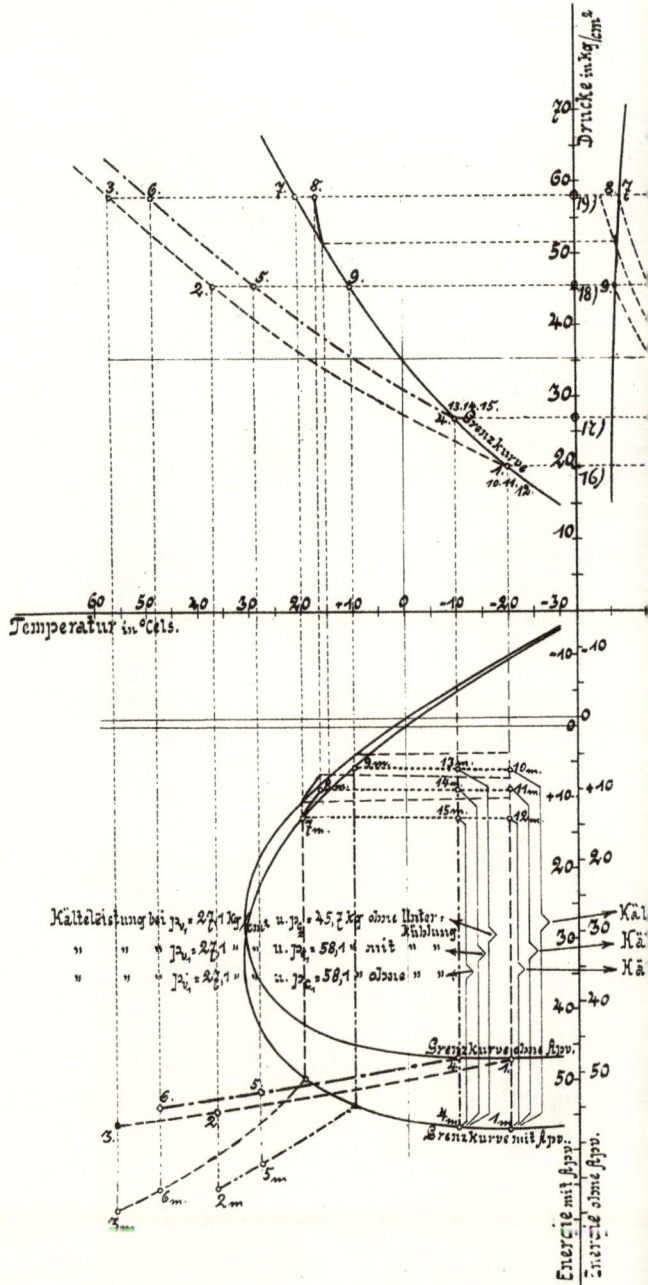

Drucke in kg/cm²

Temperatur in °Cels.

u. Grenzkurve

Kälteleistung bei $p_a = 27,1$ Kg u. $p_c = 45,7$ Kg ohne Unter-
"   " $p_a = 27,1$ "   u. $p_c = 58,1$ " mit " Kühlung.
"   " $p_a = 27,1$ "   u. $p_c = 58,1$ " ohne "

Grenzkurve ohne App.

Grenzkurve mit App.

Energie mit App.
Energie ohne App.

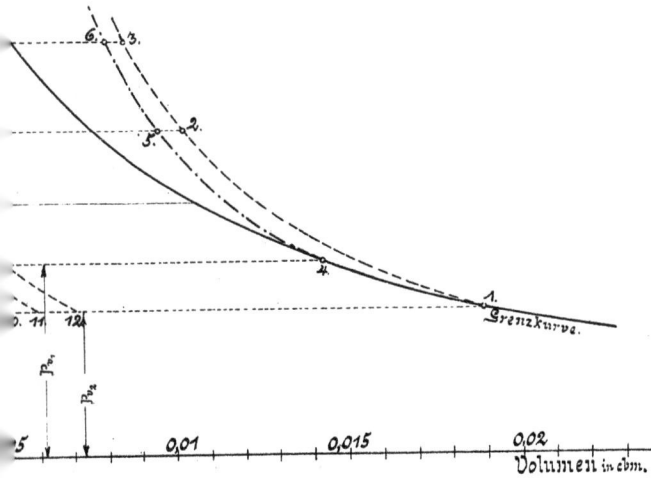

6. 83.

2.
5.

4.
1.
Grenzkurve.

0. 11 12

p_{c_i}

p_{c_a}

5

0,01   0,015   0,02

Volumen in cbm.

$p_{v_2} = 20,3$ Kg/cm² u. $p_{c_2} = 45,7$ Kg/cm² ohne Unterkühlung.
$p_{v_2} = 20,3$ Kg/cm² u. $p_{c_4} = 58,1$ Kg/cm² mit Unterkühlung.
$p_{v_2} = 20,3$ Kg/cm² u. $p_{c_4} = 58,1$ Kg/cm² ohne Unterkühlung

Tabellen zur Größenermittlung für die Druck-verdichter (Kompressoren).

Zu Tabelle 11 bis 12. Bei NH_3 und SO_2 ist der Wärme-inhalt von auf t^0 unterkühlter Flüssigkeit fast ebenso groß wie derjenige der bei t^0 siedenden Flüssigkeit. Wird also in Tabelle 11 und 12 unter Außerachtlassung des Verflüssi-gungsdruckes die oberste Temp.-Zeile als Temp. der unter-kühlten Flüssigkeit genommen, so gelten die Zahlen für die entziehbaren Kalorien ebenfalls.

Dagegen gilt Tabelle 13, 16 und 28 (CO_2) nur für die Verflüssigungstemperaturen, Tabelle 29, 30 und 31 für die Unterkühlungstemperaturen der CO_2.

Die Tabellen 17 bis 31 beziehen sich

1. auf Maschinen von 60000 bis 100000 Kal. stünd-licher Leistung,
2. auf Maschinen mit schweren Ventilen und etwa 70 bis 80 Umdrehungen/Min. (größere Verdichter $n = 60$, kleinere Verdichter $n = 120$).

Größere Maschinen als für 100000 Kal. haben wegen kleinerer Umlaufzahl größeren Prozentsatz an Verlusten für Undichtheit und Wandungseinfluß.

Kleinere Maschinen als für 60000 Kal. haben wegen größerer Umlaufzahl größeren Prozentsatz an Verlusten in-folge nicht rechtzeitigen Schlusses der Ventile und größerer Reibungswiderstände in Saugleitung und Saugventil.

Die neuen Druckverdichter mit großer Umlaufzahl und Plattenventilen konnten in den Tabellen 17 bis 31 und nach-folgenden Figuren noch nicht berücksichtigt werden, da noch zu wenig Zahlenmaterial für dieselben vorliegt.

Durch die größere Umlaufzahl wird günstig beeinflußt: Einfluß der Undichtheiten und Wandungswärme.

Durch die größere Umlaufzahl wird ungünstig beeinflußt: Druckverlust in Saugleitung und Saugventil.

Weitere Vorteile siehe bei den Bemerkungen über Ver-dampfer.

Tabelle 11—13.   Theoretische Leistung von 1 kg
bei verschiedenen Ansauge- und Kondensatordrücken.
a) NH_3

Temp.		+ 10	+ 15	+ 20	+ 25	+ 30	+ 35	+ 40	°C
	Druck	6,27	7,45	8,79	10,31	12,01	13,91	16,01	abs. atm.
	abs. atm.								
+ 5°	5,24	307,87	303,17	298,38	293,51	288,55	283,52	278,40	
± 0	4,35	306,93	302,23	297,44	292,57	287,61	282,58	277,46	
— 5	3,58	305,76	301,06	296,27	291,40	286,44	281,41	276,29	
—10	2,92	304,30	299,60	294,81	289,94	284,96	279,95	274,83	
—15	2,37	302,60	297,60	293,11	288,24	283,26	278,25	273,13	Kalorien
—20	1,90	300,69	295,99	291,20	286,33	281,37	276,34	271,22	
—25	1,51	298,46	293,76	288,97	284,10	279,14	274,11	268,99	
—30	1,19	295,92	291,22	286,43	281,56	276,60	271,57	266,45	
—35	0,93	293,15	287,45	283,66	278,79	273,83	268,60	263,68	
—40	0,72	290,17	285,47	280,68	275,81	270,85	265,82	260,70	

b) SO_2

Temp.		+ 10	+ 15	+ 20	+ 25	+ 30	+ 35	+ 40	°C
	Druck	2,338	2,807	3,347	3,964	4,6665	5,459	6,349	abs. atm.
	abs. atm								
+ 5°	1,932	88,17	86,49	84,77	83,03	81,66	79,46	77,63	
± 0	1,584	87,92	86,24	84,52	82,78	81,01	79,21	77,38	
— 5	1,287	87,52	85,84	84,12	82,38	80,61	78,81	76,98	
—10	1,037	87,00	85,32	83,60	81,86	80,09	78,29	76,46	
—15	0,8265	86,32	84,64	82,92	81,18	79,41	77,61	75,78	Kalorien
—20	0,652	85,52	83,84	82,12	80,38	78,61	76,81	74,98	
—25	0,508	84,63	82,95	81.23	79,49	77,72	75,92	74,09	
—30	0,391	83,30	81,64	79,90	78,16	76,39	74,59	72,76	
—35	0,297	82,25	80,57	78,85	77,11	75,34	73,54	71,71	
—40	0,222	80,88	79,20	77,48	75,74	73,97	72,17	70,34	

c) CO_2 ohne Unterkühlung

Temp.		+ 10	+ 15	+ 20	+ 25	+ 30	°C
	Druck	45,7	51,6	58,1	65,4	73,1	abs. atm.
	abs. atm.						
+ 5°	40,3	48,75	45,62	41,4	36,4	28,5	
± 0	35,4	49,5	46,4	42,12	37,1	29,25	
— 5	31,0	50,0	46,75	42,5	37,5	29,62	
—10	27,1	50,3	47,05	42,8	37,8	29,95	Kalorien
—15	23,5	50,4	47,12	42,9	37,9	30,0	
—20	20,3	50,3	47,0	42,8	37,8	29,95	
—25	17,5	50,0	46,75	42,5	37,5	29,62	
—30	15,0	49,6	46,3	42,15	37,2	29,25	

Tabelle 14. Theoretisch notwendige Mengen SO$_2$ für 100000 Kal.

Temp.	Druck	+15	+20	+25	+30	+35	+40	°C
		2,807	3,347	3,964	4,6665	5,459	6,349	atm.
+ 5° C	1,932 atm.	1156,203	1179,921	1204,384	1239,772	1258,432	1288,163	kg
		211,4693	215,8706	220,2818	226,7543	230,1672	235,6050	cbm
+ 0	1,584 »	1159,555	1183,152	1208,021	1234,292	1262,467	1292,324	kg
		244,7821	249,7634	255,0132	260,5590	266,5068	272,8096	cbm
— 5	1,287 »	1164,958	1188,778	1213,889	1240,541	1268,874	1299,036	kg
		313,0242	319,4246	326,1720	333,3334	340,9464	349,0510	cbm
—10	1,037 »	1172,058	1196,160	1221,598	1234,611	1277,302	1307,873	kg
		385,2555	393,1778	401,5393	405,8166	419,8492	429,8979	cbm
—15	0,8265 »	1181,474	1205,982	1231,831	1259,287	1288,494	1319,609	kg
		478,3788	488,3021	498,7684	509,8853	521,7112	534,3097	cbm
—20	0,652 »	1192,748	1217,730	1244,215	1272,103	1301,914	1333,689	kg
		599,4751	612,0311	625,3425	639,3590	654,3420	670,3121	cbm
—25	0,508 »	1205,546	1231,072	1258,020	1286,670	1317,176	1349,710	kg
		758,1679	774,2212	791,1688	809,1868	828,3720	848,8326	cbm
—30	0,391 »	1224,890	1251,564	1279,427	1309,072	1340,661	1374,382	kg
		972,6851	993,867	1015,993	1039,534	1064,619	1091,397	cbm
—35	0,297 »	1241,157	1268,231	1296,849	1327,316	1359,804	1394,506	kg
		1256,547	1283,957	1312,930	1343,775	1376,666	1411,795	cbm
—40	0,222 »	1262,626	1290,681	1320,306	1351,899	1385,687	1421,737	kg
geschätzt		1392,298	1423,234	1455,901	1490,739	1527,997	1567,749	cbm

3*

Tabelle 15. Theoretisch notwendige Mengen NH$_3$ für 100000 Kal.

Temp.	Druck	+15	+20	+25	+30	+35	+40	°C
		7,45	8,79	10,31	12,01	13,91	16,01	atm.
+ 5° C	5,24 atm.	329,815	334,774	340,704	346,560	352,709	359,199	kg
		82,4538	83,6935	85,1760	86,6400	88,1773	89,7998	cbm
± 0	4,35 »	330,875	336,202	341,795	344,216	353,882	360,412	kg
		98,6002	100,1882	101,8549	102,5764	105,4568	107,4028	cbm
— 5	3,58 »	332,160	337,508	343,171	349,113	355,353	362,301	kg
		118,9133	120,8279	122,8552	124,9825	127,2144	129,7038	cbm
— 10	2,92 »	333,771	339,202	344,899	350,923	357,207	363,861	kg
		144,1891	146,5353	148,9964	151,5987	154,3134	157,1880	cbm
— 15	2,37 »	335,687	341,169	346,912	353,033	359,385	366,126	kg
		176,2357	179,1137	182,1288	185,3423	188,6771	192,2162	cbm
— 20	1,90 »	337,849	343,407	349,247	355,404	361,873	368,704	kg
		218,2505	221,8409	225,6136	229,5910	233,7700	238,1828	cbm
— 25	1,51 »	340,415	346,057	351,989	358,243	364,817	371,761	kg
		272,3320	276,8456	281,5912	286,5944	291,8536	297,4088	cbm
— 30	1,19 »	343,383	349,125	355,164	361,533	368,192	375,305	kg
		342,6962	348,4268	354,4537	360,8099	367,4556	374,5544	cbm
— 35	0,93 »	347,890	352,535	358,693	365,190	372,301	379,247	kg
		437,2977	443,1365	450,8771	459,0438	467,9824	476,7135	cbm
— 40	0,72 » geschätzt	350,300	356,278	362,568	368,839	376,194	383,583	kg
		562,932	572,5387	582,6468	592,7243	604,5438	616,4179	cbm

Tabelle 16. Theoretisch notwendige Mengen CO_2 für 100000 Kal.

Temp.	Druck	+10	+15	+20	+25	+30	°C
		45,7	51,6	58,1	65,4	73,1	atm.
+ 5°C	40,3 atm.	2051	2192	2415	2770	3790	kg
		18,25	19,5	21,47	24,65	33,73	cbm
± 0	35,4 »	2020	2155	2372	2690	3420	kg
		21,01	22,41	24,67	27,98	35,57	cbm
— 5	31,0 »	2000	2139	2354	2665	3376	kg
		24,4	26,1	28,72	32,51	41,19	cbm
— 10	27,1 »	1989	2125	2336	2649	3340	kg
		28,44	30,39	33,41	37,88	47,76	cbm
— 15	23,5 »	1984	2122	2330	2640	3334	kg
		33,13	35,44	38,91	44,09	55,68	cbm
— 20	20,3 »	1992	2128	2338	2652	3338	kg
		38,83	41,5	45,49	51,71	65,09	cbm
— 25	17,5 »	1999	2140	2356	2659	3380	kg
		45,78	49,01	53,95	60,89	77,40	cbm
— 30	15,0 »	2010	2150	2375	2695	3418	kg
geschätzt		54,27	58,05	64,13	72,77	92,29	cbm

Tabelle 17—19. Theoretisches Volumen
von 1 angesaugten kg mit Rücksicht auf den Spannungsabfall im Kompressor.

a) NH₃

Verdampfer-Temperatur	$+5°$	$+0$	-5	-10	-15	-20	-25	-30	-35	$-40°$
Verdampferdruck	5,240	4,350	3,580	2,920	2,370	1,900	1,510	1,190	0,930	0,720
Spannungsabfall im Kompressor	0,864	0,725	0,603	0,500	0,411	0,334	0,270	0,216	0,172	0,134
Wirklicher Druck im Kompressor	4,376	3,625	2,977	2,420	1,959	1,566	1,240	0,974	0,758	0,586
Dabei theoretisches Volumen pro 1 kg	0,2952	0,3625	0,4225	0,51	0,630	0,785	0,960	1,22	1,490	1,974 geschätzt

b) SO₂

Verdampfer-Temperatur	$+5°$	$+0$	-5	-10	-15	-20	-25	-30	-35	$-40°$
Verdampferdruck	1,932	1,584	1,287	1,037	0,8265	0,652	0,508	0,391	0,297	0,222
Spannungsabfall im Kompressor	0,359	0,311	0,245	0,200	0,162	0,131	0,105	0,083	0,065	0,060
Wirklicher Druck im Kompressor	1,573	1,273	1,042	0,837	0,6645	0,521	0,403	0,308	0,232	0,162
Dabei theoretisches Volumen pro 1 kg	0,2246	0,2627	0,3415	0,4072	0,5037	0,6290	0,7928	1,0081	1,2918	1,5111 geschätzt

c) CO_2

Verdampfer-Temperatur	$+5°$	$+0$	-5	-10	-15	-20	-25	$-30°$
Verdampferdruck	40,3	35,4	31,0	27,1	23,5	20,3	17,5	15,0
Spannungsabfall im Kompressor	2,15	2,06	1,76	1,5	1,24	1,1	0,94	0,8
Wirklicher Druck im Kompressor	38,15	33,34	29,24	25,6	22,26	19,2	16,56	14,2
Dabei theoretisches Volumen pro 1 kg	0,0095	0,0112	0,0131	0,0152	0,0177	0,0209	0,0241	0,0289

Bemerkungen zur Tabelle der Spannungsabfälle (17, 18, 19).

Ausgegangen wurde von Diagrammen der Praxis, die normale Temperaturen ($-10°$ und $+20°$) entsprechen. Der Abfall wurde für andere Ansaugedrücke proportional dem spezifischen Gewichte umgerechnet, also für die Leitungen dieselben Geschwindigkeiten und dieselben Querschnitte angenommen. Bei der proportionalen Umrechnung wird ein Fehler gemacht deshalb, weil der Ventilwiderstand wegen der Feder und wegen der Massenbeschleunigung sich anders verhält. Innerhalb kleiner Umrechnungsgrenzen ist der Fehler nicht groß, bei tieferen Ansaugedrücken aber muß man, um die in den Tabellen verzeichneten geringen Spannungsabfälle zu erhalten, gesteuerte Einlaßorgane anwenden, damit die Federbelastung und die Massenbeschleunigung dem Eintritt des Gases nicht hinderlich sind. Eine damit verbundene kleine Unregelmäßigkeit der Diagramme beim Schwanken der Drücke ist jedenfalls weniger bedenklich als eine absolute Minderleistung an Kälte.

Bemerkung zu den Expansions-Isothermen (Tabellen 20, 21, 22).

Die Ausdehnung des im schädlichen Raume zurückgebliebenen überhitzten Dampfes geschieht theoretisch nach einer Adiabate, infolge des Einflusses der Wandungswärme und der Undichtheiten angenähert nach einer Isotherme.

Tabelle 20—22. Expansions-Isothermen.

Endvolumina in % bei verschiedenen Anfangs- u. Enddrücken, wenn schädlicher Raum = 1% des Kompressor-Volumens.

a) NH_3

Temp.		$+15$	$+20$	$+25$	$+30$	$+35$	$+40$	°C
	Druck	7,45	8,79	10,31	12,01	13,91	16,01	atm.
°C	abs. atm.							
$+$ 5	4,376	1,7	2,0	2,3	2,8	3,2	3,7	
$\pm$ 0	3,625	2,1	2,4	2,8	3,3	3,8	4,4	
$-$ 5	2,977	2,5	2,9	3,5	4,05	4,7	5,4	
$-$ 10	2,420	3,1	3,6	4,3	5,0	5,7	6,6	
$-$ 15	1,959	3,8	4,5	5,3	6,2	7,1	8,2	%
$-$ 20	1,566	4,8	5,6	6,6	7,7	8,9	10,3	
$-$ 25	1,240	6,0	7,1	8,3	9,7	11,2	12,9	
$-$ 30	0,974	7,7	9,1	10,6	12,4	14,3	16,4	
$-$ 35	0,758	9,8	11,5	13,8	15,8	18,3	21,1	
$-$ 40	0,586	12,8	14,9	17,6	20,4	23,8	27,4	

b) SO_2

Temp.		$+15$	$+20$	$+25$	$+30$	$+35$	$+40$	°C
	Druck	2,807	3,347	3,964	4,667	5,458	6,349	atm.
°C	abs. atm.							
$+$ 5	1,573	1,8	2,1	2,5	3,0	3,5	4,0	
$\pm$ 0	1,273	2,2	2,6	3,1	3,7	4,3	5,0	
$-$ 5	1,042	2,7	3,1	3,7	4,5	5,2	6,1	
$-$ 10	0,837	3,7	4,0	4,8	5,6	6,5	7,6	
$-$ 15	0,664	4,2	5,1	6,0	7,0	8,2	9,6	%
$-$ 20	0,521	5,4	6,4	7,6	8,9	10,4	12,2	
$-$ 25	0,403	7,0	8,3	9,8	11,5	13,5	15,7	
$-$ 30	0,308	9,3	10,9	12,9	15,3	17,7	20,6	
$-$ 35	0,232	12,0	14,4	17,1	20,1	23,4	27.4	
$-$ 40	0,162	17,4	20,3	24,4	28,4	33,6	39,4	

c) CO_2

Temp.		$+15$	$+20$	$+25$	$+30$	°C
	Druck	51,6	58,1	65,4	73,1	atm.
°C	abs. atm.					
$+$ 5	36,283	1,4	1,6	1,8	2,0	
$\pm$ 0	31,963	1,6	1,8	2,1	2,3	
$-$ 5	28,070	1,8	2,1	2,3	2,6	
$-$ 10	24,6	2,1	2,4	2,7	3,0	
$-$ 15	21,359	2,4	2,7	3,1	3,4	%
$-$ 20	18,467	2,8	3,1	3,6	4,0	
$-$ 25	15,939	3,2	3,7	4,1	4,6	
$-$ 30	13,676	3,8	4,3	4,8	5,3	

Tabelle 23—25. Annähernde Verluste durch Undichtigkeits- und Wandungseinflüsse

in % bei den Kompressoren für verschiedene Drücke.

a) NH₃

Temp.		+ 15	+ 20	+ 25	+ 30	+ 35	+ 40	⁰C
Temp.	Druck	7,45	8,79	10,31	12,01	13,91	16,01	atm.
⁰C	abs. atm.							
+ 5	4,376	4	6	8	10,5	13,5	16,5	
± 0	3,625	4,5	7	9	11,5	14	17	
— 5	2,977	5,5	7,5	10	12	14,5	18	
— 10	2,420	6,5	8	10	13	15,5	19	
— 15	1,959	7	9	11	13,5	16	19,5	%
— 20	1,560	7,5	9,5	11,5	14	16,5	19,5	
— 25	1,240	7,5	9,5	12	14,5	17	20	
— 30	0,974	8	10	12	14,5	17	20	
— 35	0,758	8	10,5	12,5	15	17,5	20	
— 40	0,586	8,5	10,5	12,5	15	17,5	20	

b) SO₂

Temp.		+ 15	+ 20	+ 25	+ 30	+ 35	+ 40	⁰C
Temp.	Druck	2,807	3,347	3,964	4,6665	5,459	6,349	atm.
⁰C	abs. atm.							
+ 5	1,573	4	6	8	10,5	13,5	16,5	
± 0	1,273	4,5	7	9	11,5	14	17	
— 5	1,042	5,5	7,5	10	12	14,5	18	
— 10	0,837	6,5	8	10	13	15,5	19	
— 15	0,664	7	9	11	13,5	16	19,5	%
— 20	0,521	7,5	9,5	11,5	14	16,5	19,5	
— 25	0,403	7,5	9,5	12	14,5	17	20	
— 30	0,308	8	10	12	14,5	17	20	
— 35	0,232	8	10,5	12,5	15	17,5	20	
— 40	0,162	8,5	10,5	12,5	15	17,5	20	

c) CO₂

Temp.		+ 15	+ 20	+ 25	+ 30	⁰C
Temp.	Druck	51,6	58,1	65,4	73,1	atm.
⁰C	abs. atm.					
+ 5	36,3	2,5	3,5	4,7	6	
± 0	32,0	3,1	4,2	5,4	6,6	
— 5	28,1	3,8	4,8	6	7,2	
— 10	24,6	4,3	5,4	6,5	7,8	
— 15	21,4	4,9	5,9	7,1	8,3	%
— 20	18,5	5,3	6,4	7,5	8,8	
— 25	15,9	5,7	6,8	8	9,2	
— 30	13,7	6,1	7,1	8,3	9,5	

Tabelle 26.
Wirkliches Volumen des Kompressors

mit Rücksicht auf Spannungsabfall, Ausdehnung des schädlichen Raumes und Verlust durch Undichtheiten.

SO_2.

Temp.	Druck	+15	+20	+25	+30	+35	+40°	
	atm.	2,807	3,347	3,964	4,6665	5,459	6,349	Druck
°C +5	1,932	0,2381	0,24	0,25	0,2549	0,265	0,2706	wirkl. Volum. pro 1 kg
		275,292	286,249	298,808	316,018	333,484	348,577	wirkl. Volum. pro 100000 Kal.
+0	1,584	0,2811	0,2890	0,2942	0,3021	0,3100	0,3205	wirkl. Volum. pro 1 kg
		325,951	341,931	355,400	372,880	391,365	414,190	wirkl. Volum. pro 100000 Kal.
−5	1,287	0,3688	0,3791	0,3859	0,3978	0,4098	0,4235	wirkl. Volum. pro 1 kg
		429,637	450,666	468,440	493,487	630,377	550,142	wirkl. Volum. pro 100000 Kal.
−10	1,037	0,4479	0,4561	0,4683	0,4846	0,4968	0,5253	wirkl. Volum. pro 1 kg
		524,965	545,569	572,074	598,292	634,564	687,026	wirkl. Volum. pro 100000 Kal.

Temp.	Druck		+15	+20	+25	+30	+35	+40°	
		Druck	2,807	3,347	3,964	4,6665	5,459	6,349	
— 15	0,8265		0,5591	0,5742	0,5893	0,6070	0,6246	0,6498	wirkl. Volum. pro 1 kg
			660,562	692,475	725,918	764,387	804,793	857,482	wirkl. Volum. pro 100000 Kal.
— 20	0,652		0,7108	0,7296	0,7485	0,7737	0,7988	0,8306	wirkl. Volum. pro 1 kg
			847,805	888,456	931,295	984,226	1039,969	1107,762	wirkl. Volum. pro 100000 Kal.
— 25	0,508		0,9078	0,9355	0,9434	0,9672	1,0346	1,0782	wirkl. Volum. pro 1 kg
			1094,395	1151,668	1186,816	1244,467	1362,750	1455,257	wirkl. Volum. pro 100000 Kal.
— 30	0,391		1,1795	1,3198	1,3601	1,4105	1,4609	1,5113	wirkl. Volum. pro 1 kg
			1444,758	1651,814	1740,149	1846,446	1958,572	2077,104	wirkl. Volum. pro 100000 Kal.
— 35	0,297		1,5502	1,6277	1,6793	1,7827	1,8214	1,9247	wirkl. Volum. pro 1 kg
			1924,042	2064,300	2177,799	2366,206	2476,747	2684,006	wirkl. Volum. pro 100000 Kal.
— 40	0,222		1,9040	1,9795	2,0702	2,1609	2,2818	2,4178	wirkl. Volum. pro 1 kg geschätzt
			2404,040	2554,903	2733,297	2921,319	3161,861	3437,476	wirkl. Volum. p. 100000 Kal.

Tabelle 27.

Wirkliches Volumen des Kompressors

mit Rücksicht auf Spannungsabfall, Ausdehnung des schädlichen Raumes und Verlust durch Undichtheiten.

NH₃.

Temp. °C	Druck atm.		+15	+20	+25	+30	+35	+40
			7,45	8,79	10,31	12,01	13,91	16,01
+ 5	5,24	wirkl. Volum. pro 1 kg	0,3120	0,3188	0,3256	0,3345	0,3445	0,3548
		wirkl. Volum. pro 100 000 Kal.	102,902	106,726	110,933	115,924	121,508	127,444
± 0	4,35	wirkl. Volum. pro 1 kg	0,3864	0,3966	0,4053	0,4162	0,4270	0,4401
		wirkl. Volum. pro 100 000 Kal.	127,849	133,338	138,530	143,263	148,671	158,617
— 5	3,58	wirkl. Volum. pro 1 kg	0,4563	0,4664	0,4795	0,4903	0,5036	0,5214
		wirkl. Volum. pro 100 000 Kal.	151,565	157,414	164,550	171,170	178,956	188,904
— 10	2,92	wirkl. Volum. pro 1 kg	0,5644	0,5692	0,5829	0,6018	0,6181	0,6406
		wirkl. Volum. pro 100 000 Kal.	188,380	193,074	201,042	211,185	220,790	233,089

Temp.	Druck	+15	+20	+25	+30	+35	+40	
		7,45	8,79	10,31	12,01	13,91	16,01	
— 15	2,37	0,6980	0,7151	0,7327	0,7541	0,7755	0,8045	wirkl. Volum. pro 1 kg
		234,310	243,970	254,182	266,222	278,703	294,548	wirkl. Volum. pro 100000 Kal.
— 20	1,90	0,8816	0,9035	0,9271	0,9553	0,9844	1,0189	wirkl. Volum. pro 1 kg
		297,848	310,268	323,787	339,517	356,228	375,673	wirkl. Volum. pro 100000 Kal.
— 25	1,51	1,0896	1,1194	1,1549	1,1923	1,2307	1,2758	wirkl. Volum. pro 1 kg
		370,916	387,376	406,512	427,133	448,980	474,293	wirkl. Volum. pro 100000 Kal.
— 30	1,19	1,4115	1,4530	1,4957	1,5482	1,6019	1,6641	wirkl. Volum. pro 1 kg
		484,685	507,279	531,219	559,725	589,807	624,545	wirkl. Volum. pro 100000 Kal.
— 35	0,93	1,7552	1,8178	1,8819	1,9489	2,0234	2,1024	wirkl. Volum. pro 1 kg
		610,617	640,838	675,024	711,719	753,314	797,329	wirkl. Volum. pro 100000 Kal.
— 40	0,72	2,3945	2,4754	2,5682	2,6728	2,7893	2,9097	wirkl.·Volum. pro 1 kg
		731,041	881,931	931,148	985,833	1049,318	1116,111	geschätzt | wirkl. Volum. p. 100000 Kal.

Tabelle 28.
Wirkliches Volumen des Kompressors
mit Rücksicht auf Spannungsabfall, Ausdehnung des schädlichen
Raumes und Verlust durch Undichtheiten.

CO_2 (ohne Unterkühlung der Flüssigkeit)

Temp.		+15	+20	+25	+30°	
	Druck	51,6	58,1	65,4	73,1	
°C + 5	atm. 40,3	0,0099	0,01	0,01012	0,01026	wirkl. Vol. pro 1 kg
		21,7	24,15	28,03	38,89	wirkl. Vol. pro 100000 K.
± 0	35,4	0,0117	0,01187	0,01204	0,0122	wirkl. Vol. pro 1 kg
		25,21	28,16	32,39	41,75	wirkl. Vol. pro 100000 K.
− 5	31,0	0,01384	0,014	0,0142	0,01438	wirkl. Vol. pro 1 kg
		29,6	33,0	37,8	48,5	wirkl. Vol. pro 100000 K.
− 10	27,1	0,0162	0,01638	0,0166	0,01684	wirkl. Vol. pro 1 kg
		34,4	38,25	43,8	56,2	wirkl. Vol. pro 100000 K.
− 15	23,5	0,01899	0,0192	0,0195	0,01977	wirkl. Vol. pro 1 kg
		40,3	44,8	51,25	65,91	wirkl. Vol. pro 100000 K.
− 20	20,3	0,02259	0,02289	0,02322	0,02358	wirkl. Vol. pro 1 kg
		48,1	53,4	61,8	78,9	wirkl. Vol. pro 100000 K.
− 25	17,5	0,02625	0,02663	0,0270	0,02743	wirkl. Vol. pro 1 kg
		56,2	62,9	71,9	92,7	wirkl. Vol. pro 100000 K.
− 30	15,0	0,03176	0,0322	0,03269	0,03318	wirkl. Vol. pro 1 kg
		68,2	76,5	87,9	113,4	gesch. wirkl. Vol. pro 100000 K.

Tabelle 29.

Theoretische Leistung von 1 kg CO_2

bei verschiedenen Ansauge- und Kondensatordrücken bei verschiedenen Unterkühlungen vor dem Regulierventil.

Temperatur vor dem Regulierventil	25	20	15	10	20	15	10	15	10	°C
Druck im Kondensator	73,1	73,1	73,1	73,1	65,4	65,4	65,4	58,1	58,1	abs. atm.
Druck im Verdampfer										
40,3	38,5	43,7	47,5	51,3	43,2	47,1	51,3	46,3	50,3	Kal.
35,4	39,25	44,4	48,25	51,85	43,9	47,8	51,9	47,02	51,0	»
31,0	39,62	44,8	48,62	52,22	44,3	48,2	52,3	47,4	51,4	»
27,1	39,95	45,15	48,95	52,65	44,6	48,5	52,6	47,7	51,7	»
23,5	40,0	45,3	49,0	52,6	44,7	48,6	52,7	47,8	51,8	»
20,3	39,95	45,15	48,95	52,6	44,6	48,5	52,6	47,5	51,7	»
17,5	39,62	44,8	48,62	52,22	44,3	48,2	52,3	47,4	51,4	»
15,0	39,25	44,4	47,75	51,85	44,0	47,9	52,0	47,0	51,0	»

Tabelle 30. Theoretisch notwendige Mengen CO_2 für 100000 Kalorien bei Unterkühlung.

Temperatur vor dem Regulierventil	25	20	15	10	20	15	10	15	10	°C
Druck im Kondensator	73,1	73,1	73,1	73,1	65,4	65,4	65,4	58,1	58,1	abs. atm.
Druck im Verdampfer										
40,3	2597	2290	2100	1945	2315	2120	1945	2160	1985	kg
	23,12	20,3	18,7	17,3	20,6	18,85	17,3	19,20	17,6	cbm
35,4	2550	2260	2070	1955	2285	2080	1960	2120	1965	kg
	26,52	23,5	21,5	20,3	23,75	21,6	20,4	22,1	20,5	cbm
31,0	2520	2220	2060	1912	2255	2074	1910	2110	1948	kg
	30,8	27,1	25,2	23,3	27,5	25,3	23,3	25,75	23,75	cbm
27,1	2508	2212	2045	1905	2242	2060	1908	2096	1935	kg
	35,8	31,6	29,2	27,3	32,0	29,3	27,3	29,9	27,6	cbm
23,5	2500	2203	2050	1908	2230	2055	1902	2080	1950	kg
	41,75	36,8	34,2	31,9	37,2	34,35	31,8	34,7	32,5	cbm
20,3	2508	2212	2045	1908	2242	2060	1908	2100	1935	kg
	48,9	43,1	39,8	37,2	39,82	40,15	37,2	40,95	37,6	cbm
17,5	2520	2220	2060	1912	2255	2074	1910	2110	1948	kg
	57,7	50,8	47,1	43,6	51,64	47,5	43,6	48,32	44,6	cbm
15,0	2550	2260	2070	1955	2275	2070	1926	2125	1965	kg
	68,85	61,0	55,9	52,8	61,43	55,89	52,1	57,38	53,0	cbm

Tabelle 31. Wirkliches Volumen des Kompressors bei Unterkühlung
mit Rücksicht auf Spannungsabfall des schädlichen Raumes und Verlust durch Undichtheiten.

Druck im Kondensator (abs. atm.)	73,1				65,4			58,1		wkl. Vol. p. 1 kg / wirkl. Vol pro 100 000 Kal.
Temperatur vor dem Regulierventil (°C)	25	20	15	10	20	15	10	15	10	
Druck im Verdampfer										
40,3	0,0103 / 26,75	0,0103 / 23,58	0,0103 / 21,63	0,0103 / 20,03	0,01012 / 23,43	0,01012 / 21,45	0,01012 / 19,68	0,01 / 21,6	0,01 / 19,85	0,01 / 19,85
35,4	0,0122 / 31,11	0,0122 / 27,57	0,0122 / 25,25	0,0122 / 23,85	0,01204 / 27,51	0,01204 / 25,04	0,01204 / 23,6	0,01187 / 24,16	0,01187 / 23,32	»
31,0	0,01438 / 36,24	0,01438 / 31,96	0,01438 / 29,63	0,01438 / 27,5	0,0142 / 32,02	0,0142 / 29,45	0,0142 / 27,12	0,014 / 29,54	0,014 / 27,27	»
27,1	0,01684 / 42,22	0,01684 / 37,25	0,01684 / 34,44	0,01684 / 32,08	0,0166 / **37,22**	0,0166 / 34,2	0,0166 / 31,67	0,0164 / 34,37	0,0164 / 31,73	»
23,5	0,01977 / 49,43	0,01977 / 43,55	0,01977 / 40,53	0,01977 / 37,72	0,0195 / 43,49	0,0195 / 40,07	0,0195 / 37,09	0,0192 / 40,32	0,0192 / 37,44	»
20,3	0,0236 / 59,19	0,0236 / 52,2	0,0236 / 48,26	0,0236 / 45,03	0,02322 / 52,06	0,02322 / 47,83	0,02322 / 44,16	0,02289 / 48,07	0,02289 / 44,2	»
17,5	0,02743 / 69,12	0,02743 / 60,89	0,02743 / 56,51	0,02743 / 52,45	0,0270 / 60,89	0,0270 / 56,0	0,0270 / 51,57	0,02663 / 56,19	0,02663 / 52,0	»
15,0	0,03318 / 84,53	0,03318 / 74,99	0,03318 / 68,68	0,03318 / 64,87	0,03269 / 74,37	0,03269 / 67,67	0,03269 / 62,98	0,0322 / 68,4	0,0322 / 63,3	»

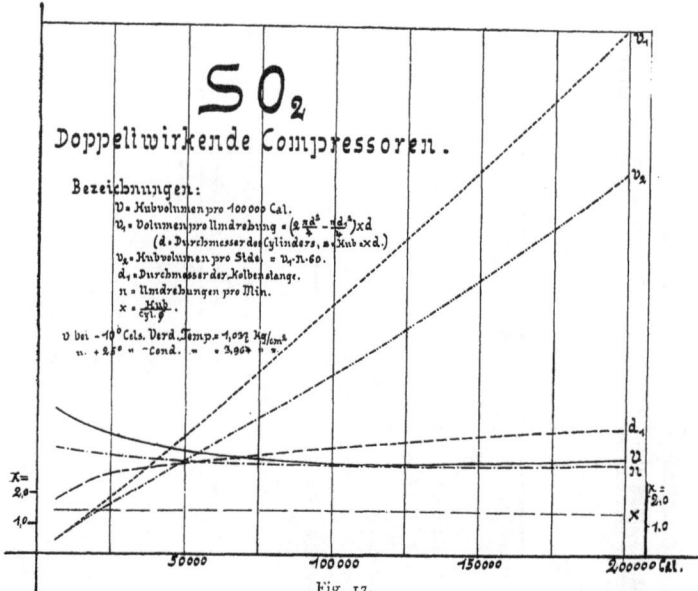

Fig. 17.

Maßstäbe: v_1 : 1 mm = 5 lt v_2 : 1 mm = 25 cbm v : 1 mm = 50 cbm
d_1 : 1 mm = 5 mm ϕ n : 1 mm = 5 Umdr.

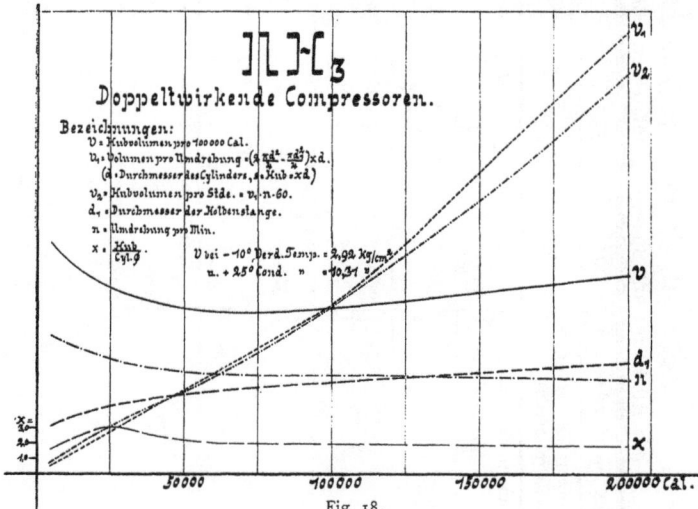

Fig. 18.

Maßstäbe: v_1 : 2 mm = 5 lt v_2 : 1 mm = 10 cbm v : 1 mm = 10 cbm
d_1 : 1 mm = 5 mm ϕ n : 1 mm = 5 Umdr.

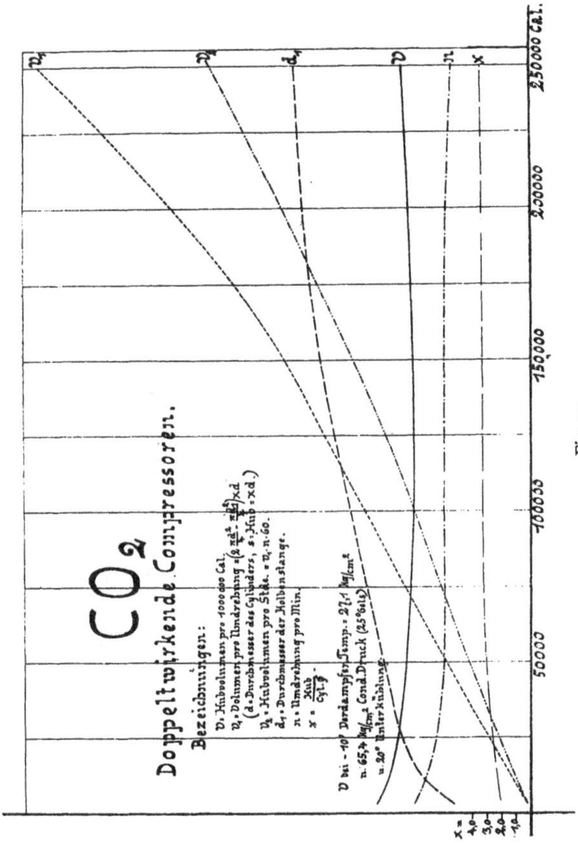

Fig. 19.

Maßstäbe: $v_1 : 2$ mm $= 1$ lt $\qquad v : 2$ mm $= 5$ cbm

$d_1 : 2$ mm $= 5$ mm ϕ $\qquad 7'_2 : 2$ mm $= 5$ cbm $\qquad v : 2$ mm $= 5$ cbm

$n : 1$ mm $= 5$ Umdr.

Bemerkung zu den Figuren 17 bis 19.

Man beachte, daß die Ordinaten nur für die in den Figuren angegebene Verdampfer- bzw. Verflüssigungstemperatur gelten, nämlich:

— 10° Verdampfer, + 25° Verflüssiger,

bei CO_2 + 20° Unterkühlung.

Die Umrechnung der Leistung der Verdichter bei anderen Temperaturverhältnissen geschieht mit Hilfe der Tabellen 26, 27, 28 und 31.

4*

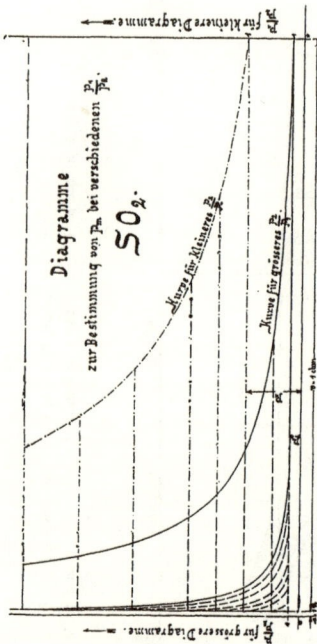

Diagramme
zur Bestimmung von p_m bei verschiedenen $\frac{p_1}{p_2}$.

SO_2.

Kurve für kleinere $\frac{p_1}{p_2}$

Kurve für grössere $\frac{p_1}{p_2}$

Für kleinere Diagramme →

← Für grössere Diagramme →

Fig. 20.

Tafel zur angenäherten Bestimmung
der Kompressordrücke

berechnet mit mittleren $k = 1{,}27$ und einem
schädl. Raum von $s = 1^0/_0$.

(Für SO_2.)

Sämtliche Drücke im Kompressor absolut.

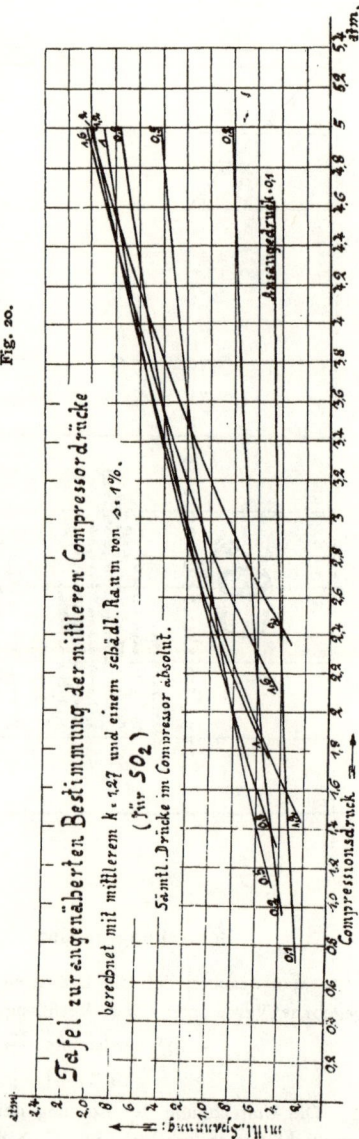

Tafel zur angenäherten Bestimmung der mittleren Compressordrücke

berechnet mit mittlerem $k = 1{,}27$ und einem schädl. Raum von $s. 1\%$.

(Für SO_2)

Sämtl. Drücke im Compressor absolut.

Ansaugedruck $= 0{,}1$

Compressionsdruck →

mittl. Spannung: →

Fig. 21.

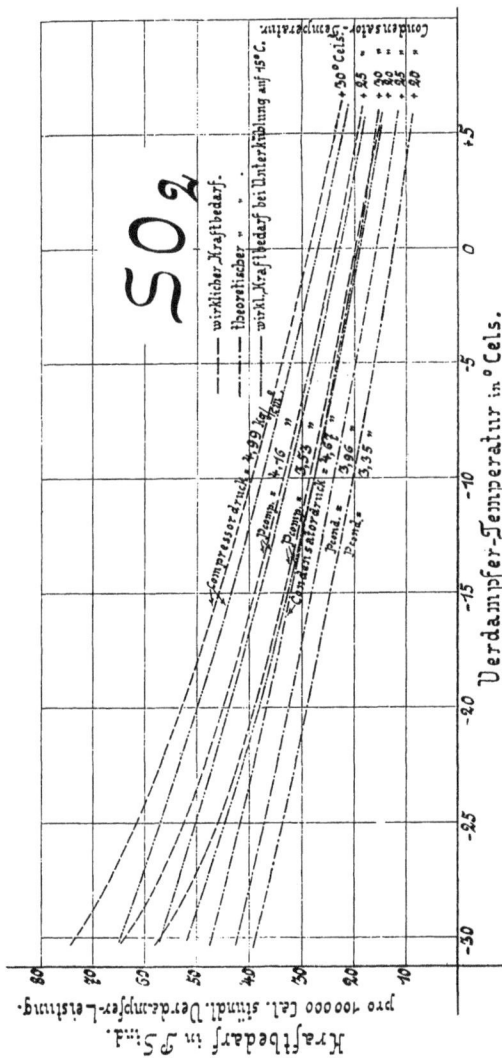

Fig. 22.

Arbeitsbedarf von SO_2-Verdichtern für einige Verdampfungs- und Verflüssigungs-Temperaturen.

(Siehe Bemerkung S. 59.)

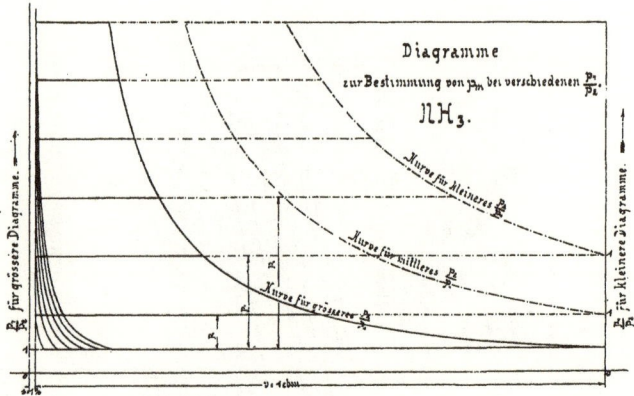

Diagramme
zur Bestimmung von p_m bei verschiedenen $\frac{p_2}{p_1}$.

NH_3.

Kurve für kleineres $\frac{p_2}{p_1}$

Kurve für mittleres $\frac{p_2}{p_1}$

Kurve für grösseres $\frac{p_2}{p_1}$

Fig. 23.

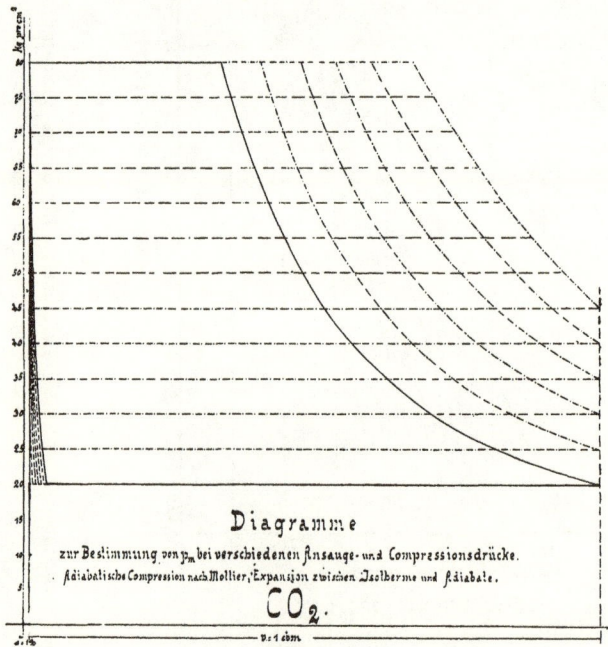

Diagramme
zur Bestimmung von p_m bei verschiedenen Ansauge- und Compressionsdrücke.
Adiabatische Compression nach Mollier, Expansion zwischen Isotherme und Adiabate.

CO_2.

Fig. 24.

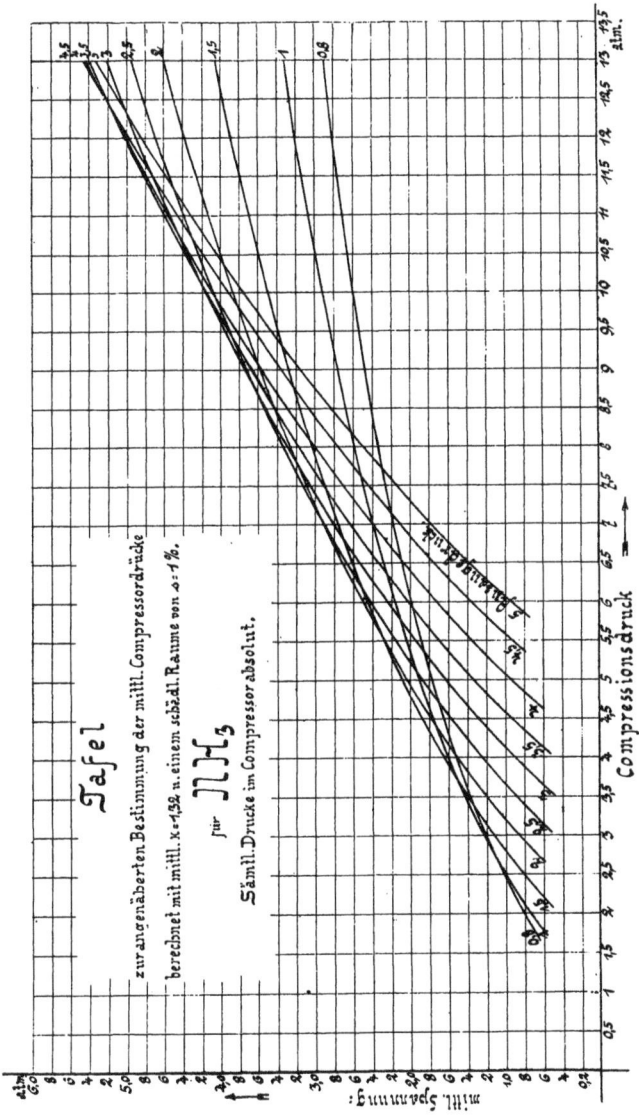

Fig. 25.

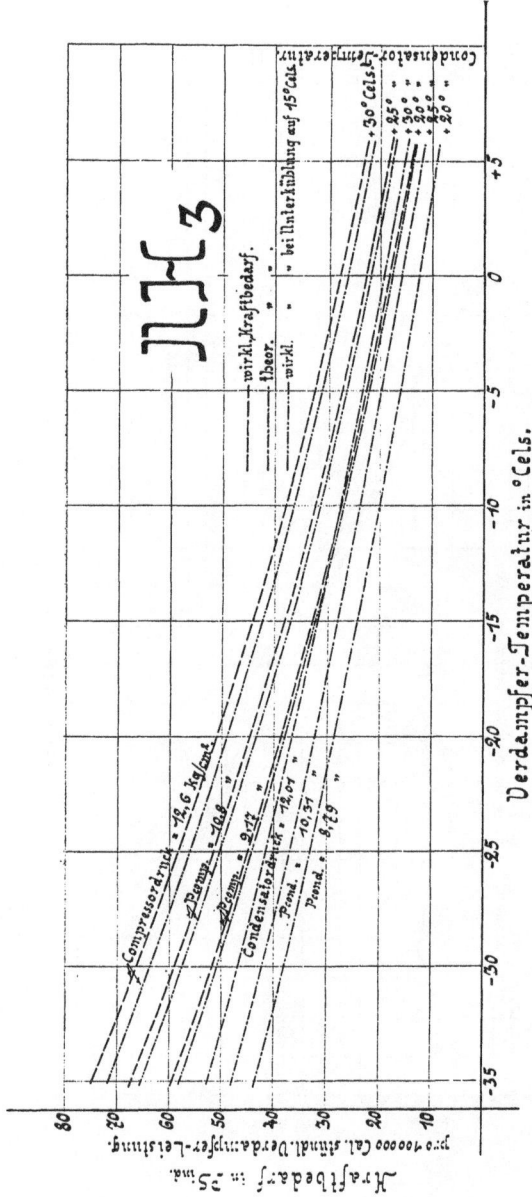

Fig. 26.

Arbeitsbedarf von NH_3-Verdichtern bei einigen Verdampfer- und Verflüssigungs-Temperaturen.

(Siehe Bemerkung S. 59.)

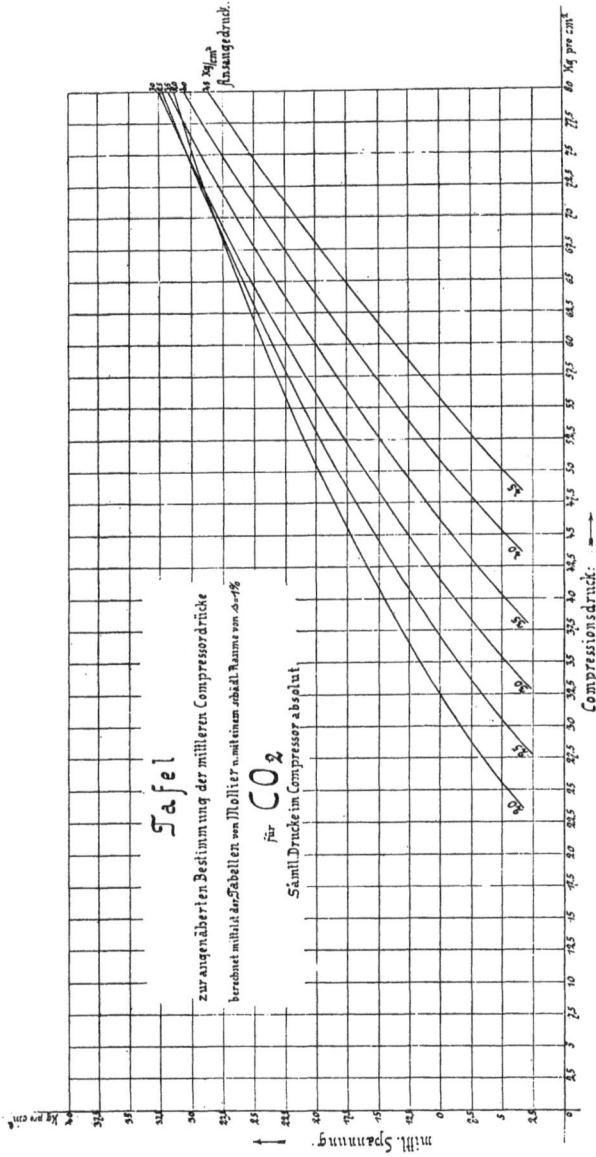

Fig. 27.

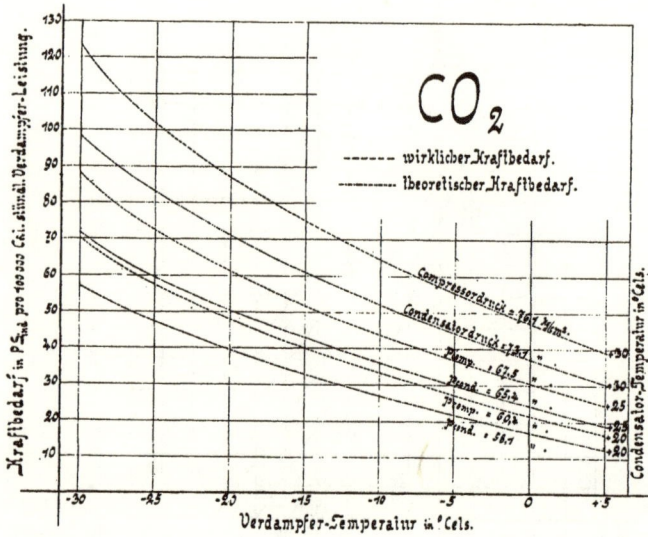

Fig. 28.

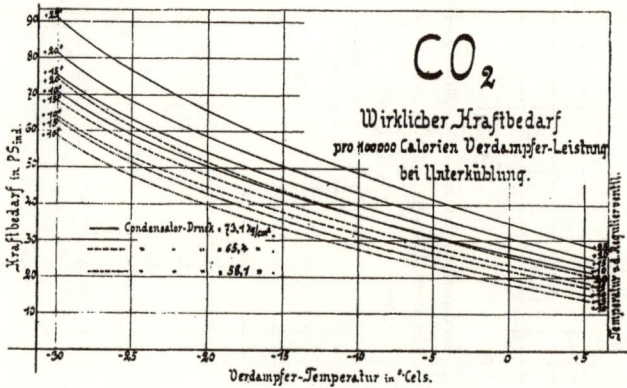

Fig. 29.

Arbeitsbedarf von CO_2-Verdichtern bei einigen Verdampfungs-
und Verflüssigungs- bzw. Unterkühlungs-Temperaturen.

Die Figuren 22, 26, 28, 29 beziehen sich auf Maschinen von 60 000 bis 100 000 Kal. Verdampferleistung.

Für andere Verdichtergrößen ist der Arbeitsbedarf umzurechnen. Für — 10⁰ Verdichtertemperatur und 25⁰ Verflüssigungstemperatur können hierzu die Fig. 17, 18, 19 benutzt werden, welche für die verschiedenen Maschinengrößen das für 100 000 Kal. nötige Gesamt-Hubvolumen angeben. Der Arbeitsbedarf ist einfach umzurechnen im Verhältnis des der betreffenden Maschinengröße zugehörigen Gesamtvolumens pro 100 000 Kal. zu dem bei den Maschinen von 60 000 bis 100 000 Kal. nötigen Gesamtvolumen pro 100 000 Kal. Auf diese Weise ist Tabelle 32 entstanden, welche gibt: das Verhältnis der indizierten Verdichterarbeit zur Verdampferleistung bei verschiedenen Maschinengrößen heutiger Bauart.

Diese Tabelle gilt nur für die beigeschriebenen Verdampfungs- bzw. Verflüssigungstemperaturen.

Für andere Temperaturen ist zu entnehmen:

Zur Ermittlung des Arbeitsbedarfes.	Der Spannungsabfall bzw. Ansaugedruck aus Tabellen 17 bis 19. Der höchste Verdichtungsdruck ist mit Rücksicht auf die Druckleitungs- und Druckventilwiderstände zu schätzen. Der mittlere indizierte Druck aus Fig. 20, 21, 23, 24, 25, 27.
Zur Ermittlung der Kälteleistung.	Der Spannungsabfall aus Tabellen 17 bis 19. Die Länge des Expansionshubteiles aus Tabelle 20 bis 22. Die angenäherten Verluste durch Undichtheit und Wandungseinfluß aus Tabelle 23 bis 25. Die wirkliche Leistung (bzw. zugehöriges Hubvolumen) aus Tabelle 26, 27, 28, 31.

Auch hier ist wieder zu berücksichtigen, daß diese Tabellen sich auf Maschinen mittlerer Größe beziehen.

Tabelle 32.

Verdampfer-Leistung (brutto) bei −2°−5° C im Salzbad	Für NH$_3$				Für CO$_2$			
	Angesaugtes Kompr.-Volumen pro Stunde	Äquival. der Kompressor-Arbeit	Kondensatorleistung	Verhältnis des Äquivalents d. Kompressorarb. zur Verdampf.-Leistung	Angesaugtes Kompressor-Volumen pro Stunde	Äquivalent der Kompressorarbeit	Kondensatorleistung	Verhältnis des Äquivalents d. Kompressorarb. zur Verdampf.-Leistung
in Kal.	in cbm	in Kal.	in Kal.	in %	in cbm	in Kal.	in Kal.	in %
4 000	12,2	1 220	5 220	30,5	1,9	1 220	5 220	30,5
5 000	15	1 500	6 500	30	2,05	1 310	6 310	26,2
6 000	20,5	2 050	8 050	34,2	3,0	1 920	7 920	32,0
8 000	23,5	2 350	10 350	29,5	3,8	2 430	10 430	30,5
10 000	28,5	2 850	12 850	28,5	4,7	3 000	13 000	30,0
15 000	42	4 200	19 200	28	7,1	4 540	19 540	30,3
25 000	61	6 100	31 100	24,5	11,2	7 170	32 160	28,7
35 000	83	8 280	43 280	23,6	15,4	9 850	44 850	28,2
50 000	104	10 400	60 400	20,8	21,1	13 500	63 500	27,0
60 000	128	12 800	72 800	21,3	25,2	16 100	76 100	26,9
75 000	158	15 800	90 800	21,2	30,6	19 900	94 900	26,6
85 000	182	18 200	103 200	21,4	34,5	22 000	107 000	25,1
100 000	215	21 500	121 500	21,5	40,8	26 100	126 100	26,1
120 000	262	26 200	146 200	22	47,7	30 500	150 500	25,4
135 000	318	31 800	166 800	23,6	54,0	34 600	169 600	25,6
150 000	356	35 600	185 600	23,7	60,8	38 900	188 900	25,0
160 000	380	38 000	198 000	23,7	65,2	41 700	201 700	26,1
180 000	430	43 000	223 000	23,8	75,0	48 000	228 000	26,7
200 000	492	49 200	249 200	24,6	84,9	54 300	254 300	27,2
215 000	540	54 000	269 000	25	92,2	59 000	274 000	27,5
230 000	578	57 700	287 700	25	100,0	64 000	294 000	27,8
250 000	628	62 700	312 700	25	110,5	76 500	326 500	28,2

Tabelle 32.

Für SO₂				Bemerkungen
Angesaugtes Kompr.-Volumen pro Stunde in cbm	Äquival. der Kompressorarbeit in Kal.	Kondensatorleistung in Kal.	Verhältnis des Äquivalents des Kompressorarb. zur Verdampf.-Leistung in %	
27,5	1 045	5 04	26,2	**Für NH₃.** Der Verdampferdruck wurde angenommen mit
35,0	1 330	6 330	26,6	2,9 atm. abs.,
42,0	1 595	7 595	26,6	welches einer Temperatur von − 10° C
52,5	1 995	9 995	25,0	entspricht und der Kondensatordruck zu
70,0	2 660	12 660	26,6	10,31 atm. abs. = + 25° C.
101,5	3 860	18 860	25,8	Die angenommenen Drücke (abs.) im Kompressor waren (inkl. Ventil- und Leitungs-
161	6 120	31 120	24,5	widerstände)
220	8 350	43 350	23,9	$p_v = 2{,}42$ atm.
307,5	11 690	61 690	23,4	$p_c = 10{,}8$ atm.
365,0	13 880	73 880	23,2	Aus der vorhandenen Kurve und Tabelle
450,0	17 100	92 100	22,8	ermittelt man den mittleren Druck (p_m) im
505,0	19 190	104 190	22,6	Kompressor zu
594,0	22 560	122 560	22,6	4,28 atm. abs.
718,0	27 300	147 300	22,8	Es ergab sich alsdann die äquivalente
815,0	31 000	166 000	22,9	Kompressorarbeit zu
913,0	34 700	184 700	23,2	$$Qu_i = \frac{V \cdot 10000 \cdot p_m}{424}.$$
985	37 400	197 400	23,4	**Für CO₂.**
1119,0	42 500	222 500	23,6	Verdampferdruck: 27,1 atm. bei − 10° C
1280	48 600	248 600	24,3	Kondensatordruck: 65,4 » » + 20° C Unterkühlung.
1402	53 300	268 300	25,0	Dies entspricht einem Kompressordruck von
1537	58 400	288 400	25,4	$p_v = 25{,}6$ atm. abs.; $p_c = 67{,}5$ atm. abs. Es ergibt sich alsdann aus vorhandener
1730	65 700	315 700	26,3	Kurve (trockenes Ansaugen angenommen) $p_m = 27{,}1$ atm.

Für SO₂.
Verdampferdruck: 1,037 atm. bei -- 10° C
Kondensatordruck: 3,964 » » + 25° C
Drücke im Kompressor
$p_v = 0{,}837$ atm.; $p_c = 4{,}16$ atm.
Aus vorhandener Kurve
$p_m = 1{,}61$ atm. abs.

Etwas über Wärmedurchgangs-
koeffizienten.

Der Widerstand gegen Wärmeübertragung durch eine
Wand hindurch besteht aus 3 Teilen.

1. Widerstand gegen Aufnahme seitens der einen
   Oberfläche,
2. Widerstand gegen Leitung durch die Wand,
3. Widerstand gegen Abgabe seitens der anderen
   Oberfläche.

Zu 1. und 3. besitzen wir ausreichende Kentnisse nicht.
Sie sind abhängig

von dem Material der Oberfläche,
von dem Zustand des an der Wand fließenden wärme-
   (aufnehmenden)-abgebenden Körpers,
von der Beschaffenheit der Oberfläche,
von der Fließgeschwindigkeit des wärme-(aufnehmenden)-abgebenden Körpers.

Innerhalb der Wand stuft sich die Temperatur ab. Ist
der Widerstand gegen Wärmeaufnahme der einen Wandfläche kleiner, so liegt die mittlere Temperatur der Wand
näher an der Temperatur des an diese Wandfläche stoßenden
Körpers. An der anderen Wand ergibt sich ein größerer
Temperaturunterschied, deshalb kann auch dort die gleiche
Wärmemenge abgegeben werden, die auf der anderen Seite aufgenommen wurde. Bei Veränderung der Fließgeschwindigkeiten
z. B. schiebt sich die Temperatur in der Wand solange herüber
oder hinüber, bis an beiden Wandflächen gleiche Wärmemengen aufgenommen bzw. abgegeben werden. Rauht man
eine Oberfläche an, so geschieht das gleiche, ebenso wenn
man eine Oberfläche mit einer Schichte überzieht, dunkel
oder hell anstreicht, oder wenn man das spezifische Gewicht (den Aggregatzustand), die Zähigkeit, die innere Be-
weglichkeit der Moleküle des einen Außenkörpers verändert.

Aus diesen Andeutungen folgt schon, daß man mit Formeln der Sache nicht vollkommen gerecht werden kann, sondern in erster Linie mit Versuchen arbeiten muß.

Zu 2. Hierfür gibt es eine große Reihe von Versuchen, die uns aber nur dann genügend nützen, wenn wir 1. und 3. kennen.

2. ist abhängig

von dem Material der Wand,
von dem Zustand derselben (porös, gepreßt, amorph, kristallinisch etc.),
von der Dicke der Wand.

Besteht die Wand aus mehreren Schichten verschiedenen Materiales, so kommt der Wärmeübergangswiderstand zwischen den Berührungsoberflächen der Schichten hinzu.

Elastische Körper (poröse) nehmen die Wärme weniger leicht auf, weil sie den Molekülen des anstoßenden Körpers gestatten, fast vollständig auszuschwingen und beim Zurückschwingen ihre Energie wieder zurückleiten. Deshalb macht man die Mauern von Kühl- oder Heißkammern hohl und füllt die Zwischenräume mit porös-elastischen Körpern aus.

Tabelle 33. Einfluß der Wandstärke auf den Gesamt-Wärmedurchgangskoeffizienten,

bezogen auf 1 mm Wandstärke. (Hausbrand.)

Wand-stärke	Kupfer		Zink		Eisen		Blei	
mm	von	bis	von	bis	von	bis	von	bis
1		a		b		c		d
2	0,98 a	0,99 a	0,94 b	0,97 b	0,87 c	0,93 c	0,83 d	0,90 d
3	0,96	0,98	0,88	0,94	0,77	0,86	0,71	0,82
4	0,94	0,97	0,84	0,91	0,69	0,80	0,63	0,75
5	0,92	0,96	0,80	0,80	0,63	0,76	0,55	0,69
6	0,90	0,95	0,76	0,86	0,57	0,71	0,50	0,64
7	0,89	0,94	0,73	0,83	0,53	0,68	0,45	0,60
8	0,87	0,93	0,69	0,82	0,49	0,64	0,42	0,56
9	0,86	0,92	0,66	0,79	0,46	0,61	0,38	0,53
10	0,84	0,91	0,64	0,77	0,43	0,58	0,36	0,50

Die größeren Werte der Faktoren von *a*, *b*, *c* und *d* gelten für vollkommen reine, dichte aber rauhe Oberflächen, die kleineren für unreine oder poröse aber glatte Oberflächen. Genügende Klarheit herrscht auch über diesen Punkt nicht.

Die Koeffizienten *a*, *b*, *c* und *d* sind veränderlich, wie aus obigem hervorgeht. Die Abnahme der Faktoren ergibt eine Kurve, die allmählig flacher wird.

Ist der Wärmedurchgangskoeffizient *k* für Kupfer $= 1 \cdot a$ (für Wandstärken von 1 bis 10 mm), so ist er bei gleichen Wandstärken für: (Über Veränderlichkeit von *a* siehe vorst.)

Tabelle 34.

Wand-stärke	Cu	Eisen		Blei	
mm		von	bis	von	bis
1	$1 \cdot a$	$0,89\,a$	$0,93\,a$	$0,82\,a$	$0,9\ a$
2	$1 \cdot a$	0,77	0,87	0,69	0,82
3	$1 \cdot a$	0,70	0,82	0,60	0,75
4	$1 \cdot a$	0,64	0,77	0,54	0,70
5	$1 \cdot a$	0,58	0,73	0,49	0,64
6	$1 \cdot a$	0,55	0,70	0,45	0,60
7	$1 \cdot a$	0,51	0,67	0,42	0,57
8	$1 \cdot a$	0,48	0,63	0,39	0,54
9	$1 \cdot a$	0,46	0,61	0,37	0,51
10	$1 \cdot a$	0,44	0,50	0,35	0,49

Für zähe Flüssigkeiten sinkt *k* bis zu 0,2 desjenigen für Wasser, je nach Grad der Zähigkeit.

Bei Gasgemischen wird *k* sehr ungünstig beeinflußt bei der Verflüssigung des einen Gases, wenn der Siedepunkt des anderen sehr viel höher liegt; z. B. Luft in Dampf.

Abhängigkeit des Koeffizienten vom Aggregatzustand und der spezifischen Flüssigkeitsmenge der austauschenden Körper.

Hierüber ist sehr wenig bekannt, doch leuchtet ein, daß der spezifische Flüssigkeitsgehalt eines Dampfes von großem

Einfluß sein muß auf den Wärmedurchgangskoeffizienten
(z. B. Verbesserung der Leistung einer Dampfmaschine durch
Arbeiten mit Dampf ohne Wassergehalt).

Ferner übt Einfluß,

> ob Dampf und Flüssigkeit homogen gemischt sind
> oder teilweise getrennt fließen,
>
> die Neigung der Röhren (Abfließen der Flüssigkeit),
>
> lichte Weite der Röhren. Enge Röhren ermög-
> lichen leichter eine homogene Mischung, bei
> weiten Röhren Wärmeaustausch nach dem mitt-
> leren Teil des Stromes unvollkommen.

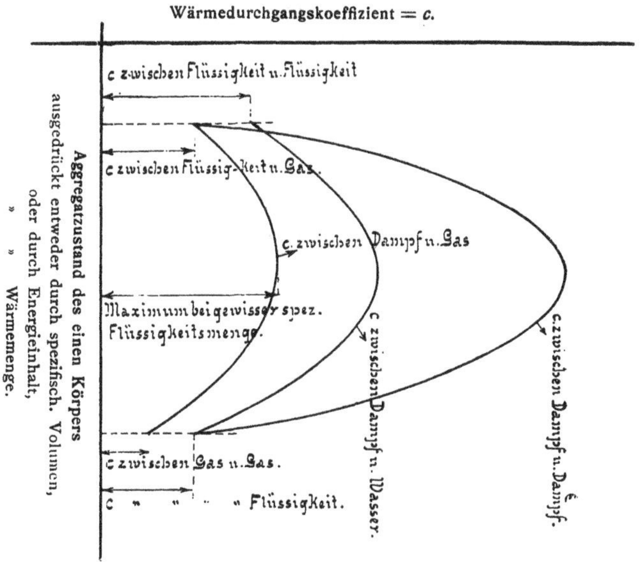

Fig. 30.

**Verlauf der Abhängigkeit der Wärmedurchgangskoeffizienten von
dem Aggregatzustand der wärmeaustauschenden Körper.**

(Ausser Maßstab gezeichnet.)

Tabelle 35.   Wärmemenge (K) in Kal.

die stündlich durch 1 qm Fläche bei 1° Temperaturdifferenz von Luft an Luft übertragen wird.

Außenwände:

Backsteine:

Mauerstärke:	0,12	0,25	0,38	0,51	0,64	0,77	0,9	1,03	1,16
$K =$	2,4	1,7	1,3	1,1	0,9	0,8	0,7	0,6	0,55

Sandsteine:

Mauerstärke:	0,3	0,4	0,5	0,6	0,7	0,8	0,9	1,0	1,1	1,2
$K =$	2,1	1,8	1,6	1,4	1,3	1,2	1,1	1,0	0,9	0,85

Backsteinwand mit Luftschicht:

Mauerstärke ohne Luftschicht:	0,24	0,37	0,5	0,63	0,76	0,89	1,02
$K =$	1,4	1,1	0,9	0,8	0,7	0,6	0,55

Kalkstein:

Mauerstärke:	0,3	0,4	0,5	0,6	0,7	0,8	0,9	1,0	1,1	1,2
$K =$	2,5	2,2	2,0	1,8	1,7	1,55	1,4	1,3	1,25	1,2

Innenzwischenwände:

Backstein:

Mauerstärke:	0,12	0,25	0,38	0,51	0,64	0,77
$K =$	2,2	1,5	1,2	1	0,8	0,7

Korkstein:

Wandstärke:	0,12	0,25	0,38
$K =$	1,52	0,92	0,66

Balkendecke (nach Stetefeld). . , . $K = 0,5$
Massive Decke mit Holzdielung $K = 0,8$
Balkenfußboden . . . . . $K = 0,4$
Gewölbe mit Holzdielung .   . $K = 0,6$
Massiver Steinboden . . . . $K = 1,0$
    »   »   ohne Unterkellerung $K = 1,4$
Einfache Fenster . . . . $K = 5,1$
    »   »   mit doppelt. Verglasung $K = 3$
Doppelfenster . . . . $K = 2,3$
Einfaches Oberlicht . $K = 5,3$
Doppeltes   » $K = 2,4$
Tür . . $K = 2.$

Tabelle 36.

Wärmedurchgang pro 1 qm, 1° C, 1 Stunde.

a $^7/_8''$ gefugte Kiefernbohlen,
b $^7/_8''$ resp. 1″ Luftschichten,
c Isolierpapier.

Anzahl der Luftschichten		Durchgang
1		0,684 WE
2	Zwischenwände	0,468 »
3	Doppelbohlen mit Papier	0,356 »
4		0,286 »
6	Zwischenwände einf. Bohlen ohne Papier	0,236 »
$^7/_8''$ Doppelbohlen mit Papier, 4,7″ (120 mm) Haarfilz α		
» » » » 6,54″ (165 mm) Korkschnitzel α		0,236 »
» » » » 7,27″ (185 mm) Schlackenwoll. α		
» » » 8″ (200 mm) Sägespäne α		

Tabelle 37.

a $^7/_8''$ gefugte Kiefernbohlen,
b Sägemehlfüllung,
c Isolierpapier.

Stärke der Füllung	Durchgang	Stärke der Füllung	Durchgang
2″ = ca. 50 mm	0,586 WE	14″ = ca. 355 mm	0,155 WE
3″ = » 75 »	0,425 »	15″ = » 380 »	0,146 »
4″ = » 100 »	0,361 »	16″ = » 405 »	0,138 »
5″ = » 125 »	0,317 »	17″ = » 430 »	0,132 »
6″ = » 150 »	0,287 »	18″ = » 460 »	0,125 »
7″ = » 180 »	0,259 »	19″ = » 480 »	0,120 »
8″ = » 200 »	0,235 »	20″ = » 510 »	0,115 »
9″ = » 230 »	0,217 »	21″ = » 535 »	0,110 »
10″ = » 255 »	0,200 »	22″ = » 560 »	0,105 »
11″ = » 280 »	0,186 »	23″ = » 585 »	0,103 »
12″ = » 305 »	0,176 »	24″ = » 610 »	0,0976 »
13″ = » 330 »	0,164 »		

5*

Verhältnis der Leitungsfähigkeit.

Schlackenwolle . . .	1,435 (?)
Korkabfälle . . .	1,182 (?)
Holzasche	0,91
Holzkohlen, gestoßen .	0,182
Baumwolle	0,64
Papierfilz-Sägemehl . .	0,455

Tabelle 38.

a $^7/_8''$ Kiefernholz, gefugte Bohlen,
b Sägemehlfüllung,
c Isolierpapier,
d Ziegelmauerwerk,
e 2″ = 50 mm Luftschicht.

Stärke b Sägemehl	Ziegelmauerwerkstärke mm						
	200	305	405	460	510	610	710
	Wärme-Einheiten (Stunde) 1 qm und 1° C Temp.-Diff.						
2″ = ca. 50 mm	0,394	0,368	0,347	0,337	0,327	0,308	0,295
3″ = » 75 »	0,343	0,325	0,307	0,300	0,293	0,278	0,266
4″ = » 100 »	0,304	0,288	0,276	0,269	0,264	0,252	0,240
5″ = » 125 »	0,273	0,260	0,250	0,244	0,239	0,229	0,222
6″ = » 150 »	0,249	0,239	0,229	0,225	0,220	0,212	0,205
7″ = » 180 »	0,227	0,220	0,212	0,207	0,204	0,198	0,190
8″ = » 200 »	0,210	0,203	0,196	0,191	0,189	0,184	0,177
9″ = » 230 »	0,195	0,189	0,181	0,178	0,176	0,171	0,166
10″ = » 255 »	0,182	0,176	0,171	0,168	0,166	0,161	0,156
11″ = » 280 »	0,171	0,165	0,159	0,158	0,156	0,153	0,149
12″ = » 305 »	0,160	0,156	0,151	0,149	0,145	0,143	0,141

Tabelle 39. Wärmedurchgang.
WE / 1 qm / 1° C / 1 Stunde.

	WE
16 mm Eichenholz, Papier, 25 mm Ruß, 22 mm Pineholz .	1,16
22 mm Brett, 25 mm Pech, 22 mm Brett	0,10
4 Stück $^7/_8''$ Fichtenbretter, 2 Papierlagen ohne Luftschicht	0,87

(Fortsetzung der Tabelle nächste Seite.)

(Fortsetzung der Tabelle 39.)

		WE
2 Stück $^7/_8''$ Fichtenbretter mit Papier, Luftschicht, 2 Stück $^7/_8''$ » » »		0,75
1 » $^7/_8''$ (22 mm) Brett, 50 mm Pech, 1 Stück $^7/_8''$ Brett		0,86
1 » $^7/_8''$ Brett, 63 mm Schlackenwolle, Papier, 1 Stück $^7/_8''$ Brett		0,74
2 » $^7/_8''$ Doppelbretter u. 2 Papierlagen, 25 mm Haarfilz		0,675
2 » $^7/_8''$ Bretter, Papier, 25 mm Korkplatten, 2 Stück $^7/_8''$ Bretter, Papier		0,67
1 » $^7/_8''$ Brett, Papier, 50 mm kalzinierter Bimsstein, Papier, 1 Stück $^7/_8''$ Brett		0,69
4 » $^7/_8''$ Doppelbretter mit Papier und 3 Stück 200 mm Luftschichten		0,55
4 » Bretter, 4 Haarfilzkissen		0,51
1 » $^7/_8''$ Brett, 152 pat. entschwefeltes Holzstroh, Luftschicht a. d. Innenseite mit pat. Zement verputzt		0,50
1 » $^7/_8''$ Brett, Papier, 76 mm Korkplatte, Papier, 1 Stück $^7/_8''$ Brett		0,43
2 » $^7/_8''$ Bretter, 200 mm Sägespäne, Papier, 2 Stück $^7/_8''$ Bretter und Papier		0,275
Ebenso, etwas feucht		0,37
Ebenso dampfig		0,43
Doppelbretter und Papier, 25 mm Luft, 100 mm Korkplatten, Papier, 1 Stück $^7/_8''$ Brett		0,24
Ebenso, mit 127 mm Korkplatten		0,18
$^7/_8''$ Holz, Papier, 1'' Schlackenwolle, Papier, $^7/_8''$ Holz .		0,94
Doppelbretter u. Papier, 100 mm Korkpulver, Doppelbretter und Papier		0,35

Wärmedurchgangskoeffizienten für Röhrenapparate:

d. i. durch eine Wand hindurch übertragene Kalorien
pro 1 qm Oberfläche
» 1 Stunde
» 1^0 C Temperaturdifferenz.

Dieselben sind abhängig:

1. von Material der Zwischenwand,
2. » Dicke » »
3. » der Qualität der beiden Oberflächen,

4. von der Fließgeschwindigkeit der wärmeaustauschen
   den Körper,
5. von dem Aggregatzustand derselben,
6. » » spezifischen Flüssigkeitsgehalt des Dampfes,
7. » der Neigung der Wand (Röhren).

Die zahlenmäßigen Feststellungen sind bei weitem nicht
ausreichend.

Tabelle 40.   Tabelle nach Stetefeld

(gültig für die normalen Kältemaschinen der Jahre um 1900).

	durch Kupferrohr	durch Eisenrohr
Nasser Dampf an nassen Dampf	1100	860 Kal.
Überhitzter Dampf an Flüssigkeit . . .	40	35 »
Nasser Dampf an Flüssigkeit . . .	260	220 »
Flüssigkeit an Flüssigkeit	135	115 »
Überhitzter Dampf an nassen Dampf . .	fehlt	fehlt
» » » überhitztem Dampf.	»	»

Diese Werte sind vermutlich mittlere Werte, ermittelt
aus der gesamten übertragenen Wärme durch Division mit
einer mittleren Temperaturdifferenz (siehe Fig. 33 u. 34).

Tabelle 41.

Wärmedurchgangskoeffizienten für ein von fast ruhender Luft umgebenes Dampfrohr.

40 ÷ 150 mm Rohrdurchmesser.

(Gesundheits-Ingenieur 1904, Nr. 36.)

Temperaturdifferenz °C	50	55	60	65	70	75	80	85	90	95	100	105	110
a) glattes Rohr k =	7,94	8,30	8,66	9,02	9,38	9,74	10,10	10,46	10,82	11,18	11,54	11,90	12,26
b) Rippenrohr k =	4,9	5,0	5,2	5,4	5,6	5,9	6,1	6,3	6,5	6,7	6,9	7,1	7,3

Temperaturdifferenz °C	115	120	125	130	135	140	145	150	155	160	165	170	175
a) glattes Rohr k =	12,61	12,97	13,33	13,69	14,05	14,41	14,77	15,13	15,49	15,85	16,21	16,57	16,93
b) Rippenrohr k =	7,6	7,8	8,0	—	—	—	—	—	—	—	—	—	—

Tabelle 42.

Stündliche Wärmeverluste in WE pro qm

eines von fast ruhender Luft umgebenen Dampfrohres.

(Gesundheits-Ingenieur 1904, Nr. 36.)

Dampf-f-über-druck' atm.	Lufttemperatur °C									
	15	20	25	30	35	40	45	50	55	60
0,25	977	887	800	717	637	561	488	418	352	289
0,5	1077	983	893	806	723	643	567	494	424	358
1,0	1247	1150	1056	966	879	796	716	640	567	497
1,5	1384	1283	1186	1092	1002	915	832	752	676	603
2,0	1509	1405	1304	1207	1113	1023	936	853	773	697
2,5	1623	1515	1411	1310	1213	1119	1029	942	859	779
3,0	1728	1617	1509	1405	1304	1207	1113	1023	936	853
3,5	1828	1713	1602	1494	1390	1287	1192	1098	1008	921
4,0	1923	1805	1690	1579	1471	1367	1266	1169	1075	985
4,5	2007	1885	1765	1650	1539	1431	1327	1226	1129	1035
5,0	2091	1966	1844	1726	1611	1500	1392	1288	1187	1090
5,5	2168	2039	1914	1792	1674	1559	1448	1340	1236	1135
6,0	2250	2118	1989	1864	1742	1624	1509	1398	1290	1186
6,5	2315	2179	2047	1918	1793	1671	1553	1438	1327	1219
7,0	2390	2251	2115	1983	1854	1729	1607	1489	1374	1263
7,5	2457	2314	2175	2039	1907	1778	1653	1531	1413	1298
8,0	2518	2372	2229	2090	1954	1822	1693	1568	1446	1328
8,5	2579	2429	2283	2140	2001	1865	1733	1604	1479	1357
9,0	2642	2489	2339	2193	2050	1911	1775	1643	1514	1389
9,5	2702	2545	2392	2242	2096	1953	1814	1678	1546	1417
10,0	2760	2600	2443	2290	2140	1994	1851	1712	1576	1444

Tabelle 43.

Stündliche Kondenswassermenge in kg pro qm
eines von fast ruhender Luft umgebenen Dampfrohres.

(Gesundheits-Ingenieur 1904, Nr. 36.)

Dampf-überdruck atm.	Lufttemperatur ⁰ C									
	15	20	25	30	35	40	45	50	55	60
0,25	1,84	1,67	1,50	1,34	1,19	1,05	0,91	0,78	0,66	0,54
0,5	2,03	1,86	1,69	1,52	1,36	1,21	1,07	0,93	0,80	0,67
1,0	2,39	2,20	2,03	1,86	1,69	1,52	1,36	1,21	1,07	0,93
1,5	2,68	2,48	2,29	2,11	1,94	1,77	1,63	1,45	1,31	1,19
2,0	2,95	2,75	2,55	2,36	2,17	2,00	1,83	1,67	1,51	1,37
2,5	3,19	2,98	2,78	2,58	2,39	2,20	2,02	1,85	1,68	1,54
3,0	3,42	3,20	2,99	2,79	2,59	2,40	2,21	2,03	1,86	1,69
3,5	3,63	3,41	3,18	2,97	2,77	2,57	2,38	2,19	2,01	1,84
4,0	3,85	3,62	3,40	3,17	2,96	2,76	2,56	2,37	2,18	2,00
4,5	4,05	3,80	3,56	3,32	3,10	2,88	2,67	2,47	2,27	2,08
5,0	4,23	3,98	3,73	3,49	3,26	3,03	2,81	2,60	2,40	2,20
5,5	4,40	4,14	3,89	3,64	3,40	3,16	2,94	2,72	2,51	2,30
6,0	4,59	4,32	4,05	3,80	3,55	3,31	3,07	2,85	2,63	2,42
6,5	4,74	4,46	4,19	3,92	3,67	3,42	3,18	2,96	2,71	2,49
7,0	4,91	4,63	4,35	4,08	3,81	3,55	3,30	3,06	2,82	2,60
7,5	5,07	4,78	4,49	4,21	3,94	3,67	3,41	3,16	2,91	2,68
8,0	5,22	4,92	4,62	4,33	4,05	3,78	3,51	3,25	3,00	2,75
8,5	5,37	5,06	4,75	4,45	4,16	3,88	3,61	3,34	3,07	2,82
9,0	5,51	5,19	4,88	4,57	4,27	3,98	3,70	3,43	3,16	2,90
9,5	5,66	5,33	5,00	4,69	4,38	4,09	3,80	3,51	3,23	2,96
10,0	5,80	5,46	5,13	4,81	4,49	4,19	3,89	3,59	3,31	3,03

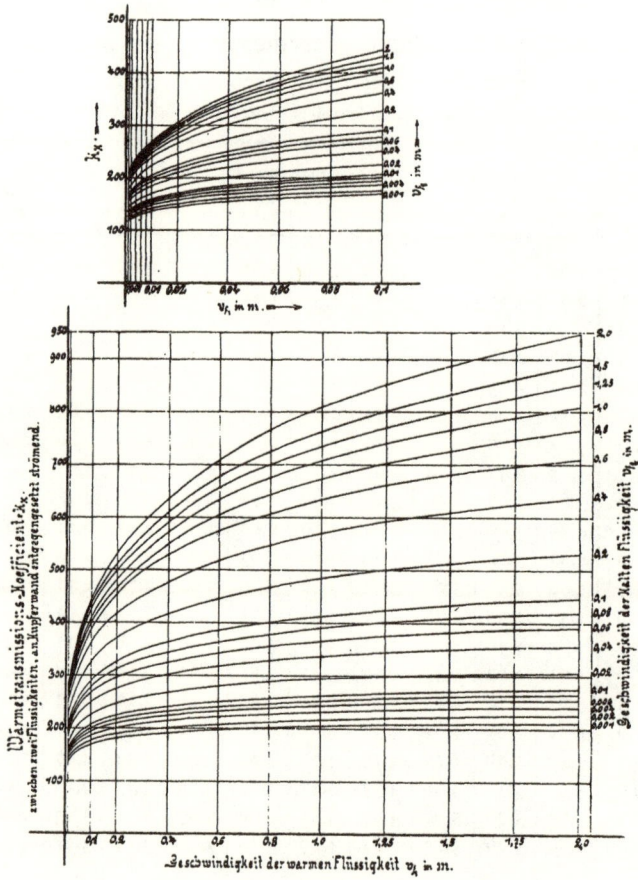

Fig. 31.

Abhängigkeit des Wärmeaustausches zweier Flüssigkeiten
von der Fließgeschwindigkeit.

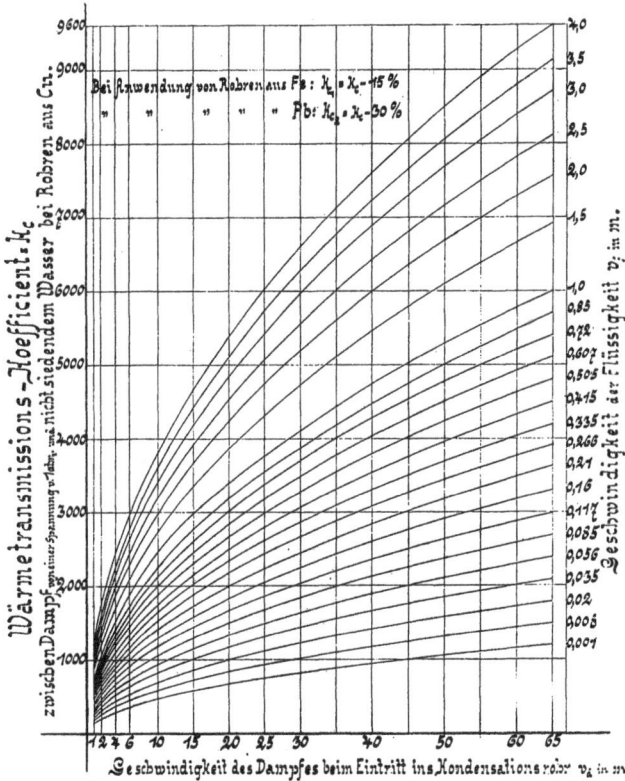

Fig. 32.

Abhängigkeit des Wärmeaustausches von Dampf und Wasser
von der Fließgeschwindigkeit.

Tabelle 44.   Mittlere Temperaturdifferenz ϑ_m

zwischen zwei Flüssigkeiten (oder zwischen Dampf- oder Luft
und Flüssigkeit), die während des Wärme-Austausches ihre
Temperaturen, aber den Aggregatzustand n i c h t ändern.

(Nach Hausbrand, S. 8.)

$\dfrac{\vartheta_e}{\vartheta_a}$	Mittlere Temp.-Diff. ϑ_m	$\dfrac{\vartheta_e}{\vartheta_a}$	Mittlere Temp.-Diff. ϑ_m	$\dfrac{\vartheta_e}{\vartheta_a}$	Mittlere Temp.-Diff. ϑ_m
0,0025	$0,166 \cdot \vartheta_a$	0,13	$0,430 \cdot \vartheta_a$	0,35	$0,624 \cdot \vartheta_a$
0,005	0,188 »	0,14	0,440 »	0,40	0,658 »
0,01	0,215 »	0,15	0,451 »	0,45	0,693 »
0,02	0,251 »	0,16	0,461 »	0,50	0,724 »
0,03	0,277 »	0,17	0,466 »	0,55	0,756 »
0,04	0,298 »	0,18	0,478 »	0,60	0,786 »
0,05	0,317 »	0,19	0,489 »	0,65	0,815 »
0,06	0,335 »	0,20	0,500 »	0,70	0,843 »
0,07	0,352 »	0,21	0,509 »	0,75	0,872 »
0,08	0,368 »	0,22	0,518 »	0,80	0,897 »
0,09	0,378 »	0,23	0,526 »	0,85	0,921 »
0,10	0,391 »	0,24	0,535 »	0,90	0,953 »
0,11	0,405 »	0,25	0,544 »	0,95	0,982 »
0,12	0,418 »	0,30	0,583 »	1,00	1,000 »

Obige Tabelle ist berechnet nach der Formel:

$$\vartheta_m = \frac{\vartheta_a - \vartheta_e}{n\left(1 - \sqrt[n]{\dfrac{\vartheta_e}{\vartheta_a}}\right)}.$$

Dabei bedeutet:

$\vartheta_a =$ Temp.-Untersch. an einem Ende

$\vartheta_e =$ »   »   am andern » .

(Näheres Hausbrand: Verdampfen, Kondensieren und Kühlen.)

$n =$ (groß gewählte) Anzahl der Teile der ganzen Durchflußzeit.

Diese Formel gilt nur, wenn beide Körper konstante spezifische Wärme haben und wenn der Wärmedurchgangskoeffizient durchwegs gleichbleibt; das ist bei Kältemaschinen leider
nicht der Fall, die Anwendung dieser Formel und Tabelle
wäre also nur grobe Annäherung. Genau genommen müßte
nach Fig. 33 bis 35 vorgegangen werden.

a, b, c gelten nur für einen bestimmten Rohrquerschnitt und eine bestimmte Menge umlaufenden Kältemittels.

α ist so klein (Kühlwassermenge so groß) zu bemessen, daß die Kühlwassertemperatur im Verflüssiger niedriger bleibt als die beabsichtigte Verflüssigungstemperatur; im Gaskühler kann die Kühlwassertemperatur über die Verflüssigungstemperatur steigen.

Der Wärmedurchgangskoeffizient wird bei den heute üblichen Verflüssigern ungünstig beeinflußt, dadurch, daß infolge gleichbleibenden Rohrquerschnittes aber stark abnehmenden spezifischen Volumens die Fließgeschwindigkeit zu klein wird (s. Fig. 44. 45. 46).

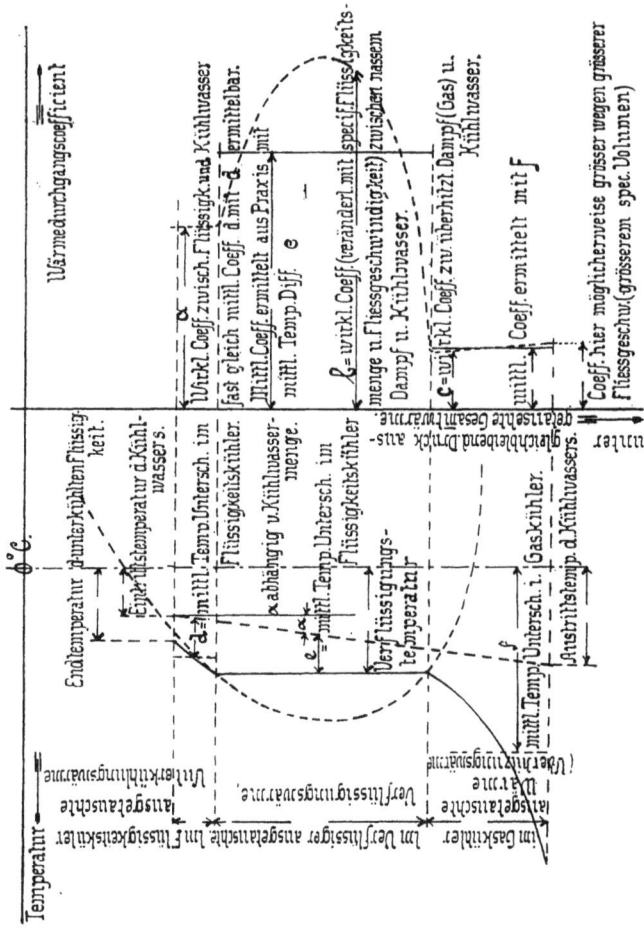

Figur-Beschriftungen:

Temperatur — 0°C. — Wärmedurchgangscoefficient

- Endtemperatur d. unterkühlten Flüssigkeit.
- Endtemperatur d. Kühlwassers.
- d = mittl. Temp.-Untersch. im Flüssigkeitskühler.
- α abhängig u. Kühlwassermenge.
- mittl. Temp.-Untersch. im Flüssigkeitskühler.
- e = mittl. Temp.-Untersch. im Flüssigkeitskühler
- Verflüssigungstemperatur.
- Wirkl. Coeff. zwisch. Flüssigk. und Kühlwasser fast gleich mittl. Coeff. d. mit d ermittelbar.
- Mittl. Coeff. ermittelt aus Praxis, mit mittl. Temp. Diff. e
- b = wirkl. Coeff. (veränderl. mit spezif. Flüssigkeitsmenge u. Fließgeschwindigkeit) zwischen nassem Dampf u. Kühlwasser.
- c = wirkl. Coeff. zu überhitzt Dampf (Gas) u. Kühlwasser.
- mittl. Coeff. ermittelt mit F
- Coeff. hier möglicherweise grösser wegen grösserer Fließgeschw. (grösserem spez. Volumen)
- gleichbleibend Druck ausgetauschte Gesamtwärme.
- unter der
- mittl. Temp.-Untersch. i. Gaskühler.
- Austrittstemp. d. Kühlwassers.
- mittl. Temp.-Untersch. i. Flüssigkeitskühler.
- Unterkühlungswärme.
- Verflüssigungswärme.
- Überhitzungswärme. (Wärme)
- im Verflüssiger ausgetauschte im Flüssigkeitskühler
- im Gaskühler ausgetauschte Wärme,

Fig. 33.

Verhältnis zwischen wirklichem und mittlerem Wärmedurchgangskoeffizienten und Ermittlung des Verlaufes der Temperaturunterschiede zwischen Kühlwasser und Kältemittel

(bei einem normalen Tauchkondensator mit vollkommenem Gegenstrom).

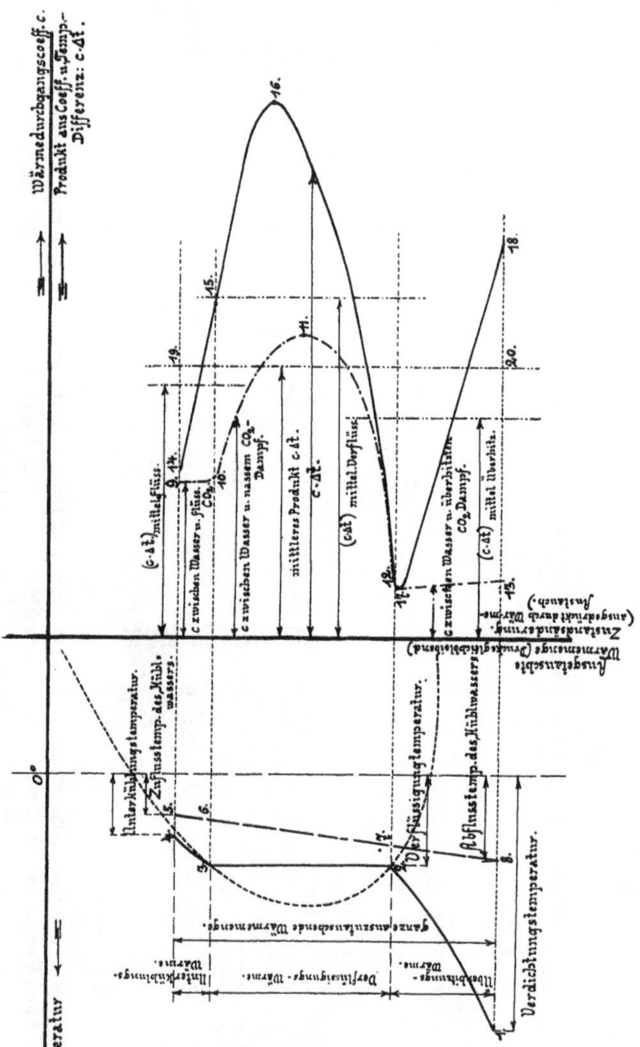

Wärmedurchgangscoeff. c.

Produkt aus Coeff. u. Temp.-Differenz: $c \cdot \Delta t$.

Temperatur

$0°$

$(c \cdot \Delta t)$ mittl. flüss.

c zwischen Wasser u. flüss. CO_2

c zwischen Wasser u. nassem CO_2-Dampf.

mittleres Produkt $c \cdot \Delta t$.

$(c \cdot \Delta t)$ mittl. Verfluss.

c zwischen Wasser u. überhitztem CO_2 Dampf.

$(c \cdot \Delta t)$ mittl. Überhitz.

Zustandsänderung (Druck gleichbleibend)

Ausgetauschte Wärmemenge (ausgedrückt durch Wärme-Austausch.)

Unterkühlungstemperatur.

Zuflusstemp. des Kühlwassers.

Verflüssigungstemperatur.

Abflusstemp. des Kühlwassers.

ganze auszutauschende Wärmemenge.

Unterkühlungs-Wärme.

Verflüssigungs-Wärme.

Überhitzungs-Wärme.

Verdichtungstemperatur.

Fig. 34.

Richtige Ermittlung der Veränderlichkeit des Produktes aus jeweiligem Wärmedurchgangskoeffizienten und jeweiligem Temperaturunterschied.

Text zu Fig. 34. Die in Fig. 34 skizzierte Ermittlung der Kurven für das Produkt aus jeweiligem Durchgangskoeffizienten und jeweiliger Temperaturdifferenz muß für jede Verflüssigungstemperatur, jede Überhitzungstemperatur und jede Unterkühlungstemperatur besonders durchgeführt werden. Für Temperaturverhältnisse, die in gewissen Ländern als normal gelten können, genügt die Annahme mittlerer Koeffizienten, wenn NH_3 oder SO_2 verwendet werden, bei CO_2 müßte in der Regel besondere Ermittlung stattfinden.

Die Durchführung des Verfahrens ist leider heute nicht hinreichend möglich, weil über die Abhängigkeit der Durchgangskoeffizienten zu wenig Erfahrungen vorliegen. Jedenfalls muß aber (insbesondere bei CO_2) die Gaskühleroberfläche und die Flüssigkeitsunterkühlerfläche gesondert ermittelt werden mittels mittlerer Koeffizienten.

Die theoretisch ermittelte Oberfläche des Verflüssigers wird sehr oft unabsichtlich verkleinert durch Überfüllung des Kondensators mit flüssigem Kältemittel. Es ist dann zur Bewältigung der Wärmeabfuhr ein größerer Temperaturunterschied, also ein höherer Verflüssigungsdruck, also größerer Arbeitsaufwand nötig. Mit dem höheren Verflüssigungsdruck tritt auch gleichzeitig eine größere Überhitzung des Dampfes ein, die bei der Berechnung der Gaskühleroberfläche nicht berücksichtigt war. Daraus ergibt sich eine weitere Steigerung des Verflüssigungsdruckes.

Man darf also eben nur soviel flüssiges Kältemittel in die Maschine geben, daß unter den für die Maschine vorgesehenen Temperaturverhältnissen bei normalem Gange eben nur der Flüssigkeitsunterkühler mit Flüssigkeit voll gefüllt ist.

Bei kleinen Anlagen empfiehlt es sich, einen Flüssigkeitssammler von genügend großem Inhalt zwischen Verflüssiger und Regulierventil einzuschalten. Jedoch muß derselbe kühl, am besten im zulaufenden Kühlwasser liegen. Bei Anlagen mit besonderem Flüssigkeits-Unterkühler bildet dieser zugleich den Flüssigkeitssammler.

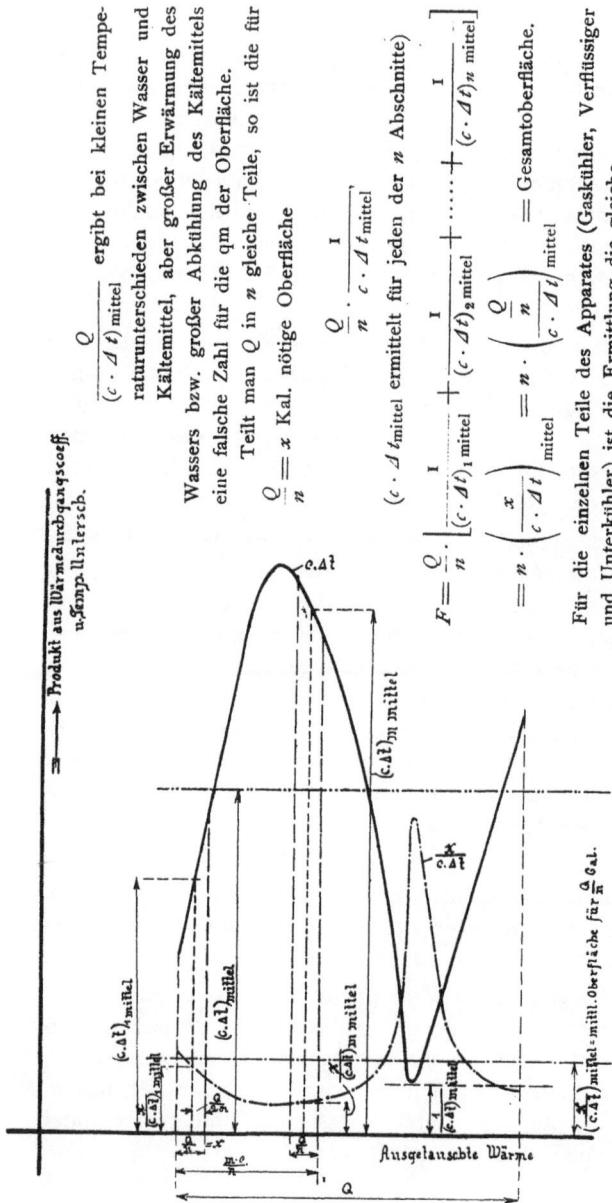

$\dfrac{Q}{(c \cdot \Delta t)_{\text{mittel}}}$ ergibt bei kleinen Temperaturunterschieden zwischen Wasser und Kältemittel, aber großer Erwärmung des Wassers bzw. großer Abkühlung des Kältemittels eine falsche Zahl für die qm der Oberfläche.

Teilt man Q in n gleiche Teile, so ist die für $\dfrac{Q}{n} = x$ Kal. nötige Oberfläche

$$\frac{\frac{Q}{n}}{c \cdot \Delta t_{\text{mittel}}},$$

$(c \cdot \Delta t_{\text{mittel}}$ ermittelt für jeden der n Abschnitte)

$$F = \frac{Q}{n} \cdot \left[\frac{1}{(c \cdot \Delta t)_{1\,\text{mittel}}} + \frac{1}{(c \cdot \Delta t)_{2\,\text{mittel}}} + \cdots + \frac{1}{(c \cdot \Delta t)_{n\,\text{mittel}}} \right]$$

$$= n \cdot \left(\frac{x}{c \cdot \Delta t} \right)_{\text{mittel}} = n \cdot \left(\frac{\frac{Q}{n}}{c \cdot \Delta t} \right)_{\text{mittel}} = \text{Gesamtoberfläche.}$$

Für die einzelnen Teile des Apparates (Gaskühler, Verflüssiger und Unterkühler) ist die Ermittlung die gleiche.

Fig. 35.

Ermittlung der nötigen Gesamtoberfläche aus der Kurve für das Produkt $c \cdot \Delta t$.

Möglichkeiten für das Arbeiten mit wenig aber kaltem Wasser. (Fig. 36 und 37.)

Kaltes Wasser zunächst unter allen Umständen im Flüssigkeitskühler ausnützen.

I. Weiterleiten zum Tauchverflüssiger, vor Eintritt in denselben Mischung mit großer Menge von einem Gradierwerk zurückkommenden Wassers, Gegenstrom wenigstens in der Weise durchführen, daß das Wasser zuerst durch den Verflüssiger und dann im Gegenstrom durch den Gaskühler fließt.

Überleiten des Wassers abzüglich des überlaufenden Wassers zu einem Gradierwerk. Das Gradierwerk kann in billiger Weise aus Reisern gebildet werden, weil das Wasser kein Öl führt.

II. Hinter dem Flüssigkeitskühler weiterleiten zum Verflüssiger, der als Berieselungsapparat ausgebildet ist. Diese Arbeitsweise ohne Wiederverwendung eines Teiles des Wassers ist nur möglich, wenn die Wassermenge ausreicht zur vollständigen Benetzung des Apparates. Die zur Benetzung eines Apparates nötige Wassermenge hängt ab:

1. nur wenig von der Größe der Oberfläche,

2. mehr von dem Maße des Abspritzens,

3. von der Verdunstungsmenge,

4. von der Beschaffenheit der Oberflächen,

5. von der horizontalen Länge einer Rohr-windung. Wenn wenig Wasser zur Berieselung zur Verfügung, wird man also den Apparat hoch aber mit kleiner horizontaler Länge einer Windung ausführen. Hiergegen wird viel gefehlt.

Für 1 m horizontaler Windungslänge bei guter Berieselungsvorrichtung etwa 1 l/sek. ausreichend.

Berieselungsschlangen mit stark geneigten Rohren ergeben besseren Wärmedurchgangskoeffizienten, sind aber schwerer gleichmäßig zu berieseln.

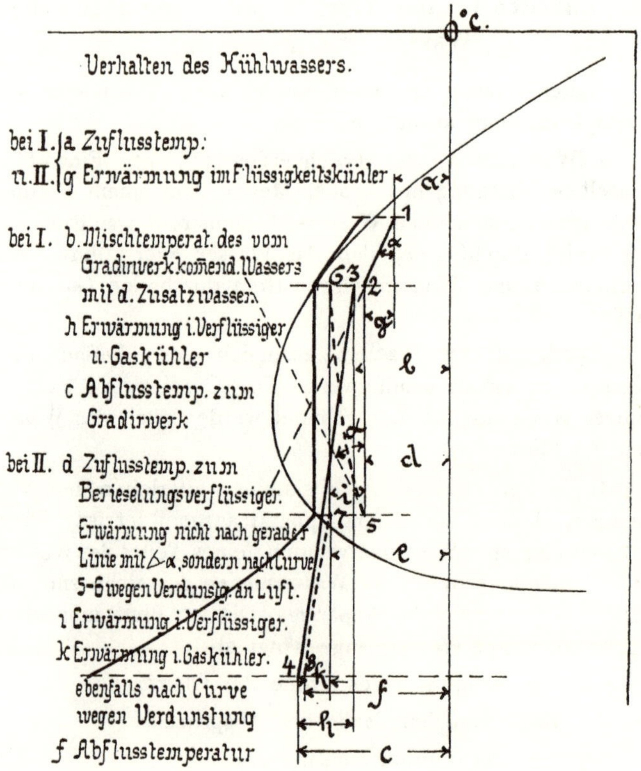

Fig. 36.

Arbeitsweise, wenn wenig aber kaltes Kühlwasser zur Verfügung.

I. Hinzufügung eines Gradierwerkes, Anwendung eines Tauchkondensators.

II. Ausführung des Kondensators als Berieselungsapparat mit besonderem Gaskühler, ohne Wiederverwendung des gebrauchten Wassers.

In beiden Fällen besonderer Flüssigkeitskühler nötig, bei II. vorausgesetzt, daß das vom Unterkühler kommende Wasser zur Berieselung des Verflüssigers ausreicht.

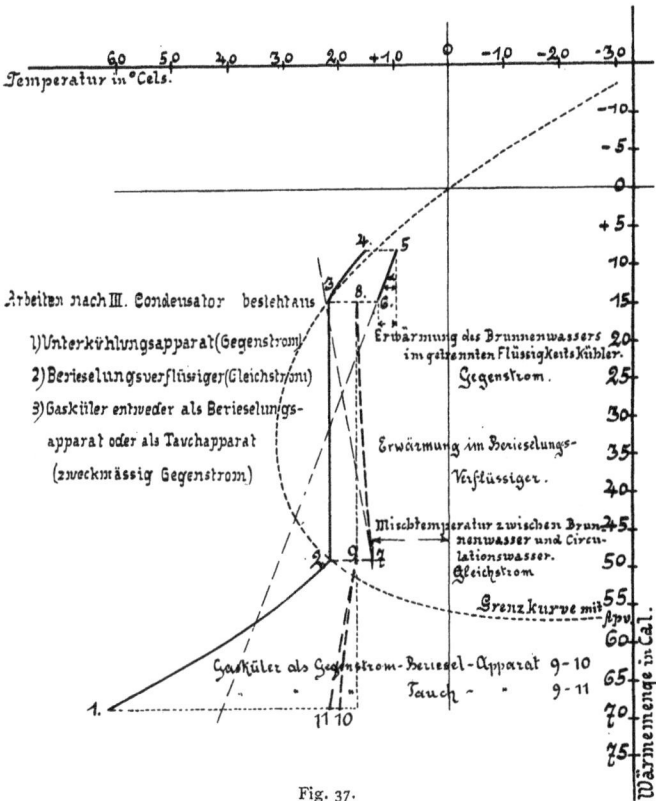

Fig. 37.

Arbeiten mit Flüssigkeitsunterkühler, Berieselungsverflüssiger und Gaskühler.

Wenig, aber kaltes Wasser.

Wiederverwendung eines Teiles des Wassers, weil Zusatzwasser zur Berieselung des Verflüssigers nicht ausreicht.

6*

III. Wenn die Wassermenge nicht ausreicht zum kräftigen Benetzen und Arbeiten nach II. Wiederverwenden eines Teiles des Wassers, Mischung vor Zutritt zum Verflüssiger.

Der Berieselungsapparat dient hier zugleich als Gradierwerk, wenn nötig durch Schaffung weiterer billiger Oberflächen neben der Rohroberfläche durch Blech, Holz, Siebe etc.

Es kann auch außerdem noch ein besonderes Gradierwerk aufgestellt werden.

IV. Ist viel aber kein genügend kaltes Wasser vorhanden, so fällt der Flüssigkeitskühler meist fort, man arbeitet im übrigen nach II. oder III.

Kohlensäuremaschinen erfordern in letzterem Falle weitere Vorkehrungen (siehe des Verfassers »Vereinfachte Darstellung thermodyn. Aufgaben etc.«).

Wahl der Verflüssigungstemperatur bzw. der Oberflächengrößen und der Wasserverwendung, ev. der Gradierwerksgröße.

Bei dieser ist zu berücksichtigen:

1. Zahl der Betriebsstunden (jährlich oder überhaupt),
2. Kosten des Wassers,
3. Kosten der Kohle,
4. Zinsfuß und Amortisationsanteil,
5. Betriebssicherheit,
6. Eigenschaften des Kühlwassers,
7. Klima des Ortes,
8. Aufstellungsart des Kondensators (vor Wind geschützt oder nicht, vor Sonnenstrahlen geschützt oder nicht, ob in warmem Raum in Nähe von Dampfmaschine oder Dampfkondensators? und anderes).

ad 3. Es ist z. B. unrichtig, für eine Schachtabteufung mittels des Gefrierverfahrens eine teure, sehr ökonomisch arbeitende Maschine aufzustellen, wenn die Kohlen billig, die Wassermengen aber spärlich sind.

Haupterfordernis ist bei der Kühlmaschine für den Schachtbau Betriebssicherheit und kleine Amortisationskosten.

In Gegenden mit billiger Kohle wird man lieber etwas mehr Kohle aufwenden als viel Kapital festlegen. Genaue Kalkulation ist nötig.

ad 4. Beim Amortisationsanteil ist zu berücksichtigen, daß die Abnützung der Maschinen nicht in allen Betrieben gleich ist. In Gegenden mit unreinem, metallangreifendem Wasser ist es z. B. geraten, kleine Verflüssigungsapparate zu nehmen und lieber den Arbeitsverbrauch höher zu belassen. Rascher laufende Verdichter erfordern meist etwas mehr Arbeit bei gleicher Kältemenge, aber die mit dem Verdichter gekuppelte Dampfmaschine hat günstigeren Dampfverbrauch bei größerer Umlaufzahl. Gleichen sich z. B. diese beiden Punkte aus, so ist wegen der kleineren Amortisation die rascherlaufende Maschine vorzuziehen.

Winke für die Wahl des Querschnittes von Wärme-austausch-Röhrenapparaten.

1. Die Ausnützung der Oberflächen bei den heute üblichen Apparaten ist nicht rationell genug.

2. Die Fließgeschwindigkeiten sind in den heute üblichen Apparaten zu ungleich, weil trotz der großen Veränderlichkeit der spezifischen Volumina gleichbleibende Querschnitte vorhanden sind (siehe Figuren 38 bis 40).

3. Die Querschnitte können verengert werden durch stufenweises Einschweißen von konischen Stücken bei gleichbleibender Anzahl der Rohrschlangen oder

4. durch stufenweise Verminderung der Rohrschlangenzahl oder

5. durch beide Mittel.

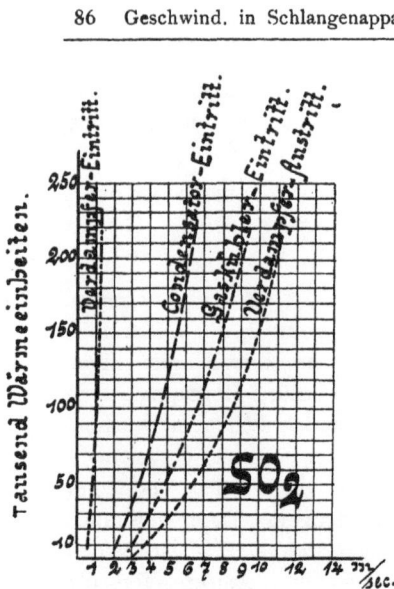

Fig. 38.

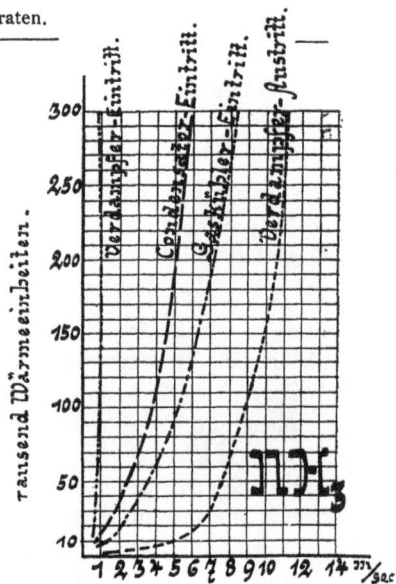

Fig. 39.

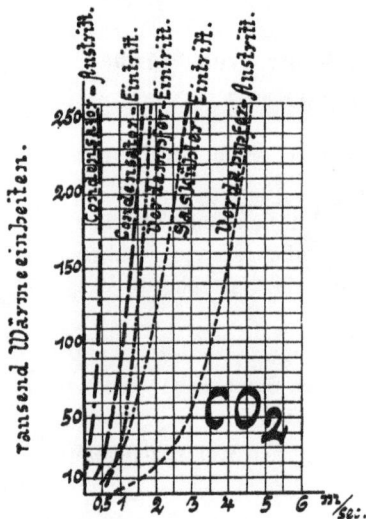

Fig. 40.

Zirkul. Menge ist berechnet für: — 10° C
Verd.-Temp., +25° C Kond.-Temp. mit
10% Zuschlag wegen Kälteverlust. Für
andere Temperaturverhältnisse sind die Geschwindigkeiten andere, da sich dann ändern
1. das umlaufende Gewicht, 2. die spezifischen Gewichte.

Mittl. Geschwindigkeit in den Verdampfer- und Kondensatorschlangen
(heute üblicher Bauweise).

Text zu Fig. 38 bis 40. Die wirkliche Geschwindigkeit schwankt mit den Kolbenhüben. Maßgebend für die Wahl der Geschwindigkeit sind:

1. die Abhängigkeit des Wärmedurchgangskoeffizienten von der Geschwindigkeit; große Geschwindigkeiten günstig,
2. der Reibungswiderstand (kleinere Geschwindigkeiten günstiger),
3. möglichste Beschränkung der Rohrschlangenzahl,
4. leichte Herstellung der Rohrspiralen durch Wahl kleiner Rohrdurchmesser,
5. wirtschaftliche Erwägungen (Maschinenanlagen mit wenig Betriebsstunden pro Jahr müssen billiger gebaut werden als solche mit großer Betriebsstundenzahl). (Zins und Amortisation.)
6. Verhältnis des Verdampfervolumens zum Verdichtervolumen.

Die Eintrittsgeschwindigkeiten im Verdampfer sind nach Fig. 38 bis 40 durchschnittlich zu klein. Dieselben sind abhängig von der spezifischen Dampfmenge, mit welcher das Kältemittel eintritt, also von der Temperatur und dem Druck des Kältemittels vor dem Regulierventil.

Nasses Arbeiten im Verdampfer.

Beim Austritt aus dem Verdampfer sind die Dämpfe meistens fast trocken, da jedoch der Wärmedurchgangskoeffizient bei einem nassen Dampf größer ist, so kann die Rohrfläche besser ausgenützt werden, der Verdampfer kann kleiner gemacht werden, wenn man die Dämpfe naß austreten läßt. Um nicht zu viel Flüssigkeit in den Kompressor zu bekommen, muß ein Flüssigkeitsabscheider eingebaut werden. Derselbe wird aber häufig nicht genügen, es kann dann das D. R. P. 154 333 nützlich verwendet werden. (Vereinigte Masch.-Fabr. Augsburg und Masch.-Bau-Gesellsch. Nürnberg.) Der aus dem Verdampfer austretende nasse Dampf wird durch Weiterverdampfung getrocknet in einem Apparat, in welchem die vom Verflüssiger kommende Kälteflüssigkeit ihre Flüssigkeitswärme abgibt. Die ausgetauschte Kältemenge zirkuliert einfach zwischen dem Verdampfer und dem Nachverdampfer (Trockner), ohne daß der Kompressor mehr zu leisten braucht. Die Nachverdampferfläche wird kleiner als die durch nasses Arbeiten ersparte Verdampferoberfläche, weil dort ein größerer Temperaturunterschied herrscht als hier. Es ist also unter Umständen möglich, die Anlage etwas billiger zu bauen.

Die im D. R. P. 154333 angegebene weitere Trocknung des angesaugten Dampfes durch Beheizung mittels des aus dem Kompressor kommenden überhitzten Dampfes bringt nur Nutzen, wenn z. B. bei einer langen Druckrohrleitung durch Verringerung des spezifischen Volumens des Dampfes die Leitungswiderstände im Druckrohr und damit der Arbeitsaufwand erheblich vermindert werden können.

Bei hoher Verdampfertemperatur und niedriger Kühlwassertemperatur reicht die zur Nachverdampfung zu Gebote stehende Wärmemenge der aus dem Verflüssiger bzw. Unterkühler kommenden Kältemittelflüssigkeit nicht aus, insbesondere wenn das Kältemittel an und für sich eine sehr geringe Flüssigkeitswärme hat (z. B. NH_3 und SO_2). CO_2 hat große Flüssigkeitswärme, daher bei dieser genanntes Patent von besonders großem Nutzen.

Bei NH_3 und SO_2 wird manchmal nötig sein, die aus dem Verdampfer kommenden nassen Dämpfe in einen Flüssigkeitsabscheider und nachher erst in den Nachverdampfer zu schicken. (Ähnliches Patent besitzt Quiri & Co.)

Verzichtet man auf die Möglichkeit mit Hilfe obiger Maßnahmen den Verdampfer kleiner zu machen, so kann man mit kleinerem Temperaturunterschied zwischen Salzwasser und Kältemittel arbeiten, d. i. mit höherer Ansaugtemperatur, woraus höhere relative Kälteleistung folgt.

Verhältnis vom Verdampfervolumen zum Kompressorvolumen. (Fig. 41.)

Dasselbe sollte groß genug sein, damit die Verdampferspannung nicht zu sehr schwankt bei jedem Saughube. Niedrigste Spannung tritt kurz nach dem Augenblick der größten Kolbengeschwindigkeit ein.

Fig. 41 gilt nur für die üblichen Kompressoren mit schweren Ventilen und für bestimmte Normal-Temperatur-verhältnisse. Je trockener im Verdampfer gearbeitet wird, desto größer die Schwankung des Druckes.

Für raschlaufende Kompressoren kann kleines Ver-dampfervolumen gewählt werden, also wirkt große Um-laufzahl der Kompressoren günstig ein auf den Bau der Verdampfer. Engere Rohre zulässig, engere Rohre lassen sich enger winden. Bei sehr langsam laufenden Kom-pressoren wird besonderes Aufnahmegefäß (Windkessel) vor dem Kompressor empfohlen.

Als solches Gefäß kann zugleich der in Vorigem er-wähnte Flüssigkeitsabscheider dienen.

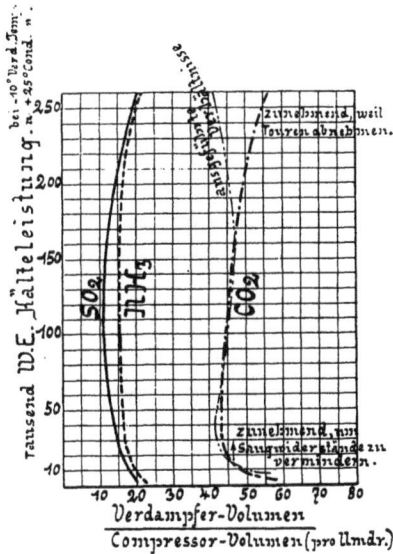

Fig. 41.

Übliche mittlere Geschwindigkeiten in den Saug- und Druckleitungen. (Fig. 42, 43, 44.)

Maßgebend für die Wahl ist der Druckverlust in den Leitungen. Lange Leitungen müssen weiter gemacht werden.

Tabelle 45.   Übliche Verdampfer und

Verdampferleistung (brutto) resp. Kondensatorleistung in 1000 Kal.	Heizfläche resp. Kühlfläche (inn.) qm	Gesamtlänge der Rohre m	Für NH₃									
			Verdampfer					Kondensator				
			Anzahl d. Schlangen	Durchmesser der inneren Windung mm	Durchmesser der äußeren Windung mm	lichter Durchmess. des Apparates mm	lichte Höhe des Apparates mm	Anzahl d. Schlangen	Durchmesser der inneren Windung mm	Durchmesser der äußeren Windung mm	lichter Durchmess. des Apparates mm	lichte Höhe des Apparates mm
4	3,5	37	I	700	—	900	1400 (65)	I	700	—	900	1400
6	5,2	55	I	700	—	900	1900	I	700	—	900	1900
8	7,0	74	I	700	—	900	2500	I	700	—	900	2500
10	8,7	92	2	700	880	1075	1650	2	700	880	1075	1450
15	13,0	138	2	700	880	1075	2375	2	700	880	1075	2100
25	21,7	230	2	900	1080	1275	2900	2	900	1080	1275	2700
40	34,6	366	3	900	1260	1450	3100	3	900	1260	1450	2650
50	43,5	462	4	900	1440	1625	2950	4	900	1440	1625	2350
60	52,0	552	4	9c0	1440	1625	3500	4	900	1440	1625	2750
75	65,0	690	5	900	1620	1800	3500	4	900	1440	1625	3350
87	76,0	805	6	900	1800	2000	3450	5	900	1620	1800	2950
100	87,0	922	8	900	2160	2350	2950	5	900	1620	1800	3350
130	113,0	1202	9	900	2340	2550	3350	6	900	1800	2000	3400
150	130,0	1394	10	900	2520	2700	3500	7	900	1980	2175	3150
180	156,0	1658	12	900	2880	3075	3500	8	900	2160	2350	3100
200	174,0	1850	12	900	2880	3075	3800	8	900	2160	2350	3450
215	187,0	1985	14	900	3240	3450	3550	8	900	2160	2350	3700
230	200,0	2127	14	900	3240	3450	3800	8	900	2160	2350	3900
250	217,0	2308	14	900	3240	3450	4050	9	900	2340	2550	3600

Bemerkungen siehe bei SO₂, Tabelle S. 93.

Tab. 45.   Verdampfer und Tauchkondens. der CO₂-Maschinen.   91

Tauchkondensatoren verschiedener Systeme.

Verdampferleistung (brutto) resp. Kondensatorleistung	Heizfläche resp. Kühlfläche (inn.)	Gesamtlänge der Rohre	Für CO₂									
			Verdampfer					Kondensator				
			Anzahl d. Schlangen	Durchmesser der inneren Windung	Durchmesser der äußeren Windung	lichter Durchmess. des Apparates	lichte Höhe des Apparates	Anzahl d. Schlangen	Durchmesser der inneren Windung	Durchmesser der äußeren Windung	lichter Durchmess. des Apparates	lichte Höhe des Apparates
in 1000 Kal	qm	m		mm	mm	mm	mm		mm	mm	mm	mm
4	3,5	42	1	700	—	900	(60) 1450	1	700	—	900	1450
6	5,2	63	1	700	—	900	2000	1	700	—	900	2000
8	7,0	85	2	700	880	1075	1450	1	900	—	1075	2050
10	8,7	106	2	700	880	1075	1750	2	900	1080	1275	1575
15	13,0	160	2	700	880	1075	2500	2	900	1080	1275	2225
25	21,7	264	2	900	1080	1275	3100	2	900	1080	1275	2850
40	34,6	422	3	900	1260	1450	3300	3	900	1260	1450	2850
50	43,5	530	4	900	1440	1625	3100	4	900	1440	1625	2450
60	52,0	632	5	900	1620	1800	3000	4	900	1440	1625	2900
75	65,0	792	5	900	1620	1800	3650	5	900	1620	1800	2700
87	76,0	925	6	900	1800	2000	3550	5	900	1620	1800	3100
100	87,0	1060	7	900	1980	2175	3500	6	900	1800	2000	2800
130	113,0	1379	8	900	2160	2350	3900	6	900	1800	2000	3550
150	130,0	1585	10	900	2520	2700	3650	7	900	1980	2175	3300
180	156,0	1905	11	900	2700	2900	3950	7	900	1980	2175	3900
200	174,0	2122	12	900	2880	3075	4050	8	900	2160	2350	2625
215	187,0	2280	14	900	3240	3450	3750	9	900	2340	2550	3300
230	200,0	2435	14	900	3240	3450	4000	9	900	2340	2550	3500
250	217,0	2645	14	900	3240	3450	4300	9	900	2340	2550	3750

Bemerkungen siehe bei SO₂, Tabelle S. 93.

Tabelle 45.   Übliche Verdampfer und

Verdampferleistung (brutto) resp. Kondensatorleistung in 1000 Kal.	Für SO₂									
	Heizfläche resp. Kühlfläche		Gesamt-länge		Verdampfer					
	Eisen-rohre qm	Kupf.-Rohre qm	Eisen-rohre m	Kupf.-Rohre m	Anzahl d. Schlangen	Durchmesser der inneren Windung mm	Durchmesser der äußeren Windung mm	lichte Höhe des Apparates bei Anwendung von Eisen- | Kupf.- Rohren mm		lichter Durchmess. des Apparates mm
									(70)	
4	3,5	3,2	28	24	1	700	—	1150	1000	900
6	5,2	4,8	41	36	1	700	—	1625	1475	900
8	7,0	6,4	56	48	1	700	—	2100	1850	900
10	8,7	8,0	69	61	1	850	—	2100	1900	1050
15	13,0	12,0	103	91	2	700	880	2000	1800	1075
25	21,7	20,0	172	151	2	900	1080	2400	2200	1275
40	34,6	32,0	276	242	3	900	1260	2600	2325	1450
50	43,5	40,0	345	304	3	900	1260	3150	2800	1450
60	52,0	48,0	412	364	4	900	1440	2800	2550	1625
75	65,0	60,0	515	455	4	900	1440	3450	3100	1625
87	76,0	70,0	605	532	5	900	1620	3350	2900	1800
100	87,0	80,0	690	605	6	900	1800	3150	2800	2000
130	113,0	104,0	898	788	6	900	1800	3950	3550	2000
150	130,0	120,0	1032	910	7	900	1980	3950	3550	2175
180	156,0	144,0	1238	1090	8	900	2160	4150	3700	2350
200	174,0	160,0	1380	1212	9	900	2340	4100	3700	2550
215	187,0	172,0	1482	1305	10	900	2520	3950	3550	2700
230	200.0	184,0	1585	1395	10	900	2520	4225	3750	2700
250	217,0	200,0	1720	1515	12	900	2880	3850	3425	3075

Tab. 45.   Verdampfer und Tauchkondens. der CO$_2$-Maschinen.   93

Tauchkondensatoren verschiedener Systeme.

Anzahl d. Schlangen	Für SO$_2$					Salzwassermenge pro Stunde	Kühlwassermenge pro Stunde
	Kondensator						
	Durchmesser der inneren Windung	Durchmesser der äußeren Windung	lichter Durchmess. des Apparates	lichte Höhe des Apparates			
				Eisen	Kupfer		
	mm	mm	mm	mm	mm	cbm	cbm
1	700	—	900	1150	1000	1,6	0,4
1	700	—	900	1625	1475	2,4	0,6
1	700	—	900	2100	1850	3,2	0,8
1	850	—	1050	2100	1900	4,0	1,0
2	700	880	1075	1750	1550	6,0	1,5
2	900	1080	1275	2225	2000	10,0	2,5
3	900	1260	1450	2200	2000	16,0	4,0
3	900	1260	1450	2675	2400	20,0	5,0
4	900	1440	1625	2250	2025	24,0	6,0
4	900	1440	1625	2750	2450	30,0	7,5
5	900	1620	1800	2450	2200	35,0	8,75
5	900	1620	1800	2750	2450	40,0	10,0
6	900	1800	2000	2775	2450	52,0	13,0
6	900	1800	2000	3150	2800	60,0	15,0
7	900	1980	2175	3025	2700	72,0	18,0
7	900	1980	2175	3350	3000	80,0	20,0
7	900	1980	2175	3575	3150	86,0	21,5
8	900	2160	2350	3150	2800	92,0	23,0
8	900	2160	2350	3450	3100	99,0	25,0

Bemerkungen:

Die Berechnung der Verdampfer und Kondensatoren (runde) erfolgte unter folgenden Voraussetzungen:

Eintritt der Salzlösung $= -2^0$ C
Austritt derselben $= -5^0$ C.
Spezifisches Gewicht der Salzlösung (hier Chlorkalziumlösung)
$= 1,18$ kg/cbm (bei 18^0 C)
($1,09$ kg/cbm bei -5^0 C)
spezifis. Wärme $= 0,76$ bei einem Gefrierpunkt von -15^0 C (21% Lösung).

Eintritt des Kühlwassers in den Kondensator $= +10^0$ C
Austritt desselben $= +20^0$ C.

Der mittlere Wärmeübertragungskoeffizient
$k = 180$ für Eisen
$k = 197$ » Kupfer.
Dimensionen der schmiedeeisernen Rohre:
für NH$_8$ 30 mm innerer Durchm.
38 » äußerer »
» CO$_2$ 26 » innerer »
36 » äußerer »
» SO$_2$ 40 » innerer »
46 » äußerer »
Ferner für SO$_2$ Kupferrohre:
42 mm inn. Durchm., 46 mm äuß. Durchmesser.

Verdampferdruck:
$= 2,9$ atm. $= -10^0$ C
Kondensatordruck:
$= 10$ atm. $= +24^0$ C.

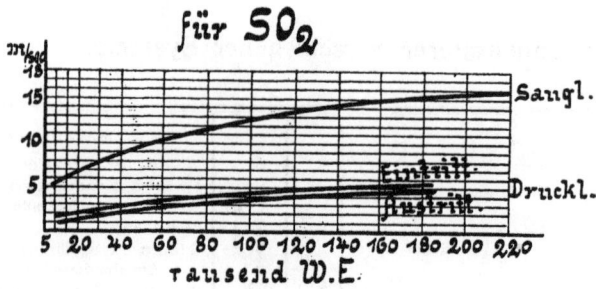

Fig. 42.

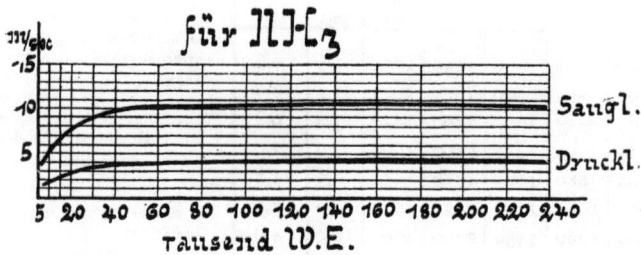

Fig. 43.

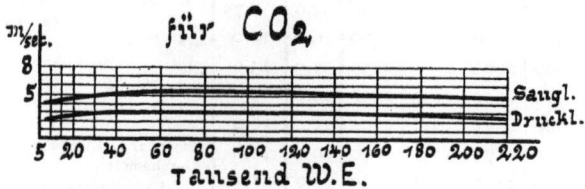

Fig. 44.

Übliche mittlere Geschwindigkeiten in den Saug- und Druck-
leitungen (bei nicht zu langen Leitungen), für verschieden
große Maschinen.

Zirk. Vol. bei 25° Kond.-Temp. und — 10° Verd.-Temp.

Druckverlust h atm. $= \dfrac{0,0426}{10\,000} \cdot \gamma \cdot v^2 \left(1,15 + \dfrac{1}{100} \sqrt{v \dfrac{u}{q} \cdot l + n}\right)$

$\gamma =$ Gewicht von 1 cbm in kg,

$v =$ Geschwindigkeit in m,

$u =$ innerer Umfang des Rohrquerschnittes in m,

$q =$ Querschnitt des Rohres in qm,

$l =$ Länge der Leitung in m,

$n =$ Anzahl der scharfen Biegungen.

Die Geschwindigkeiten können andere sein bei anderen Temperaturen, d. i. anderem spezifischen Volumen, infolge Veränderung der Länge der Sauglinie und der Ausschublinie des Diagrammes.

Die Verschiedenheit der spezifischen Gewichte erfordert Berücksichtigung in bezug auf den Druckverlust.

Bei der schwefligen Säure ergibt sich (namentlich bei langer Druckleitung) ein wesentlicher Unterschied in bezug auf Anfangs- und Endgeschwindigkeit, wegen der großen Überhitzung im Kompressor und folgender Abkühlung in der Leitung. Es muß also eine mittlere Geschwindigkeit ermittelt werden, oder die Leitung kann gegen Ende enger gewählt werden.

Bei der Ermittlung der Größe des Gaskühlers kann der Einfluß einer langen Druckleitung in Rechnung gezogen werden, jedoch muß diese an kühlem Orte liegen.

Antrieb der Kompressoren.

Direkter elektrischer Antrieb.

Raschlaufende Kompressoren werden bereits direkt gekuppelt mit Gleichstrom- und Drehstrommotoren. Bei Ermittlung der Größe des Schwungrades kann man den Einfluß der hin und her gehenden Massen berücksichtigen. Die Motoren sind mit Rücksicht auf die Ungleichmäßigkeit der Belastung zu bauen. Schwere Schwungmassen sind gut für den normalen Betrieb, geben aber große Beschleunigungsarbeit beim Anlassen. Folglich ist die Anlaßvorrichtung sehr sorgfältig auszuführen.

Wechselstrom eignet sich zu dieser Anordnung nicht.

Elektrischer Antrieb mit Hilfe von Riemen- oder Seiltrieb.

Auch hier ist Wechselstrom schwierig anzuwenden, am besten schaltet man bei kleinen Anlagen eine Leerscheibe ein, bei größeren eine Kuppelung, und vor diese eine genügend große Schwungmasse.

Bei einfach wirkenden Kompressoren ist den Anlaufverhältnissen ganz besondere Sorgfalt zu widmen. Vorrichtungen zur Entlastung des Kompressors beim Anlaufen sind wo irgend möglich zu vermeiden, weil sie den Maschinisten zu Fehlern verleiten.

Direkter Antrieb mit Dampfmaschinen.

Tandemanordnung, d. h. Kompressorkolben an der verlängerten Dampfmaschinenkolbenstange, ergibt meist zu lange Kompressorzylinder und kann nur bei langsam laufenden Kompressoren angewendet werden, da sonst die Kompressorventile zu klein ausfallen. Dampfmaschine groß und teuer und mit großem spezifischen Dampfverbrauch.

Antrieb mit getrennten Kompressor- und Dampfmaschinenkurbeln ist am häufigsten, erfordert aber ebenfalls bei langsam laufenden Kompressoren große, teure Dampfmaschinen.

Ermittlung der Schwungradarbeit (unter Vernachlässigung des ausgleichenden Einflusses der hin und her gehenden Massen) Fig. 45. Ermittlung des Beschleunigungsdruckes und Verbindung desselben mit dem Kolbendruckdiagramm und Einfluß auf das Tangentialdruckdiagramm Fig. 46.

Antrieb durch Dampfmaschinen mit Zwischenschaltung einer Transmissionswelle.

Hierbei ist zu berücksichtigen, daß es einen gewissen Moment gibt, in welchem die Versetzung der Dampfmaschinenkurbel gegenüber der Kompressorkurbel den geringsten Gleichförmigkeitsgrad ergibt, derselbe ist durch Verschiebung der Tangentialdruckdiagramme ähnlich wie in Fig. 45 zu ermitteln.

Rücksicht auf die Hinzufügung einer Maschine zum Bereiten elektrischen Lichtes ist in der Regel zu nehmen, da sich diese Notwendigkeit fast überall nachträglich ergibt.

Beim Ankuppeln des Kompressors Beschleunigungsarbeit nötig, daher diese bei Wahl der Kupplung berücksichtigen.

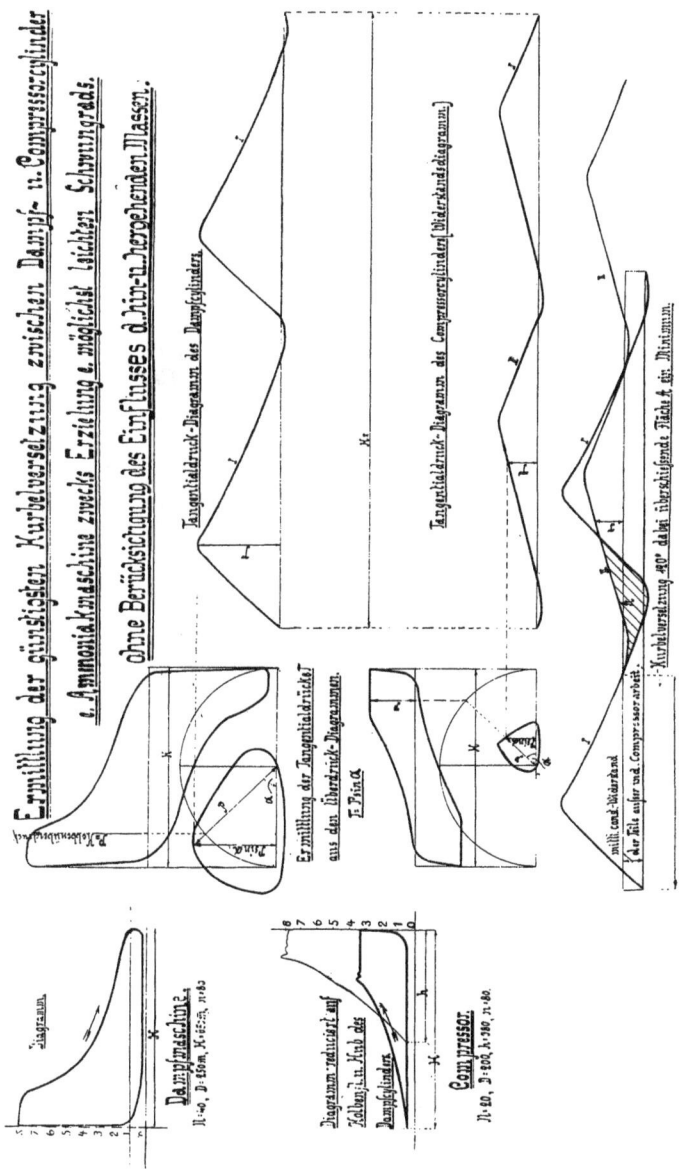

Ermittlung der günstigsten Kurbelversetzung zwischen Dampf- u. Compressorcylinder

e. Ammoniakmaschine zwecks Erzielung e. möglichst leichten Schwungrads.

ohne Berücksichtigung des Einflusses d.hin-u.hergehenden Massen.

Tangentialdruck-Diagramm des Dampfcylinders.

Tangentialdruck-Diagramm des Compressorcylinders (Widerkanaldiagramm.)

Ermittlung der Tangentialdrücke aus den Überdruck-Diagrammen.
$T.P=n\cdot\alpha$

Kurbelversetzung $90°$ dabei überschiessende Fläche f. für Minimum.

mittl. auch Widerstand.
f.der Kite aufser und. Compressorarbeit.

Diagramm.

Dampfmaschine.
$n=40,\ D=450m,\ K=45:25,\ n=45$

Diagramm reduzirt auf Kolben u. Hub des Dampfcylinders.

Compressor.
$n=40,\ D=400,\ A=500,\ n=40.$

Fig. 45.

Berücksichtigung des Einflusses d. hin-u. hergehenden Massen.
i. der Horizontalcomponente des Curbelzapfendrucks.
Vertical „ „ bei stehenden Maschinen.
I ohne Berücksichtigung (einfach. Kolben überdruckaufzeichnung
II mit „ „ „ n = 80
III „ „ „ n = 140

Dampfmaschine

R Kurbelradius.
L Kurbelstangenlänge.
U Kurbelzapfengeschwindig
keit (als gleichbleibend
angenomen)
G Gewicht d. hin-u. hergehenden Massen.
p Horizontalcomponente
pro Masseneinheit.

$$P = \frac{G}{9,81} \cdot p$$

I. II. u. III. sowie
1. 2. u. 3 sind hier be-
zogen auf 1 qcm. des
Kolbens d. Dampf-
maschine.

Ermittelung des Beschleunigungsdruckes für L=5R durch
einige Sonder-Punkte mit
Hülfe d. Beschleunigungsdrucke
für L=∞

$$p = \frac{v^2}{R}\left(\cos\alpha + \frac{R}{L}\cos 2\alpha\right)$$

1. ohne Berücksichtigung (einfach. Kolbenüberdruck-
aufzeichnung
2. mit „ „ n = 80
3. „ „ „ n = 140

Compressor

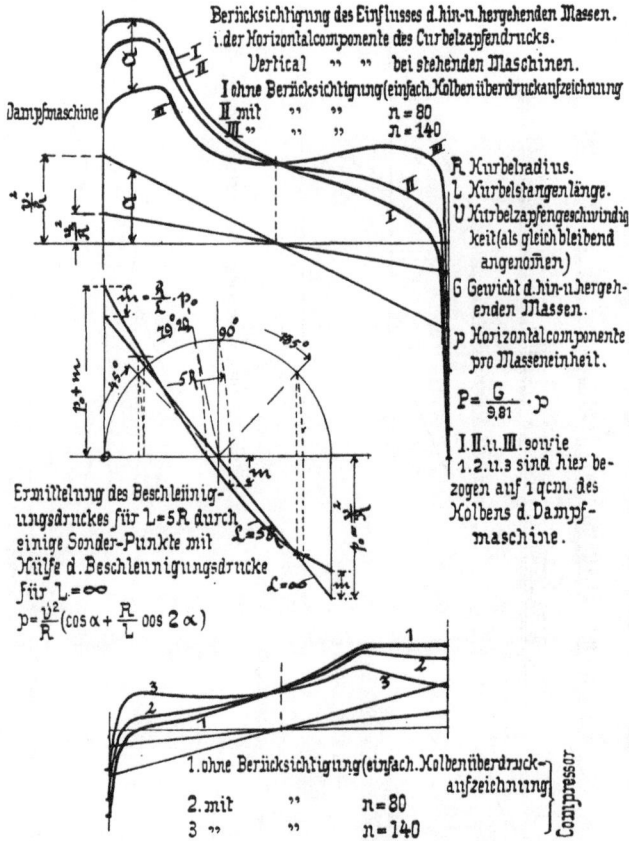

Hiernach wären nach Anweisung neue Tangentialdruckaufzeichnungen
zu machen. Dieselben fallen flacher aus, das Schwungrad kann kleiner werden.
Da ausserdem die Schwungarbeit des Rades-wächst mit dem Quadrat der Umlaufzahl, so wird das Rad aus zwei Gründen leichter bei grösserer Umlaufzahl.

Fig. 46.

Berücksichtigung des Einflusses der hin- und hergehenden
Massen auf das Überdruckdiagramm.

Vorentwurf für das Maschinen- und Kesselhaus.

Anforderungen.

Für die Kesselhäuser bestehen gesetzliche Vorschriften, die einzuhalten sind. Für die Wahl des Kessels ist maßgebend: zur Verfügung stehender Platz, gesetzliche Vorschrift für die Zulässigkeit der Aufstellung bestimmter Kesselarten mit Rücksicht auf die umgebenden Gebäude etc., Wasserverhältnisse, zur Verwendung kommendes Brennmaterial. Schablonenhafte Wahl bringt meist schwere Nachteile. Kann der Betrieb behufs Reinigung des Kessels nicht genügend lang unterbrochen werden, so ist unbedingt ein zweiter Kessel nötig.

Das Kesselhaus ist so nahe als möglich an das Maschinenhaus zu legen, die Dampfmaschine liegt zunächst dem Kessel, der Verdichter zunächst den Kühlapparaten, diese möglichst dicht neben dem Ort der Kälteverwendung. Falsche Anordnung: Kessel neben Kühlhaus, Verdichter neben dem Kessel, Dampfmaschine neben dem Kühlhaus, Dampfleitungen und Kühlmaschinenleitungen nebeneinander.

Arbeitet die Dampfmaschine sowohl wie auch die Kühlmaschine mit Berieselungsverflüssigern, so darf die feuchte Luft des Dampfverflüssigers nicht nach dem Kältemittelverflüssiger ziehen. Am besten erhält jeder Verflüssiger seinen eigenen Luftzuzug.

Alle Rohrleitungen sind so kurz als möglich zu halten. Lange Transmissionen sind zu vermeiden, dafür elektrische Arbeitsübertragung in Berechnung zu ziehen.

Alle Isolierungen von Leitungen müssen aus bestem Material bestehen und sorgfältig ausgeführt und instand gehalten sein. Möglichkeit des Naßwerdens der Isolierungen ist auszuschließen.

Die Maschinen und Apparate müssen zugänglich sein nicht nur für den Betrieb, sondern auch für Ausbesserungen. Im Vorentwurf ist Rücksicht zu nehmen auf die Verengung der Durchgänge durch die Schutzvorrichtungen, die Riemen-

7*

und Seiltriebe, die Rohrleitungen, Treppen und Leitern etc. Alles das ist im Vorentwurf skizzenhaft einzuzeichnen.

Für das Ausbessern von Maschinenteilen, insbesondere Kolben und Kolbenstangen, muß genügender Raum vorgesehen werden (wenn nötig Mauerdurchbruch).

Beim Entwurf des Maschinenhauses darf man nicht die Maschinen und Apparate einer einzigen Firma zugrunde legen, da sonst eine andere Firma im Falle der Bestellung ihre Maschinen nicht zweckmäßig genug unterbringt. Der Maschinenfabrik ist in bezug auf das Setzen der Zwischenwände und Zwischendecken (Höhe der Maschinenräume) eine gewisse Freiheit zu lassen.

Sehr häufig legen Baubehörden ihren Vorentwürfen zu kleine Maschinenabmessungen zugrunde.

Vor Fertigstellung des Baues sollten fertige Maschinenhauspläne mit allen Leitungen etc. vorliegen, der Maschineningenieur muß beim Entwurf des Hauses mitwirken. Dies gilt auch für die Räume, in welchen die Kälteverwendung stattfindet.

Auf die Möglichkeit des Einbringens der Maschinen und Apparate, möglichst im ganzen, ist Rücksicht zu nehmen; Mauerdurchbrüche und Zufahrtswege offen lassen! Hierfür sind die Größenverhältnisse von den Maschinenfabriken einzuholen. Ferner sind nötig zum Entwerfen der Unterstützungen die Gewichte der Maschinen und Apparate. Alle Transportwege müssen tragfähig genug gemacht werden können. Die Freihaltung der Wege gilt auch für geplante Vergrößerungen.

Bei Eiserzeugungsanlagen ist auf zweckmäßige Eisabfuhr zu sehen, beim Kesselhaus auf zweckmäßige Kohlenzufuhr.

Große Maschinenhäuser mit großen oder vielen Maschinen bekommen einen fahrbaren Montagekran, für denselben ist genügend Raum nach der Höhe zu übrig zu lassen. Häufiger Fehler: Dachbinder verhindern das Fahren. Die Krane müssen genügende Hubhöhe des Lasthakens haben. Die Krane müssen tragfähig genug sein für die schwersten, öfter zu lösenden Stücke. Bei geplanten Vergrößerungen sollten die Krane genügend tragfähig sein für die Montage der neuen Maschinen.

Soll die Dampfmaschine mit oder ohne Kondensation arbeiten?

In der Regel mit Kondensation, soferne das nötige Wasser beschafft werden kann (bei Einspritzkondensatoren etwa 30 mal mehr Wasser als Dampf in kg, bei Oberflächenkondensatoren mit Verdampfungsrückkühlung etwa 5 bis 10 mal der Dampfmenge). Kann ein Teil des Abdampfes einer ohne Kondensation arbeitenden Maschine zu Heizzwecken verwendet werden, so ist genaue Betriebskostenberechnung aufzustellen

a) mit Kondensation.

Amortisation und Verzinsung der Kondensationsanlage mit Zubehör.

Amortisation und Verzinsung der hierzu nötigen Baulichkeiten.

Kosten des Dampfverbrauches der Dampfmaschine,

Kosten des Kesseldampfes für Heizzwecke, soweit sie von Abdampf ebenfalls besorgt werden könnten

} Wasser, Kohle, Anteil an Amortisation und Verzinsung der Kesselanlage mit Gebäuden, Arbeitslöhne, allgemeine Unkosten etc.

b) Ohne Kondensation.

Kosten des Dampfverbrauches der Dampfmaschine und des Heizdampfes

} Wie oben.

Ist z. B. Kohle billig, Wasser teuer, so kann schon eine Ersparnis beim Arbeiten ohne Kondensation eintreten, wenn nur $\frac{1}{3}$ des Abdampfes der Dampfmaschine zu Heizzwecken Verwendung finden kann.

Die Verhältnisse können wohl auch einmal so liegen, daß man erwägt, ob es zweckmäßig ist, den gesamten Dampf im Hochdruckzylinder arbeiten zu lassen, einen Teil darnach für Heizzwecke entnimmt, den anderen in einen Niederdruckzylinder mit Kondensation leitet. Der Mitteldruck-Dampfbehälter erhält dann ein Sicherheitshochhebventil, das den Druck nicht über ein dem Niederdruckzylinder zuträgliches Maß steigen läßt.

Tabelle 46. Ursachen und Kennzeichen der absoluten

Fehler	Stellung des Regulierventils	Temperatur des Druckrohrstutzens u. Bereifung d. Saugrohrstutzens	Ausschlag der Manometer (bei doppeltwirkendem Druckverdichter)			
			Saug:		Druck:	
			nach unten	nach oben	nach unten	nach oben
Keine. Normalleistung bei bestimmter Verdampfer- und Kondensatortemperatur.	Normale Stellung für bestimmten Verdampferdruck und Kondensat.-druck aus Erfahrung festgestellt. Im Regulierventil stetiges leise fließendes Geräusch.	Bei etwa — 10° C bis — 15° C Verdampfertemperatur und etwa 20° bis 25° Kondensatortemperatur ist das Druckrohr bei wenig nassem Arbeiten handwarm. Das Saugrohr bereift mäßig (bei SO₂-Maschinen wegen überhitzten Arbeitens nur naß beschlagen). Die Bereifung ist abhängig von Temperatur u. Feuchtigkeit der Maschinenraumluft.	Beide Manometer schlagen taktmäßig und soweit gleichmäßig aus (bei Anschluß in der Nähe des Druckverdichters stärker als bei Anschluß an die etwas weiter abliegenden Apparate), als es der Einfluß der Kolbenstangen erlaubt.			
Undichtes Druckventil auf einer Druckverdichterseite (entweder zwischen Kegel und Sitz, oder zwischen Sitz u. Gehäuse). (Schlechte Zentrierung oder Führungen, Unreinigkeiten, Abnützung.)	Normal. Zu handwarmem Arbeiten Regulierventil etwas schließen.	Beide Rohre zu kalt, wegen nassem Arbeiten.	Schwach während Saugens auf Seite des undichten Ventils.		Stärker beim Ansaugen auf Seite des undichten Ventils.	Zuwenig beim Ausschieben des verdichteten Gases auf dichter Seite. (Überströmen nach Saugseite.

Minderleistung einer Kälteerzeugungsmaschine.

Verdampfer-druck im Mittel	Konden-satordruck im Mittel	Beobachtungen im Druckverdichter		Diagramm zeigt:	Nach Schließen des Reg.-Ventils, Absaugzeit des Verdampfers	Bei abgestelltem Druckverdichter, Druckausgleich zwischen Ver-dampfer und Kondensator
		Druckventil	Saugventil			
Der ge-wünschte (normale).	Der nor-malen Be-lastung (Leistung) des Konden-sators ent-sprechend.	Taktmäßiges Arbeiten ohne sausendes Geräusch.		Scharfe Ecken, gut ausgezeich-nete kleine Hörner vor Öffnen der Ven-tile, sofortiges Ansteigen der Kompressions-linie. Kurze Expansions-periode. Geringe Durchsenkung und Absenkung der Ansauge-linie, geringes Übersteigen des Kondensator-druckes.	Die Zeit des Absaugens des Verdampfer-inhaltes bis auf nahezu Vakuum ist bei jeder Maschine, wenn sofort nach dem normalen Gang das Regulier-ventil ge-schlossen wird, eine bestimmte und hängt ab von der Füllung der Maschine, vom Verhältnis des Druckver-dichterinhaltes zum Verdampfer-inhalt, von der Dichtigkeit der Ventile.	Die Zeit für den Druckausgleich zwischen Ver-dampfer und Kondensator bei nach normalem Arbeiten, still-gesetztem Druck-verdichter und normal weit ge-öffnetem Regu-lierventil ist bei jeder Maschine eine ungefähr bestimmte und hängt ab von der lichten Flüssigkeits-rohrweite, der Rohrlänge, der Füllung der Maschine, der Dichtigkeit der Druckverdichter-ventile (bzw. Absperrventile).
Zu hoch. (Temperatur-differenz muß wegen Minderleis-tung kleiner gehalten werden.)	Zu niedrig, weil Konden-sator weniger beansprucht.	Sausendes Geräusch im undichten Ventil, während An-saugens auf undichter Seite.	Saugventil schließt sich möglicher-weise vor Hubende.	Expansionslinie zu lang. Zu steiles Ansteigen d. Kompressions-linie. Ab-rundung beim Übergang von Expansion auf Ansaugen. Sauglinie am Ende zu hoch.	Zu lang.	Normal, wenn Saugventile dicht halten, sonst Aus-gleich rascher.

(Fortsetzung der

Nr.	Fehler	Stellung des Regulierventils	Temperatur des Druckrohrstutzens u. Bereifung d. Saugrohrstutzens	Ausschlag der Manometer (bei doppeltwirkendem Druckverdichter)			
				Saug:		Druck:	
				nach unten	nach oben	nach unten	nach oben
3.	Undichtes Druckventil auf beiden Seiten.	Normal.	Sehr kalt wegen sehr nassem Arbeiten, Flüssigkeitsschläge im Druckverdichter, starker Eisklumpen.	Schwach während beider Saugperioden.		Schwacher Gesamtausschlag während beider Hübe.	
4.	Undichtes Saugventil auf einer Seite (siehe 2).	Normal. Zu handwarmem Druckrohr Regulierventil etwas schließen. Auf undicht. Seite fast warmes Saugrohr, ev. kalt. Druckrohr, zu nasses Arbeiten.	Zu kalt, zu viel Reif (Eis) auf dichter Seite	Schwächer beim Ansaugen auf dichter Seite.	Höher vor Ansaugen auf undicht. Seite.		Schwächer beim Ausschieben auf undichter Seite.
5.	Saugventile undicht auf beid. Seiten.	Normal. Etwas schließen.	Saugrohrstutzen bereifen sich schwer, weil immer mit warm. Gasen gefüllt während Druckperiode. Druckrohrstutzen ev. sogar heiß.	Auf beiden Seiten schwach.		Auf beiden Seiten schwach.	
6.	Undichte Kolbenringe.	Normal.	Zu kalt, zu viel Reif.	Auf beiden Seiten schwach.		Auf beiden Seiten schwach.	

Tabelle 46.)

Verdampfer-druck im Mittel	Konden-satordruck im Mittel	Beobachtungen im Druckverdichter		Diagramm zeigt:	Nach Schließen des Reg.-Ventils, Absaugzeit des Verdampfers	Bei abgestelltem Druckverdichter, Druckausgleich zwischen Ver-dampfer und Kondensator
		Druckventil	Saugventil			
Noch höher.	Noch niedriger.	Geräusche in beiden Druck-ventilen.	Beide Saug-ventile wie bei 2.	Beide Dia-gramme wie bei 2.	Zu lang.	Normal oder rascher (siehe bei 2).
Zu hoch.	Zu niedrig.	Öffnet sich zu spät oder gar nicht auf Seite des undichten Ventils, meist dann mit lautem Schlag, schließt sich möglicher-weise vor Hubende.	Sausendes Geräusch beim Ver-dichten auf undichter Seite.	Normale Saug-linie, zu langsames An-steigen der Ver-dichtungslinie. Zu kurze und am Ende zu tiefe Ausschub-linie, zu kurze Expansions-dauer.	Zu lang.	Normal, wenn wenigstens Druckventile gut dicht sind, sonst zu rasch.
Viel zu hoch.	Viel zu niedrig.	Beide Ven-tile wie bei 4.	Beide Ven-tile wie bei 4.	Beide Saugseiten wie bei 4.	Zu lang.	Wie bei
Zu hoch.	Zu niedrig.	Wie bei 4. Druckventile schließen sich mög-licherweise vor Hubende.	Saugventile schließen sich vor Hubende.	Expansionszeit zu kurz. Saug-linie am Ende zu hoch. Kom-pressionslinie zu flach. Ausschub-linie zu kurz, am Ende zu tief.	Zu lang.	Normal.

(Fortsetzung der

Nr.	Fehler	Stellung des Regulierventils	Temperatur des Druckrohrstutzens u. Bereifung d. Saugrohrstutzens	Ausschlag der Manometer (bei doppeltwirkendem Druckverdichter)			
				Saug:		Druck:	
				nach unten	nach oben	nach unten	nach oben
7.	Undichtigkeit nach dem Innern des hohlen Kolbens.	Normal.	Zu kalt, zu viel Reif.	Auf undichter Seite zu schwach.	Wie bi 4.		Wie bei 4.
8.	Undichtigkeit im Druckverdichterdeckel zwischen Saugraum und Druckraum.	Normal.	Zu kaltes Druckrohr und zu viel Reif auf dichter Seite.	Zu wenig.			Zu wenig.
			Zu warmes Druckrohr und zu wenig Reif auf undichter Seite.				
		Etwas mehr zu.	Auf beiden Seiten Druckrohr zu warm und zu wenig Reif, aber noch ungleich.				Noch weniger.
9.	Hängenbleiben eines Saugventils.	Normal.	Zu kalt, zu viel Reif auf dichter Seite, auf anderer zu wenig.	Anzeigen von 4 besonders ausgeprägt.			
10.	Hängenbleiben eines Druckventils.	Normal.	Zu kalt, zu viel Reif auf dichter Seite, auf anderer zu wenig.	Anzeigen von 2 besonders ausgeprägt.			

Tabelle 46.)

Verdampfer-druck im Mittel	Konden-satordruck im Mittel	Beobachtungen im Druckverdichter		Diagramm zeigt:	Nach Schließen des Reg.-Ventils, Absaugzeit des Verdampfers	Bei abgestelltem Druckverdichter, Druckausgleich zwischen Ver-dampfer und Kondensator
		Druckventil	Saugventil			
Zu hoch.	Zu niedrig.	Wie bei 4.		Expansionslinie zu lang. Kom-pressionslinie zu flach. Anschub-linie zu kurz.	Zu lang.	Normal.
Zu hoch.	Zu niedrig.			Keine Merk-male.	Zu langsam.	Normal, wenn Druckverdichter abgeschlossen ; zu rasch, wenn Druckverdichter-Absperrventile nicht zu-gemacht.
Normal.	Noch niedriger.					
Zu hoch.	Zu niedrig.	Nur Ventil auf dichter Seite ar-beitet.	Hängen-bleibendes Ventil ent-weder gar nicht hörbar oder außer Takt lauter Schlag.	Unter Umständen fast gar keine Verdichtung, nur soviel als Widerstand im halboffenen Saugventil ver-ursacht.	Zu lang.	Wie bei 4.
Zu hoch.	Zu niedrig.	Wie im Saugventil bei 9.	Nur Ventil auf dichter Seite ar-beitet.	Sauglinie liegt viel zu hoch, möglicherweise dicht unter Kondensator-druck.	Zu lang.	Wie bei 2.

(Fortsetzung der

Nr.	Fehler	Stellung des Regulier-ventils	Temperatur des Druck-rohrstutzens u. Bereifung d. Saugrohr-stutzens	Ausschlag der Manometer (bei doppeltwirkendem Druckverdichter)			
				Saug:		Druck:	
				nach unten	nach oben	nach unten	nach oben
11.	Zu große Saugventil-widerstände.	Normal.	Normal oder zu warm, zu viel Reif, viel zu warm.	Zu schwach			Zu schwach
				auf Seite des drosselnden Ventils.			
		Etwas mehr zu.		Zu schwach.			Zu hoch.
12.	Zu große Druckwiderstände haben wenig Einfluß, bei sehr großem Widerstand verlängert sich die Expansions- Gewicht der angesaugten						
13.	Zu großer schädlicher Raum.	Normal.	Zu kalt, zu wenig Reif auf Seite des zu großen schädlichen Raumes, auf anderer zu viel.	Zu schwach			Zu schwach
				auf Seite des großen schädlichen Raumes.			
14.	Wiederauf-springen des Druck-ventils.	Normal.	Zu kalt, zu wenig Reif auf Seite des schlecht ar-beitenden Ventils, auf anderer zu viel.	Zu schwach auf Seite des unrichtig arbeitenden Ventils.		Zu groß auf Seite des unrichtig arbeitenden Ventils.	
15.	Zu großer Sauglei-tungswider-stand.	Normal. Etwas mehr zu.	Zu warm, zu wenig Reif. Viel zu warm.	Zu schwach auf beiden Seiten.			

Tabelle 46.)

Verdampfer-druck im Mittel	Konden-satordruck im Mittel	Beobachtungen im Druckverdichter		Diagramm zeigt:	Nach Schließen des Reg.-Ventils, Absaugzeit des Verdampfers	Bei abgestelltem Druckverdichter, Druckausgleich zwischen Ver-dampfer und Kondensator
		Druckventil	Saugventil			
Zu hoch. Normal.	Zu niedrig. Zu hoch?		Möglicher-weise stärkeres Schlagen.	Zu tief liegende Sauglinie (Wan-dungseinfluß wegen größerer Überhitzung größer), also an-gesaugtes Ge-wicht kleiner aus beiden Gründen.	Zu lang.	Normal.

linie, ebenso wegen höherer Kompressionstemperatur: Wandungseinfluß größer, also spezifisches Dämpfe kleiner.

Zu hoch.	Zu niedrig.		Möglicher-weise stär-keres Schla-gen beim Öffnen, weil erst bei größerer Kolbenge-schwindig-keit geöffnet.	Zu lange Expan-sions dauer, und zwar um so län-ger, je nasser im Druckverdichter gearbeitet wird (Verlust bis zu 30%). (Siehe Diagramm No. 60 u. 60a).	Zu lang.	Normal.
Zu hoch.	Zu niedrig.	Flatternden, lauten Schlag beim Schließen.	Wie bei 11.	Siehe Diagramm No. 58 u. 58a. Fehler verschwin-det, wenn Tourenzahl auf Hälfte herabge-setzt, oder Ventil-puffer und -feder gut ausbalanciert (starke Feder u. gut wirkende Puffer nehmen).	Zu lang. Zu lang.	Normal. Normal.
Zu hoch. Normal.	Zu hoch.		Stärkeres Schlagen, weil trocken gehend.	Zu tiefe Saug-linie.	Zu lang.	Normal.

(Fortsetzung der

Nr.	Fehler	Stellung des Regulierventils	Temperatur des Druckrohrstutzens u. Bereifung d. Saugrohrstutzens	Ausschlag der Manometer (bei doppeltwirkendem Druckverdichter)			
				Saug:		Druck:	
				nach unten	nach oben	nach unten	nach oben
16.	Zu enge oder verstopfte Flüssigkeitsleitung vor dem Regulierventil.	Leistung durch Verstellung des Reg.-Vent. wenig geändert, auch bei weitem Öffnen. Flüssigkeitsleitg. betaut sich schon vor dem Regulierventil. Spratzelndes Geräusch im Reg.-Vent., weil Gase durchgehen.	Zu warm, zu wenig Reif.	Zu groß.			
17.	Zu enge oder verstopfte Flüssigkeitsleitung hint. dem Regulierventil (oder verstopftes Regulierventil).	Normal. Regulierung reagiert nicht genügend.	Viel zu heiß, viel zu wenig Reif, schwache Bereifung des Flüssigkeitsrohres erst hinter der Verengung.	Zu groß.			Zu hoch, weg. großer Überhitzung (schlechter Wärmedurchgangs-Koeffizient und große Füllung des Kondensators).
18.	Ungenügende Füllung der Maschine.	Normal. Spratzelndes Geräusch im Regulierventil. Mehr offen.	Zu heiß, zu wenig Reif. Normal. Zu wenig Reif wegen höherer Ansaugetemp.	Zu groß.	Kleiner.		Möglicherweise größer wegen Überhitzung, dagegen wegen schlechter Füllung auch zu wenig.

Tabelle 46.)

Verdampfer-druck im Mittel	Konden-satordruck im Mittel	Beobachtungen im Druckverdichter		Diagramm zeigt:	Nach Schließen des Reg.-Ventils, Absaugzeit des Verdampfers	Bei abgestelltem Druckverdichter, Druckausgleich zwischen Ver-dampfer und Kondensator
		Druckventil	Saugventil			
Zu tief.	Wegen zu großer Über-hitzung ev. zu hoch (be-sonders weg. Verringerg. des Gesamt-Durchgangs-Koeffizienten und weil viel Flüssigkeit im Konden-sator) (siehe Fall No. 21).	Stärkeres Schlagen.		Zu tiefe Saug-linie bei nor-maler Regulier-ventilstellung.	Normal.	Zu lang.
Zu niedrig.	Möglicher-weise zu hoch.	Stärkeres Schlagen, weil trocken gehend.		Zu tiefe Saug-linie oder gar Saugen auf Vakuum.	Normal.	Viel zu lang.
Zu niedrig.	Möglicher-weise zu hoch oder normal.	Stärkeres Schlagen, weil trocken gehend.				
Vielleicht normal oder zu niedrig.	Viel zu niedrig.				Zu kurz.	Zu rasch, Mano-meter zeigen möglicherweise niedriger. Druck nach Ausgleich.

(Fortsetzung der

Nr.	Fehler	Stellung des Regulierventils	Temperatur des Druckrohrstutzens u. Bereifung d. Saugrohrstutzens	Ausschlag der Manometer (bei doppeltwirkendem Druckverdichter)			
				Saug:		Druck:	
				nach unten	nach oben	nach unten	nach oben
19.	Luft in der Maschine.	Normal. Spratzelndes Geräusch.	Zu heiß, zu wenig Reif.	Zu groß.	(klein) wegen zu geringen Vorrates im Verdampfer.		Zu hoch, wegen groß. Überhitzung und weil Luft nicht verflüssigt.
20.	Ungenügende Füllung und Luft in der Maschine.	Wie bei 17 verstärkt. Weiter auf.	Wie bei 17 Schwer normal zu machen.	Viel zu groß.			Wie bei 17.
21.	Überfüllung der Maschine.	Normal.	Kalt, kann aber auch zu heiß werden, wenn Druck im Kondensator sehr hoch.	Wenig.	Mehr.	Wenig.	Mehr.
22.	Überfüllung und Luft in der Maschine.	Normal.					Sehr groß.

Tabelle 46.)

Verdampfer-druck im Mittel	Konden-satordruck im Mittel	Beobachtungen im Druckverdichter		Diagramm zeigt:	Nach Schließen des Reg.-Ventils, Absaugzeit des Verdampfers	Bei abgestelltem Druckverdichter, Druckausgleich zwischen Ver-dampfer und Kondensator
		Druckventil	Saugventil			
Möglicher-weise zu niedrig.	Bedeutend zu hoch.	Wie bei 16.		Große Über-hitzung verur-sacht größere Erwärmung der angesaugten Dämpfe (kleiner. spez. Gewicht).	Zu kurz, nach Absaugen und Stillsetzen (Absperren) des Druck-verdichters geht Druck-manometer nicht auf Kühlwasser-temperatur (bzw. ent-sprechenden Siededruck) zurück.	Fast normaler Druckausgleich.
Zu niedrig.	Zu hoch.	Wie bei 16.		Noch mehr als bei 17. Ver-ringerung des spez. Gewichtes.	Zu kurze Ab-saugeperiode, Manometer nach Druck-verdichter-stillstand zu hoch stehen bleibend.	Zu rasch.
Etwas zu hoch.	Viel zu hoch, weil zu viel Fläche dem Ver-flüssigungs-prozeß weg-genommen durch Flüssigkeit.	Flüssigkeitsschläge im Druckverdichter.		Zu hohen Kondensator-druck; infolge Flüssigkeits-bewegungen u. Stößen zitterige Linien, auch starke Wellen.	Zu langsam, Absaugen sehr vorsichtig vor-zunehmen unter Beobachtung des Manometers.	Zu langsam.
	Gefährlich hoch, leicht Explosion im Kondensator eintretend.			Wie bei 19.	Wie bei 19; nach Abstellen des Druck-verdichters viel zu hoher Druck stehen bleibend.	Wie bei 19.

(Fortsetzung der

Nr.	Fehler	Stellung des Regulier- ventils	Temperatur des Druck- rohrstutzens u. Bereifung d. Saugrohr- stutzens	Ausschlag der Manometer (bei doppeltwirkendem Druckverdichter)			
				Saug:		Druck:	
				nach unten	nach oben	nach unten	nach oben
23.	Verstopfung oder Ver- schlammung oder mangel- hafte Be- schickung einzelner Verdampfer- schlangen (durch Eis, festes Öl od. dgl.)	Normal.	Zu kalt, zu viel Reif. Ungleiches Bereifen der Enden der Verdampfer- schlangen.	Weniger.			
24.	Zu geringes Verhältnis von Verdampfer- volumen zu Druck- verdichter- volumen.	Normal.	Fast normal.	Zu stark.			
25.	Kein Fehler, sondern Ver- besserung durch Ventil- einschleifen und Kolben- ringdichten.	Normal. Weiter offen.	Zu warm, zu wenig Reif. Normal.	Stärker.			Stärker.

Durch Zusammentreffen einiger Fehler wird natürlich infolge Ineinanderfließen der Kennzeichen und genaue Beobachtungen, sowie

Tabelle 46.)

Verdampfer- druck im Mittel	Konden- satordruck im Mittel	Beobachtungen im Druckverdichter		Diagramm zeigt:	Nach Schließen des Reg.-Ventils, Absaugzeit des Verdampfers	Bei abgestelltem Druckverdichter, Druckausgleich zwischen Ver- dampfer und Kondensator
		Druckventil	Saugventil			
Zu hoch.	Zu niedrig.					
Etwas zu niedrig.	Zu niedrig.		Stärkeren Schlag.	Zu tiefe Durch- senkung (Krüm- mung) der Sauglinie nach unten.	Zu kurz.	Zu rasch.
Zu niedrig, obwohl Leistung größer.	Höher.			Schöne normale Figur außer etwas größerer Druckdifferenz, Adiabate fast vollkommen er- reicht.	Etwas rascher möglich.	Normal.
Normal.	Noch höher, weil mehr Leistung.					

die Auffindung der Fehler erschwert. Daraus folgt, daß bei den Untersuchungen viele Erfahrungen große Geduld nötig sind.

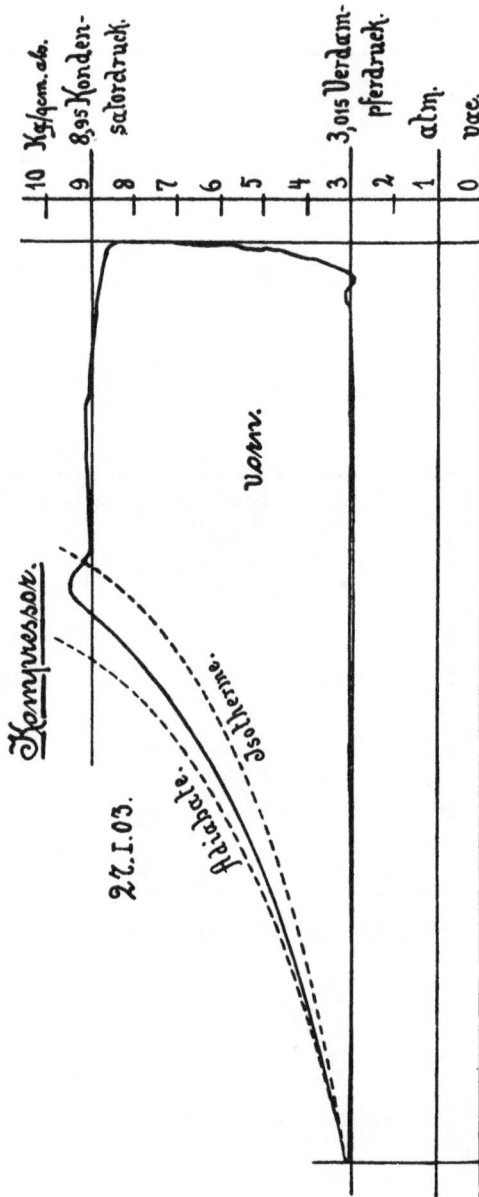

Fig. 47.

Normales NH$_3$-Diagramm.

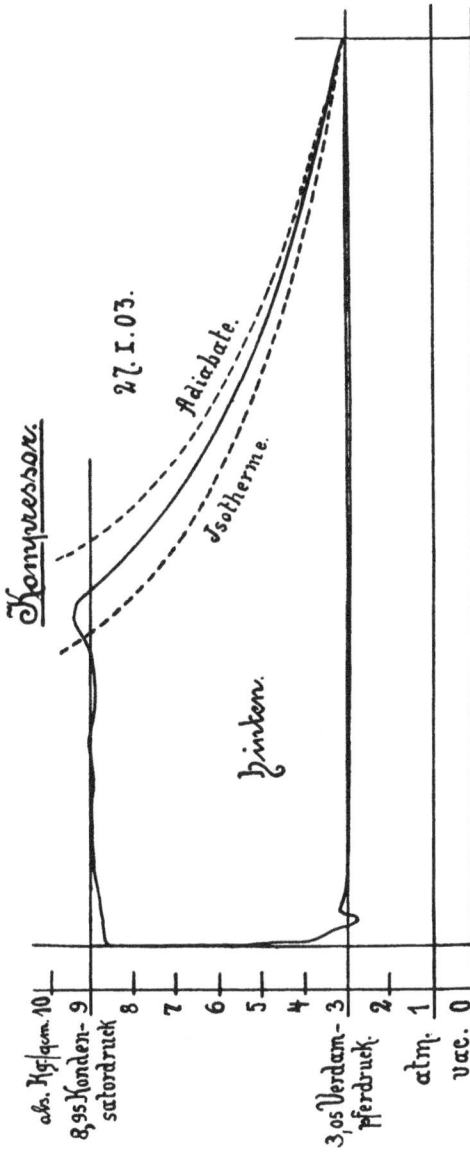

Fig. 47 a.

Normales NH$_3$-Diagramm.

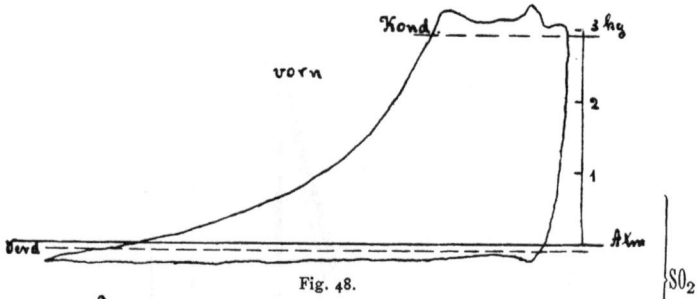

vorn

Kond.

3 kg

2

1

Verd

Atm

SO$_2$

Fig. 48.

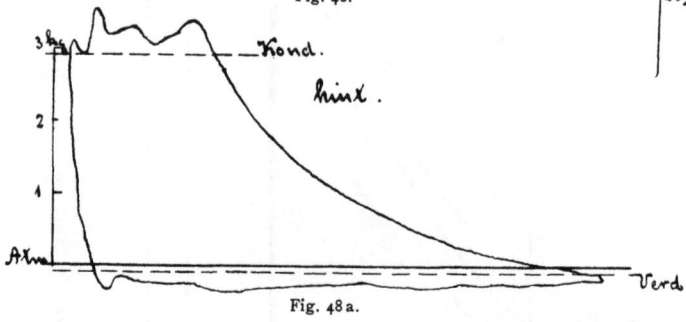

3 kg

Kond.

hint.

2

1

Atm

Verd

Fig. 48a.

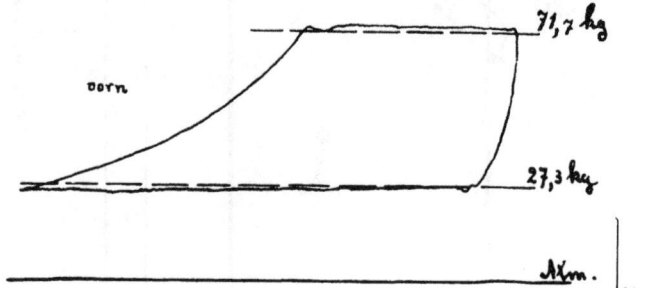

vorn

71,7 kg

27,3 kg

Atm.

CO$_2$

Fig. 49.

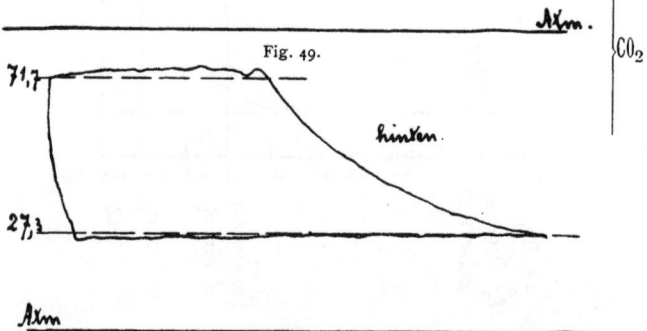

71,7

hinten.

27,3

Atm

Fig. 49a.

Normale Diagramme.

Deutung abnormaler Kompressor-Diagramme.

Um eine genügende Deutung zu ermöglichen, müssen stets angegeben werden:

1. Federmaßstab,
2. Kondensator- und Verdampferdruck, und zwar niedrigster und höchster während eines Kolbenhubes,
3. wo Manometerrohre angeschlossen waren (nahe am Kompressor oder an den Apparaten!),
4. Maschinenart und Größe,
5. Umdrehungszahl des Kompressors,
6. wenn möglich, Größe des schädlichen Raumes,
7. Verzeichnung der Adiabate[1]) für Kompression und Expansion unter Berücksichtigung des schädlichen Raumes.

Zu den nachfolgenden Diagrammen waren obige Angaben leider nur mangelhaft zu erlangen.

Bei abnormalen Diagrammen können bzw. müssen folgende Mittel versucht werden:

1. Umwechseln der Indikatoren (Schmierung derselben),
2. Auswechseln der Indikatorfedern,
3. Probieren des Indikators an einer Dampfmaschine oder einem anderen Kompressor,
4. Beobachtung der Manometerausschläge (s. Tabelle 46),
5. Herstellung anderer Druckverhältnisse im Kompressor (Absaugen des Verdampfers),
6. im Kompressor einmal sehr naß und dann wieder sehr trocken zu arbeiten,
7. allmähliche Verminderung der Umdrehungszahl bis auf die Hälfte,

---

[1]) ad 7. Gewöhnlich wird auch die Isotherme des überhitzten Dampfes eingezeichnet; das ist streng genommen nicht richtig und eigentlich auch nicht möglich, denn die Isotherme vom Grenzzustand an ergibt eben $p =$ konstant. Man müßte sehr hoch überhitztes Gas annehmen, das entspricht aber wieder nicht dem wirklichen Ausgangspunkt bei der Verdichtungs-Adiabate.

8. Wahl stärkerer und schwächerer Federn für die Saug- oder Druckventile,

9. Vermehrung oder Verminderung der Luftpufferwirkung der Ventile,

10. Vergleich der Manometer mit dem Indikator, und zwar mit mehreren Federn desselben, durch Anschluß an gleicher Stelle.

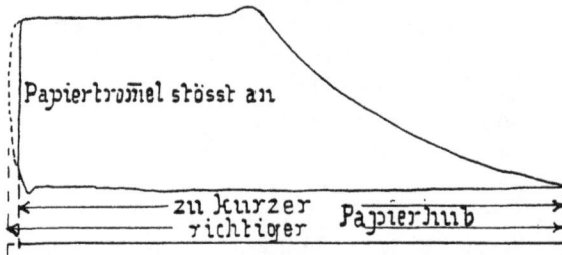

Fig. 50.

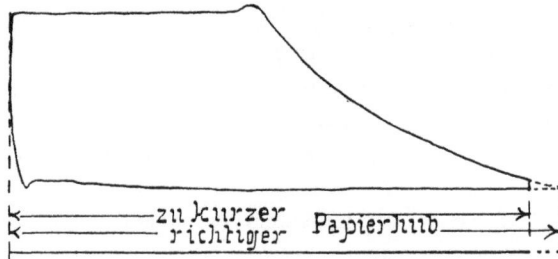

Fig. 51a.

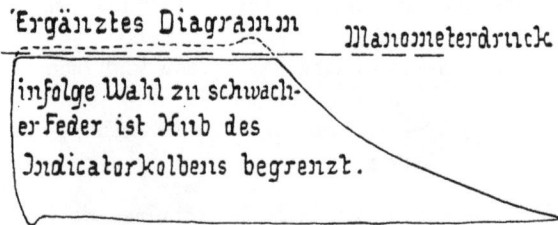

Fig. 51b.

Unausgeschriebene Diagramme.

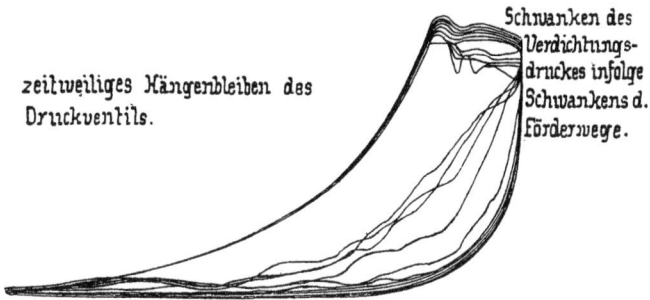

zeitweiliges Hängenbleiben des Druckventils.

Schwanken des Verdichtungs- druckes infolge Schwankens d. Förderwege.

Fig. 52.

Bei ständig hängenden Ventilen ergiebt sich als Diagramm für Hin-u. Rück-Hub eine einzige Linie in Höhe des Druckes d. Raumes, mit dem die betreffende Compressorseite ständig communicirt.

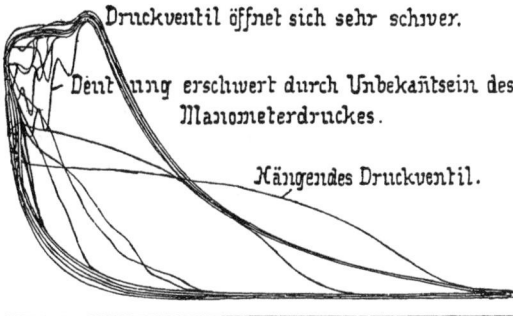

Druckventil öffnet sich sehr schwer.

Deutung erschwert durch Unbekañtsein des Manometerdruckes.

Hängendes Druckventil.

Fig. 53.

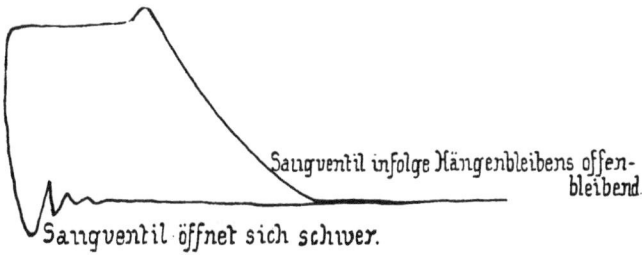

Saugventil infolge Hängenbleibens offen- bleibend

Saugventil öffnet sich schwer.

Fig. 54.

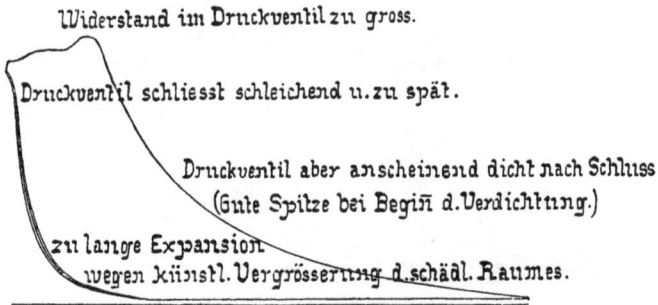

Widerstand im Druckventil zu gross.

Druckventil schliesst schleichend u. zu spät.

Druckventil aber anscheinend dicht nach Schluss
(Gute Spitze bei Begiñ d. Verdichtung.)

zu lange Expansion
wegen künstl. Vergrösserung d. schädl. Raumes.

Fig. 55.

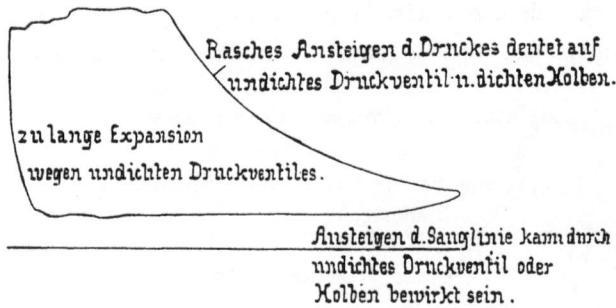

Rasches Ansteigen d. Druckes deutet auf
undichtes Druckventil u. dichten Kolben.

zu lange Expansion
wegen undichten Druckventiles.

Ansteigen d. Sauglinie kann durch
undichtes Druckventil oder
Kolben bewirkt sein.

Fig. 56.

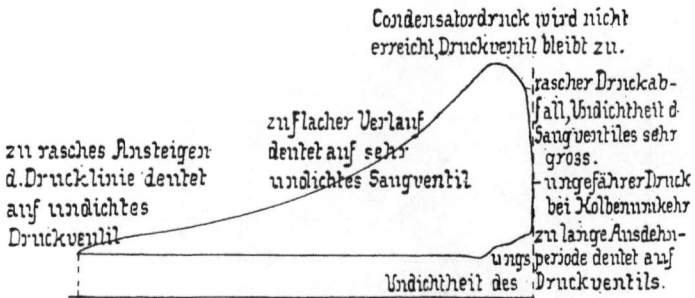

Condensatordruck wird nicht
erreicht, Druckventil bleibt zu.

rascher Druckab-
fall, Undichtheit d.
Saugventiles sehr
gross.

zu flacher Verlauf
deutet auf sehr
undichtes Saugventil

ungefährer Druck
bei Kolbenumkehr

zu rasches Ansteigen
d. Drucklinie deutet
auf undichtes
Druckventil

zu lange Ausdehn-
ungs periode deutet auf
Undichtheit des Druckventils.

Fig. 57.

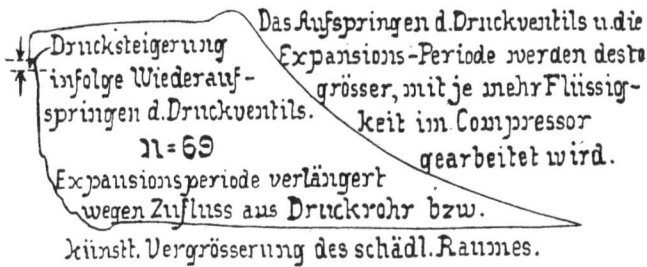

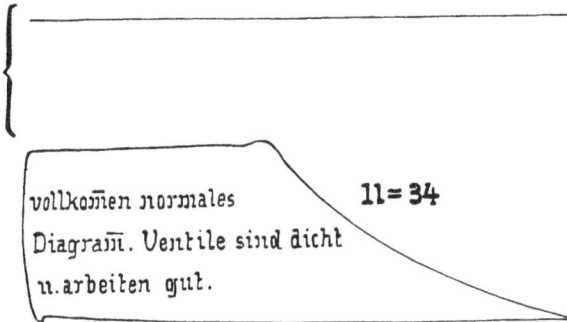

Drucksteigerung
infolge Wiederauf-
springen d.Druckventils.
n = 69
Expansionsperiode verlängert
wegen Zufluss aus Druckrohr bzw.
künstl. Vergrösserung des schädl. Raumes.

Das Aufspringen d.Druckventils u.die
Expansions-Periode werden desto
grösser, mit je mehr Flüssigkeit im Compressor
gearbeitet wird.

vollkommen normales
Diagramm. Ventile sind dicht
u. arbeiten gut.

n = 34

Fig. 58 und 58a.

Zusammenfallen der Schwingung von
Gassäule u.Ventilfeder (vielleicht auch Indicatorfeder)
Zeit d. Schwingungen constant.
daher Welle im Diagramm
bei Stelle grösserer Kolbengeschwindigkeit länger
erscheinend.

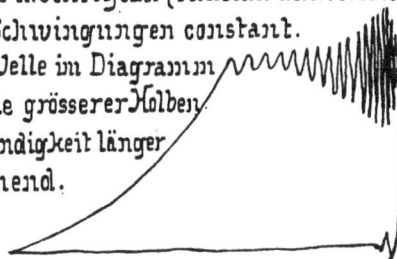

Durch Aenderung d.Umdrehzahl wird das Zusammenfallen
d.Schwingungen aufgehoben, ebenso durch Wahl anderer Federn.

Fig. 59.

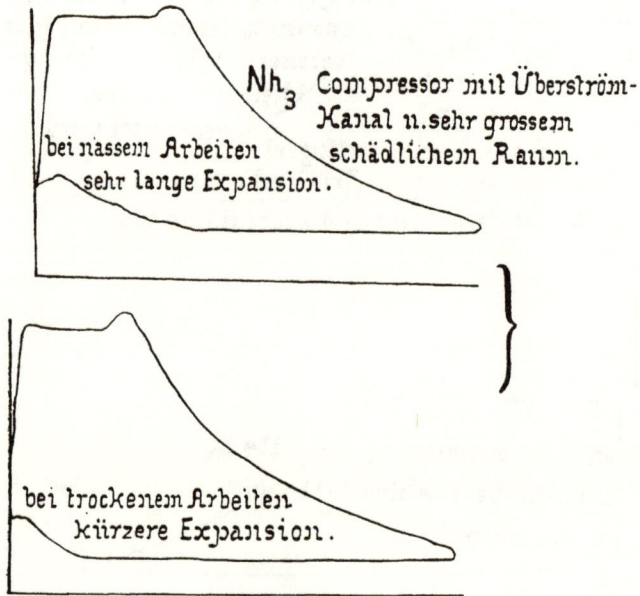

Nh_3 Compressor mit Überström-
Kanal u. sehr grossem
schädlichem Raum.

bei nassem Arbeiten
sehr lange Expansion.

bei trockenem Arbeiten
kürzere Expansion.

Fig. 60 und 60a.

Richtiges Diagr.

Schreibzeug hat toten Gang,
daher richtige Drücke zu
spät oder garnicht
gezeichnet.

Gezeichnetes
Diagr.

Fig. 61.

Weitere Möglichkeiten:

Manometerdruck zeigt im Vergleich zum Verdichtungsdruck zu hoch: Manometer ist mit Indikator zu vergleichen. Zeigen sie gleich, so kann in der Manometerleitung höhere Säule flüssigen Kältemittels stehen, die zusätzlichen Druck im Manometer erzeugt.

Manometerdruck zeigt im Vergleich zum Ansaugedruck zu tief: Manometer ist mit Indikator zu vergleichen.

Bedeutender Überdruck der Ausschublinie über Kondensatordruck: Ventil- oder Leitungswiderstand ist zu groß. Zur Feststellung wird der Druck am Anfang und am Ende der Druckleitung gleichzeitig durch zwei bei stillstehendem Kompressor miteinander verglichene Manometer gemessen, bei starken Druckschwankungen wohl auch indiziert entweder mit dem Indikator oder mittelst eines registrierenden Manometers.

Bedeutender Unterdruck der Ansaugelinie unter Verdampferdruck: wie oben. Bei großem Leitungswiderstand sind die Absperrventile zu untersuchen in bezug auf vollständiges Öffnen. (Spindelhub ist oft größer als Ventiltellerhub.)

Wasser im Kompressor: Es treten Absorptions- und Destillationsvorgänge auf. Expansionslinie ist meist lang.

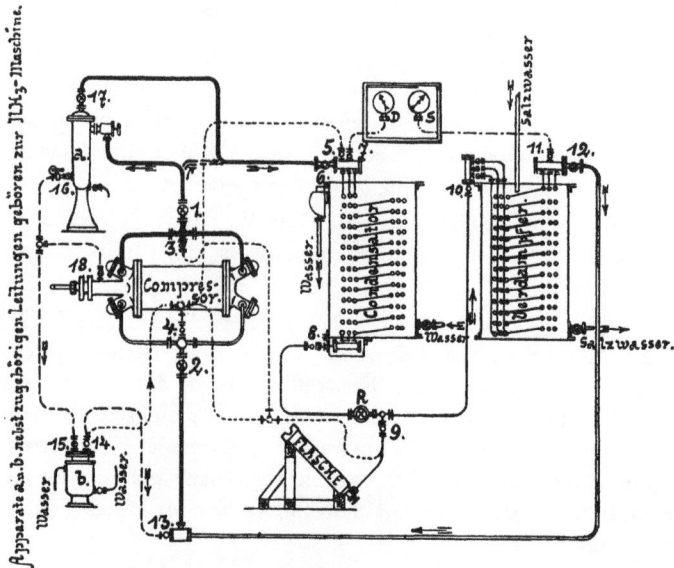

Fig. 62.

Instandsetzung länger im Betrieb gewesener Kälteerzeugungsmaschinen.

Tabelle 47. (Tafel XV.)

Betriebsleitungen:

von 1 nach 6 (direkt oder durch Ölabscheider) Druckleitung

» 8 » R nach 10 Flüssigkeitsleitung

» 12 » 2 durch Siebtopf Saugleitung

» 7 » D Druckmanometerleitung

» 11 » S Saugmanometerleitung

» 16 » 15 } Ölleitung
» 18 » 15 }

» 14 » 13 { Verbindung zwischen } bei NH₃-Maschinen.
                { Öltopf u. Saugleitung }

Hilfsleitungen für die Instandsetzung:

von 5 nach 4 Absaugen des Kondensators und

» 3 » 9   »   »   »

» 9 » 4 Absaugen des Verdampfers.

Kälteleistungs-Versuche.

1. Gewöhnlicher Verdampfer ohne Eiserzeugung, mit Salzwasser-Umlauf durch Pumpe.

a) Abkühlungsversuch:

Pumpe abgestellt und Wasserumlaufleitung gegen Verdampfer abgesperrt, so daß keine Wärmeweiterleitung stattfindet durch Kommunikation.

S cbm = Salzwasserinhalt des Verdampfers

E kg = Eisengewicht des Verdampfers

J = Gewicht der Isolierung

d = Dauer des Versuches in Minuten

γ spez. Gewicht der Salzlösung, w = spez. Wärme von 1 kg Salzlösung

γ_e spez. Gew. des Eisens,

w_e dessen spez. Wärme

γ_i spez. Gew. der Isolierung,

w_i dessen spez. Wärme

$Q_1 = S \, 1000 \, l \cdot \gamma \cdot w \cdot (t_1 - t_2) =$ Abkühlungswärme des Salzwassers

$Q_2 = E \cdot \gamma_e \cdot w_e \, (t_1 - t_2) =$ Abkühlungswärme des Eisens (angenommen, daß Eisen die Temperatur des Salzwassers stets rasch annimmt)

$Q_3 = J \cdot \gamma_i \cdot w_i \, (t_3 - t_4) =$ Abkühlungswärme der Isolierung.

t_3 und t_4 meist unbekannt, aber $t_3 - t_4$ meist nicht weit verschieden von $t_1 - t_2$

$$(Q_1 + Q_2 + Q_3) \, \frac{60^{\,\text{Minuten}}}{d} = \text{Kältemenge pro Stunde.}$$

Diese meist gebräuchliche Rechnung ist nur zulässig, wenn es sich um kleine Temperaturunterschiede handelt und wenn dabei die Versuchsdauer d groß ist. Man läßt vor dem Versuch das Salzwasser über die Temperatur t_1 hinaus steigen, beginnt mit den Messungen sofort am Anfang des Versuches, also solange die Temperatur höher als t_1 ist, und setzt auch den Versuch über t_2 hinunter fort. Ob die Maschine im Beharrungszustande war, sieht man dann auf folgende Weise: Die Temperatur betrug bei der ersten Ablesung t_a, nach 10 Minuten t_b, dann nach 10 Minuten t_c und so weiter. Diese Temperaturen werden in eine Zeittafel eingetragen. Ergibt sich eine schöne glatte Kurve, die gegen

die tiefere Temperatur zu allmählich weniger sinkt, so ist der
Versuch brauchbar. Die Kurve muß ähnlich sein der Kurve,
welche sich ergibt, wenn man nach Tabelle 26, 27, 28, 31 die
Abnahme der Leistung der Maschine bei abnehmen der Tem-
peatur aber gleichem Hubvolumen aufzeichnet. Ist dies nicht
der Fall, so müssen weitere Kontrollversuche gemacht werden.

Schwierigkeiten des Versuches: Bei tiefen Gefäßen ist die Temperatur des Salzwassers in verschiedenen
Höhenlagen verschieden, ebenso bei flachen langen Gefäßen
an verschiedenen Stellen. Beim flachen Gefäße können ohne
Schwierigkeit viele Ablesungen gemacht und aus ihnen das
Mittel gezogen werden. Doch müssen die Meßstellen ungefähr gleiche Abstände haben und es muß an jeder Meßstelle
die Temperatur am oberen Wasserrande und weiter unten
gemessen werden. Das letztere muß dadurch geschehen, daß
mit einem Gefäße, in welchem sich das Thermometer befindet, aus den tieferen Lagen Wasser rasch heraufgeholt
wird. Bei tiefen Gefäßen müssen am Umfang in verschiedener
Höhe Thermometerstutzen eingeschraubt werden.

Die Temperatur ist, wenn möglich, auf $1/_{20}$ ^{0} Genauigkeit
festzustellen.

Der Kälteverlust durch Strahlung und Leitung an
die Luft und das Mauerwerk etc. ist bei wissenschaftlichen
Versuchen zur Ermittlung der Leistung des Verdichters und
bei Aufstellung der Wärmebilanz zu berücksichtigen, dagegen
nicht in bezug auf die garantierte Kälteleistung der ganzen
Anlage.

Ermittlung des Kälteverlustes: Das Rührwerk
wird in Gang gehalten, die Kälteerzeugung durch Abstellen
(Aushängen) des Verdichters ausgeschaltet. Die Salzwassertemperatur wird in längeren Zeiträumen gemessen, wie oben
angedeutet. Temperatur steigt wieder von t_2 auf t_1, aber erst
in d_1 Minuten.

$$(Q_1 + Q_2 + Q_3)\, \frac{60}{d_1} = \text{Kälteverlust pro Stunde.}$$

$$(Q_1 + Q_2 + Q_3)\left(\frac{60}{d_2} + \frac{60}{d_1}\right) + \text{Äquivalent der Verdichtungs-}$$

arbeit = Kondensatorleistung = Wärmezuwachs des Kühl

wassers im Tauchapparat. Etwaige Ungenauigkeiten ent-
stammen der Abkühlung des verdichteten Mittels in der
Druckleitung, der Wärmezufuhr in der ungenügend isolierten
Saugleitung, Kälte- und Wärmeverlusten am Verdichter und
anderen Umständen.

Auswertungsverfahren, wenn die Versuchsdauer
zu kurz war. (Fig. 63.)

Der Versuch ist vor allem mehreremale zu wiederholen.
Die Temperaturkurven sind wie oben zu vergleichen mit
der Leistungskurve für verschiedene Ansaugedrücke. Sodann
wird die Temperaturabnahme (z. B. pro 10 Minuten) abhängig
von der Zeit als eine Kurve aufgetragen, die kleine Ungenauigkeiten der Messungen und Rechnungen ausgleicht, aus
der Temperatur-(Zeit-)Kurve wird ermittelt, wann die mittlere
Temperatur erreicht war, auf welche die Garantien gegründet
sind, aus der Temperaturunterschiedskurve wird die Abnahme

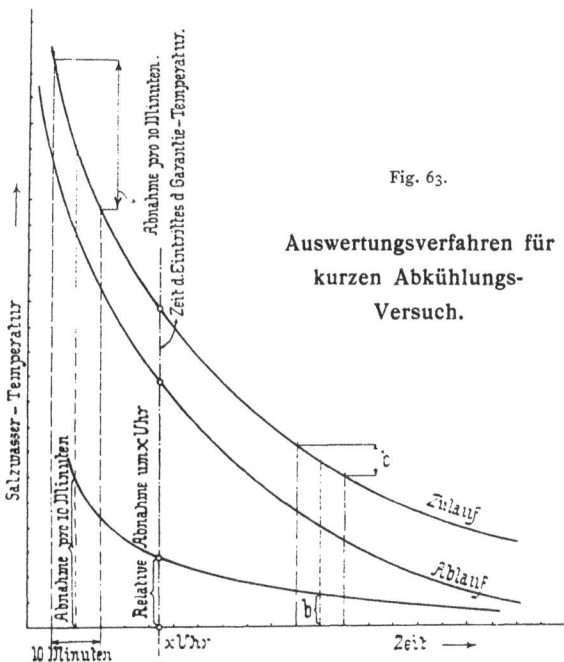

Fig. 63.

Auswertungsverfahren für
kurzen Abkühlungs-
Versuch.

entnommen, die sich für 10 Minuten zu der betr. Zeit ergab, so ist

$$S \cdot 1000 \cdot \gamma \cdot w \cdot \varDelta t \text{ pro 10 Minuten} = Q_1$$
$$E \cdot \gamma_e \cdot w_e \cdot \varDelta t \text{ pro 10 Minuten} = Q_2 \quad \text{pro 10 Minuten.}$$
$$J \cdot \gamma_i \cdot w_i \cdot \varDelta t \text{ pro 10 Minuten} = Q_3$$

Schwierigkeit des Verfahrens. Bei der Umrechnung der Leistung auf 1 Stunde werden alle Fehler der letzten Auswertung mit 6 multipliziert. Man muß also genau messen, genau die Zeiträume bei den Messungen festhalten und genau auswerten.

b) Messung bei gleichgehaltener Verdampfertemperatur.

Pumpe abgestellt, Wasserumlaufleitung wird gegen Verdampfer abgesperrt.

Die Salzwassertemperatur wird durch Zuleitung einer meßbaren Wärmemenge in gleicher Höhe erhalten, z. B. durch Verflüssigung von Dampf in einem Röhrchen; das verflüssigte Wasser wird gemessen nach Menge und Endtemperatur, außerdem der Druck und Temperatur des Dampfes bei Eintritt in das Heizrohr.

Berechnung des Heizrohres nach Lorenz: Um Einfrieren zu hindern, muß die Ausflußtemperatur auf etwa 20 Grad gehalten werden und die Wassergeschwindigkeit etwa 0,15 bis 0,3 m betragen. Als mittleren Wärmedurchgangskoeffizienten kann man etwa 1200 Kal. pro Stunde annehmen, als Temperaturunterschied rund 100 Grad, so daß sich etwa 120000 Kal. pro 1 qm Oberfläche und Stunde erzielen lassen, z. B. für 20000 Kal., Rohr 10 l. W., etwa 5,3 m lang.

Vorsichtsmaßregeln: Die Heizschlange muß an einer Stelle mit sehr kräftigem Salzwasserumlauf eingehängt werden. Da man die wirkliche Kälteleistung nicht kennt, muß die Schlange nach Belieben aus dem Wasser gehoben oder weiter eingesenkt werden können. Der bei dieser Regulierung des eintauchenden Teiles aus dem Wasser herausragende Teil muß dem Auslaufende angehören. Gehört er dem Einströmende an, so bildet sich in demselben Verflüssigung, die dann fälschlich als Kälteleistung der Maschine mitgemessen wird. Wegen des beim Regulieren der Eintauchlänge nötigen oftmaligen Biegens ist nur geglühtes weiches Kupferrohr brauchbar. (Am besten natlos.) Auslauf des Verflüssigungswassers frei, ohne Anwendung eines Druckwasserableiters. Gemessen wird das Wasser durch genaues Wiegen der ganzen Menge.

Der aus der Dampfleitung entnommene Dampf ist meist naß. Selbst wenn die Dampfmaschine mit überhitztem Dampf arbeitet, muß man sich überzeugen, ob der Dampf kurz vor dem Regulierventil (Druckminderventil) der Heizschlange noch überhitzt ist.

Ist dies nicht der Fall, so muß ein abnormal großer, sehr gut isolierter Wasserabscheider eingebaut werden mit einem Druckwasserabscheider, der so eingestellt wird, daß er Dampf und Wasser austreten läßt. (Schwimmerapparate sind nicht brauchbar.) Hinter dem Wasserabscheider folgt ein Druckminderventil, ein Manometer und ein Thermometerstutzen, dahinter unmittelbar die Heizschlange. Die Leitungsteile vom Wasserabscheider bis zum Eintauchende der Heizschlange sind sorgfältig vor Wärmeabgabe zu schützen, das Thermometer bis zum oberen Quecksilberfadenende ebenfalls gut zu umhüllen.

Ist es gelungen, im Wasserabscheider trocken gesättigten Dampf zu bekommen, so kann der Dampf hinter dem Druckminderventil eine kleine Überhitzung zeigen. Wieviel als Höchsterfolg erzielbar zeigt Fig. 64.

An der Figur ist ersichtlich, daß die Überhitzungswärme gegenüber der Verflüssigungs- und Unterkühlungswärme fast verschwindet. Die Erreichung der Überhitzung hat also nur den Zweck, davor zu schützen, daß schon nasser Dampf in die Heizschlange eintritt.

Aufgefangene Wassermenge mal (Verdampfungswärme plus Wasserunterkühlungswärme) ist die gemessene Kälteleistung.

Ist es nicht gelungen, die Salzwassertemperatur gleichzuerhalten, so muß die Abkühlung (Erwärmung) der Salzwassermenge, der Eisenmassen und der Isolierung nach a berücksichtigt werden.

9*

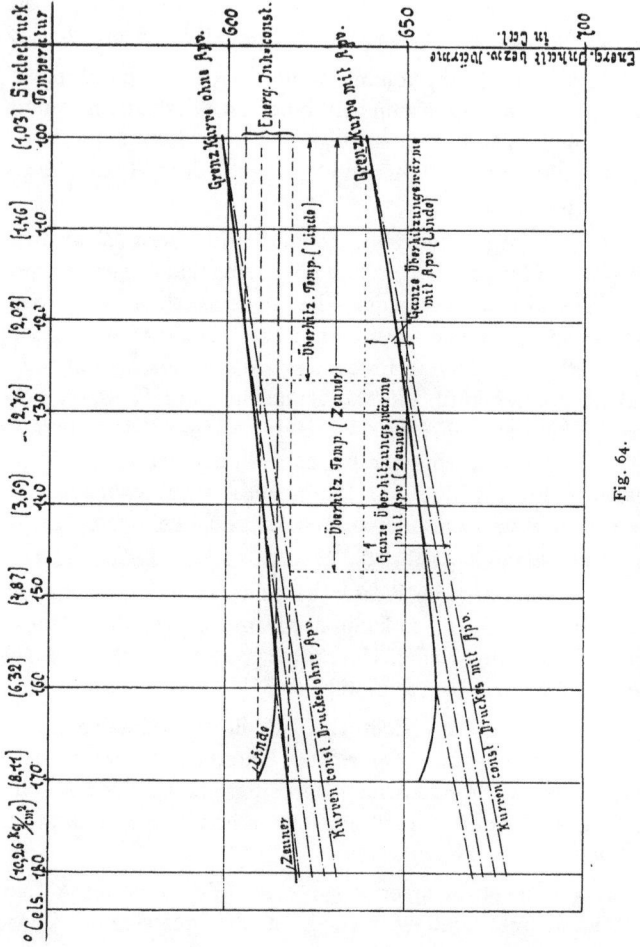

Fig. 64.

Erreichbare Überhitzung beim Abdrosseln von Wasserdampf.

Die Messung der Salzwassertemperatur erfordert die gleichen Vorsichtsmaßregeln wie bei a. Kräftiger Salzwasserumlauf ist unbedingt nötig.

Nötige Genauigkeit der Temperaturmessungen:

Salzwasser $1/20$ Grad

überhitzter Dampf 1 » in der Nähe der Grenzkurve

5 » bei größerer Überhitzung

verflüssigter Dampf 1 Grad.

c) Salzwasserpumpe bleibt im Betrieb.

Gemessen wird: die von der Pumpe geförderte Wassermenge, die Temperatur des aus dem Verdampfer gesaugten und des in den Verdampfer einströmenden Wassers, beide so nahe als möglich am Verdampfer.

Messung der Wassermenge: Kleine Mengen mit Hilfe zweier geeichter Gefäße, von denen das eine gefüllt wird, während das andere ausläuft. Die Vorrichtung muß so sein, daß jedes Gefäß stets genau bis zur Eichmarke gefüllt wird und daß etwa mehr einströmendes Wasser in das zweite Gefäß überläuft. Die Zahl der Füllungen ist genau zu zählen. (Häufig wird falsch gezählt, Kontrolle ist nötig.) Ist die Salzwassermenge zu groß, so wird das eine Gefäß gefüllt, bevor das andere leergelaufen ist. Dann ist die Vorrichtung für genaue Messung unbrauchbar; für ungenaue Messung kann man die Zeit beobachten, welche nötig ist, um ein Gefäß zu füllen.

Große Mengen von Salzwasser werden meist mittels Auslaufes aus Ponceletmündungen gemessen. Das Salzwasser läuft in ein Gefäß ein, der Wasserspiegel wird durch Zwischenwände in einer Abteilung des Gefäßes zur Ruhe gebracht, am unteren Ende dieser Abteilung befinden sich Öffnungen, in welche Bleche mit scharfen, kreisrunden Auslauföffnungen eingesetzt werden. Die Eichung dieser Öffnungen, d. i. die Messung der Veränderlichkeit der Auslaufmenge mit der Höhe des Wasserspiegels über dem Schwerpunkt der Öffnung, wird nicht immer einwandfrei gemacht. Ist das Gefäß eng und hoch, so ergeben sich bei genügend großer Wassermenge vor den Öffnungen Wirbel und Strömungen, welche die Aus-

laufmenge verschieden groß werden lassen bei gleicher
Spiegelhöhe. Der Einfluß dieser Wirbel beträgt $\pm$ 20% nach
Beobachtungen. Breite, niedrige Gefäße sind vorzuziehen,
weil die Wassergeschwindigkeiten im Gefäße klein sind und
somit nicht leicht Wirbel entstehen.

Ist man gezwungen, ein schmales, hohes Gefäß anzuwenden, so müssen alle Öffnungen geeicht werden für verschiedene Wasserspiegelhöhen durch Wiegen der in einer
gewissen Zeit auslaufenden Menge; die gemessenen Wassermengen jeder Öffnung werden abhängig vom Wasserspiegel
als Kurve aufgezeichnet, die Kurve sollte ungefähr mit der
Quadratwurzel aus der Spiegelhöhe gehen. Bei einer solchen
Eichung kann man nun beobachten, daß die Auslaufmengen
der einzelnen Öffnungen verschieden groß sind und sich
außerdem verändern, sobald durch Veränderung der Lage
des Einlaufrohres zum Meßgefäß die Wirbelbildungen verändert werden. Außerdem werden diese Wirbelbildungen
beeinflußt durch die Fördermenge der Pumpe, wenn diese
unregelmäßig arbeitet.

Die genaue Eichung großer Öffnungen macht meist große
Schwierigkeiten, da man hierzu sehr große Auffanggefäße
brauchte, etwa ein großes, geeichtes Lagerfaß. Hat man nur
kleinere Gefäße zur Hand, so müssen die Eichungseinzel-
versuche sehr oft wiederholt und aus den Einzelergebnissen
die Mittel gezogen werden.

Gegenüber dieser Unsicherheit der Eichung verschwindet
ein kleiner Fehler in der Messung der Spiegelhöhe. Wenn
diese z. B. 300 beträgt, und es wird 298 gemessen, so beträgt
der Fehler in der Menge der Wassermenge etwa 2 bis 3

pro Mille, theoretisch nämlich $1 - \sqrt{\dfrac{298}{300}}$. Es genügt also

das Messen mit einem gewöhnlichen Maßstabe, soferne er
genau ist. Die Öffnungen sollen möglichst alle in gleicher
Höhe liegen. Peinlich genau auf Bruchteile eines Millimeters
braucht es nicht zu sein, zumal wenn die Öffnungen an Ort
und Stelle geeicht werden. Der obere Rand des Gefäßes
soll horizontal sein, damit der Stand des Wasserspiegels und
der senkrechte Abstand desselben von dem Schwerpunkte

der Auslauföffnungen von einer Horizontalen aus gemessen werden kann.

Das spezifische Gewicht der Salzlösung und die Art der Lösung ist festzustellen, nötigenfalls muß die spez. Wärme in einem physikalischen Laboratorium gemessen werden.

Die Temperaturmessungen: Damit sie rasch genug vor sich gehen, sind die Thermometer ständig ungefähr der zu messenden Temperatur auszusetzen. Zur Messung der Temperatur in der Rohrleitung benützt man ein eingeschraubtes Eintauchröhrchen, das unten zu ist und mit Öl oder Salzwasser gefüllt wird. Das Röhrchen soll nicht viel über das Rohr herausragen, da sich sonst im oberen Teile wärmere Flüssigkeit hält und das Thermometer beim Auf- und Abbewegen verschiedene Temperaturen zeigt.

Um eine genaue Messung zu erhalten, muß die Temperatur des Zulaufes wie die des Ablaufes gleichbleibend erhalten werden. In den meisten Fällen ist dies nur möglich durch Einhängen einer Heizschlange in eine der Gefäßabteilungen bzw. in ein besonderes Gefäß mit kräftiger Salzwasserbewegung und Mischung. Die Messung der Menge des verflüssigten Dampfes kann unter den unter b aufgezählten Vorsichtsmaßregeln zur Bestimmung der Kältemenge dienen, welche über das Bedürfnis des momentan von der Salzwasserpumpe mit Kälte versorgten Betriebes hinaus von der Maschine erzeugt wurde. Hiervon wird Gebrauch gemacht, wenn für den Kälteverbrauch von Kellern etc. Gewähr geleistet worden ist.

Ist es nicht gelungen, die Temperaturen gleichbleibend zu erhalten, so sind folgende Überlegungen anzustellen[1]:

Bliebe die Zulauftemperatur zum Verdampfer stets gleich t_1, die Ablauftemperatur vom Verdampfer stets gleich t_2, und ist Q^l die gleichbleibende stündlich umlaufende Salzwassermenge,

c_p die spez. Wärme von 1 kg Salzwasser,

γ das Gewicht von 1 l Salzwasser,

so wäre $Q \cdot (t_1 - t_2) \cdot c_p \cdot \gamma$ sowohl die von der Maschine abzüglich der Kälteverluste erzeugte Kälte als auch die von dem angehängten Betriebe verbrauchte Kältemenge.

[1] Hierauf hat zum ersten Male Prof. Lorenz hingewiesen.

Bleiben die Temperaturen nicht gleich, so werden z. B. das Salzwasser, die Eisenmassen der Rohre, die Kellerluft, Kellermauern, das Lagergut etc. etwas abgekühlt. Die hierzu nötige Kältemenge sei M.

Wird nun die Kälteerzeugung der Maschine unterbrochen, der Salzwasserumlauf durch die Pumpe dagegen fortgesetzt, so bildet M ein Kältereservoir, aus welchem bestritten wird:

1. Der Kälteverbrauch des angehängten Betriebes,
2. der Kälteverlust des Verdampfers.

Ist Q die zirkulierende Wassermenge pro Stunde und $t_3 — t_4$ die Erwärmung des Wassers in 1 Stunde, so ist dieser Wassermenge zugeführt worden pro Stunde an Wärme:

$$Q^l \cdot (t_3 — t_4) \cdot c_p \cdot \gamma + \text{Kälteverlust des Verdampfers.}$$

Zur Messung von t_1, t_2, t_3 und t_4 ist zu bemerken, daß $t_1 — t_2$ wie auch $t_3 — t_4$ ermittelt werden muß für die Temperaturverhältnisse, welche der Gewährleistung zugrunde liegen, also nach den unter a Fig. 63 gegebenen Anweisungen, da natürlich der Kälteverbrauch des Betriebes und der Kälteverlust des Verdampfers abhängig sind von den Temperaturen.

Dieser zweite Versuch (erster Hilfsversuch) ist daher sofort an den Hauptversuch anzuschließen, und es ist peinlich darauf zu achten, daß der Betrieb genau den gleichen Kältebedarf hat während des Haupt- und dieses ersten Hilfsversuches.

Um M, den Kälteverlust des Verdampfers zu ermitteln, wird nun noch bei abgestellter Salzwasserpumpe und abgesperrter Salzwasserleitung der unter a angegebene Erwärmungsversuch (zweiter Hilfsversuch) gemacht, natürlich nachdem die Salzwassertemperatur vorher erst wieder unter die Gewährleistungstemperatur gebracht wurde.

Die von der Maschine geleistete Kältemenge ist dann gleich

$$\underbrace{Q \cdot (t_1 — t_2)\, c_p \cdot \gamma}_{\substack{\text{aus Versuch 1} \\ \text{(Hauptversuch)}}} + \underbrace{M}_{\substack{\text{aus 1. u. 2.} \\ \text{Hilfsversuch}}} + \underbrace{\text{Kälteverlust}}_{\substack{\text{aus 2.} \\ \text{Hilfsversuch}}}$$

Der Kälteverlust bleibt in bezug auf die gewährleistete Kältemenge außer Betracht. Nötige Genauigkeit der Salzwassertemperaturmessungen bei c durchwegs $1/20$ Grad.

Tabelle 48.

Umwandlung der Grade Beauméscher Aräometer

für Flüssigkeiten, die leichter als Wasser, in spezifisches Gewicht.

n	Spez. Gew.	n	Spez. Gew.	n	Spez. Gew.
1	1,065	25	0,907	48	0,794
2	1,058	26	0,902	49	0,790
3	1,050	27	0,896		
4	1,043	28	0,891	50	0,786
5	1,035	29	0,885	51	0,782
6	1,028			52	0,778
7	1,021	30	0,880	53	0,773
8	1,014	31	0,875	54	0,769
9	1,007	32	0,870	55	0,765
		33	0,865	56	0,761
10 Wasser 1		34	0,859	57	0,757
11	0,993	35	0,854	58	0,753
12	0,987	36	0,850	59	0,750
13	0,980	37	0,845		
14	0,973	38	0,840	60	0,745
15	0,967	39	0,835	61	0,742
16	0,961			62	0,738
17	0,954	40	0,830	63	0,735
18	0,948	41	0,826	64	0,731
19	0,942	42	0,821	65	0,727
		43	0,816	66	0,724
20	0,936	44	0,812	67	0,720
21	0,930	45	0,807	68	0,717
22	0,924	46	0,803	69	0,713
23	0,919	47	0,799	70	0,710
24	0,919				

Bemerkung zu Fig. 65.

Die spez. Gewichte, spez. Wärmemengen und die Gefriertemperaturen sind in der heutigen Literatur für Kältemaschinen verschieden angegeben. Da die Zeit zur Kontrolle der Werte nicht ausreichte, mußte ich mich damit begnügen, alle Werte zeichnerisch aufzutragen, und damit anzuregen, daß hierüber genauere Ermittlungen angestellt werden müssen.

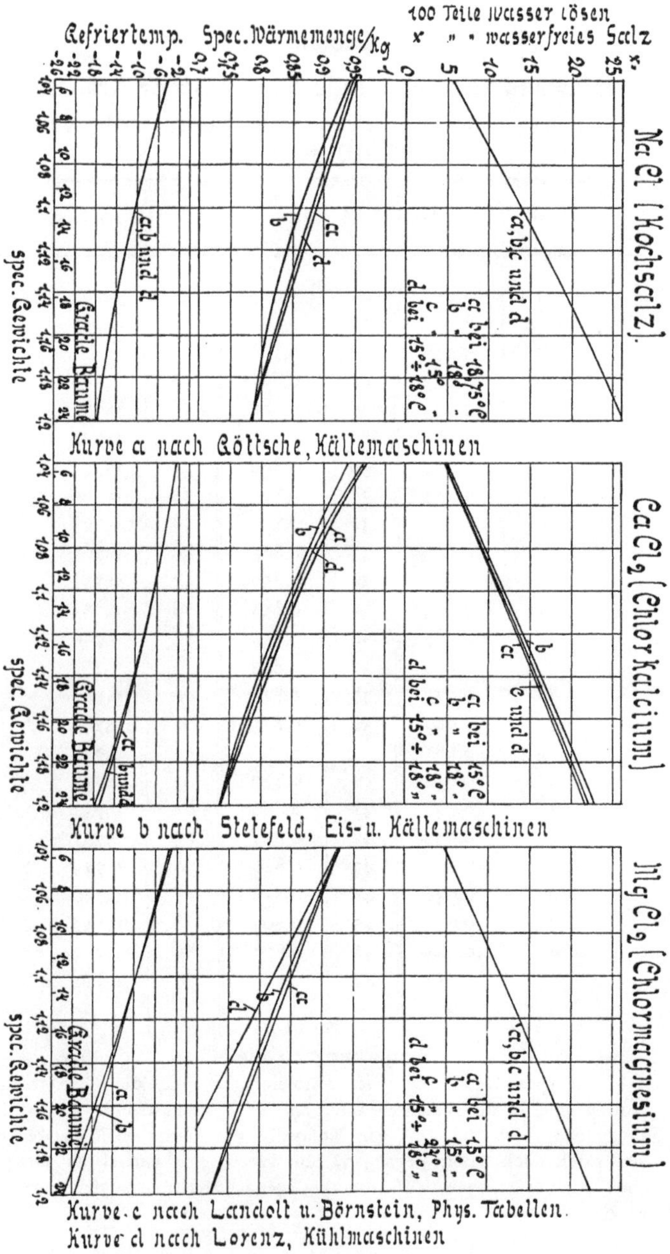
100 Teile Wasser lösen
x " " wasserfreies Salz
Gefriertemp.
Spec. Wärmemenge/Kg
Na Cl (Kochsalz)
a, b, c und d
a bei 18,75° C
b " 18° "
c " 15° "
d bei 15° ÷ 18° C
a, b und d
Grade Baumé
spec. Gewichte
Kurve a nach Göttsche, Kältemaschinen
Ca Cl2 (Chlorkalcium)
c und d
a bei 15° C
b " 18° "
c " 18° "
d bei 15° ÷ 18° "
b und d
Kurve b nach Stetefeld, Eis- u. Kältemaschinen
Mg Cl2 (Chlormagnesium)
a bei 15° C
b " 15° "
c " 24° "
d bei 15° ÷ 18° "
Kurve c nach Landolt u. Börnstein, Phys. Tabellen.
Kurve d nach Lorenz, Kühlmaschinen

Fig. 65.

2. Gewöhnlicher Verdampfer ohne Eiserzeugung, Salzwasser zur Luftkühlung mit künstlichem Luftumlauf benutzt.

a) Es können alle Versuche nach 1. angewendet werden.

b) Es kann die pro Stunde umlaufende Luftmenge und deren Abkühlungs- und Trocknungswärmemenge ermittelt werden (siehe später).

Dieser Versuch ist nur anwendbar, wenn die Lufttemperaturen in gleicher Höhe bleiben. Ist dies nicht der Fall, so ist auch hier der Hilfsversuch mit abgestellter Kälteerzeugung anzuwenden. (Jedoch hat eine Probe darauf, ob dies auch hier zum Ziele führt, meines Wissens noch nicht stattgefunden.) Nicht leicht direkt zu ermitteln ist der Kälteverlust des Luftkühlers für sich, dagegen läßt sich der Kälteverlust des Verdampfers und des Luftkühlers zusammen (bei abgesperrten Luftleitungen) durch Erwärmungsversuch nach 1 c ermitteln und dann der des Verdampfers allein. Es ist aber meist der Kälteverlust des Luftkühlers bei im Gange befindlichem Luftumlauf größer als bei ruhender Luft.

c) Es können a) und b) zusammen vorgenommen werden. Dieses Verfahren ergibt die beste Prüfungsmöglichkeit.

3. Verdampfer mit Eiserzeugung.

a) Eiserzeugung bleibt im Betrieb.

Unbedingtes Erfordernis ist zur Erreichung eines angenähert richtigen Ergebnisses absolute Gleichheit des Kälteinhaltes von Salzwasser und Eiszellen vor und nach Beendigung des Versuches.

Die Erzielung dieses Zustandes ist — aber stets nur mangelhaft — möglich durch Gleichhaltung der Salzwassertemperatur, Ziehen und Einsetzen der Eiszellen in genau gleichen Zeitabständen, Gleichhaltung der Zulauftemperatur des Gefrierwassers, durch Gleichhaltung eines kräftigen Salzwasserumlaufes.

Die Zeitabstände für Ziehen und Einsetzen der Eiszellen müssen vor dem Versuch während 24 Stunden erprobt werden, die Salzwassertemperatur muß 12 Stunden hindurch gleich geblieben sein, der Hauptversuch muß sich ohne Abstellen der Kälteerzeugung unmittelbar anschließen und ist um so genauer, je länger die Versuchszeit ausgedehnt wird. Unter 12 Stunden ist keinesfalls abzuschließen, da sonst die unvermeidliche Schwankung des Kälteinhaltes bei der Auswertung einen zu großen Bruchteil auf die Kälteleistung pro Stunde entfallen läßt.

Ein großes Hindernis für genaues Arbeiten und Einhalten der Zeitabstände bilden die Eisziehkrane, die leider noch recht unzuverlässig arbeiten, und viel zu große Anforderung an die Geschicklichkeit der Arbeiter stellen, dabei aber trotzdem zu langsam arbeiten. Sie müßten mit je zwei Geschwindigkeiten sowohl für Fahrt als auch für das Heben und Senken ausgestattet sein und sanft anfahren.

Messung der Gefrierwassermenge: Ist die Einfüllvorrichtung so eingerichtet, daß sie ein Füllgefäß mit Abteilungen besitzt, so wird dieses Gefäß, das einen Überlauf haben muß, geeicht, und die Anzahl der Füllungen gezählt. Vorausgesetzt ist hierbei, daß beim Füllen jede Zelle genau die Menge Wasser erhält, welche in der zugehörigen Abteilung des Füllgefäßes abgemessen ist, und daß keine Zelle überläuft. Alle Zellen sollen möglichst gleichviel Wasser bekommen.

Ist ein solches Gefäß nicht vorhanden, so wird gewöhnlich von einem Reservoir ohne Abteilungen aus mit Schläuchen gefüllt. Kann der Zufluß zu diesem Reservoir abgestellt werden, so wird die Füllung einer ganzen Zellenreihe in dem Reservoir, das genau ausgemessen wird, gemessen. Ist das Reservoir breit und lang, so ist diese Messung ungenau, da ein kleiner Meßfehler der Wasserspiegelabsenkung einen großen Bruchteil der Füllung ausmacht. Es empfiehlt sich dann die Aufstellung eines hohen engen Meßgefäßes. Die Füllung der Zellen muß gleichmäßig und sorgfältig ohne Verspritzen geschehen.

Ist auch die letztere Messung nicht möglich, so werden die Zellenreihen geeicht, indem man in jede Zelle eine abgewogene Wassermenge gießt und in jeder Zelle dann die

Höhe des Wasserspiegels mißt. Aus allen Höhen des Wasserspiegels wird das Mittel gezogen, hiernach ein Höhenmaß hergestellt und alle Zellen beim Versuch bis zu diesem Höhenmaß gefüllt.

Messung der Wasser- und Eistemperatur. Die Wassertemperatur wird erst beim Einlauf in die Zellen gemessen. $^1/_{10}$ Grad Genauigkeit ist mehr wie genügend.

Die Eistemperatur müßte gemessen werden vor dem Eintauchen in das Abtaugefäß. Die Eistemperatur ist am unteren Ende tiefer als oben, wo eben erst angefroren wurde. Infolgedessen ist eine einwandfreie Messung der Eistemperatur überhaupt unmöglich. Man schätzt die mittlere Temperatur des Eisblockes unter Berücksichtigung seiner Form. (Schmale Blöcke bekommen tiefere Temperatur.)

Kältemenge = Abkühlungswärme des Wassers + Gefrierwärme des Eises + Abkühlungswärme des Eises, spez. Wärme des Wassers = 1, des Eises ∞ 0,5, Gefrierwärme = 79,5 als Mittel aus den Messungen verschiedener Forscher.

Der Kälteverlust des Eiserzeugers ist bei ausgehobenen Zellen nach 1a zu messen. (Siehe Bemerkung bei 3b.)

Gewährleistete Eisleistung. Bei dieser muß der Verlust beim Abtauen berücksichtigt werden. Es wird entweder das Gesamtgewicht der Eisblöcke gemessen, oder es werden einmal die Blöcke mehrerer Zellenreihen gewogen, das Mittel pro Zellenreihe gezogen und dieses dann mit der Anzahl der gezogenen Zellenreihen multipliziert.

b) Die Eiserzeugung bleibt ausgeschaltet.

Dieser Versuch dient lediglich zur Ermittelung der erzeugbaren Kälte; es ist leicht möglich, daß die Maschine zwar genügend Kälte erzeugt, aber nicht genügend Eis (z. B. Schlangen groß genug, Eiszellenzahl zu klein, oder ungenügender Salzwasserumlauf zwischen den Eiszellen hindurch).

Die Eiszellen können vollständig ausgefroren und abgekühlt werden, dabei läßt man einige Thermometer mit einfrieren in mehreren Zellenreihen, um während des nachfolgenden Versuches die Eistemperatur neben den Salzwassertem-

peraturen beobachten zu können. Sodann wird der Versuch
wie bei 1 b durchgeführt.

Oder die Eiszellen werden sämtlich ausgehoben. Dabei
sinkt der Salzwasserspiegel bedeutend und muß durch Zusatz
von Wasser und Salz wieder auf die frühere Höhe gebracht
werden. Tut man das nicht, so wird der Salzwasserumlauf
behindert oder ganz aufgehoben, die Leistung wird beein-
trächtigt und die Messung der Salzwassertemperaturen an
verschiedenen Stellen des Gefäßes ganz unsicher. Bei großen
Eiserzeugern ist das Auffüllen teuer, man zieht das vorige
Verfahren vor.

c) Neben der Eiserzeugung wird das Salzwasser zum Kühlen
von Luft oder Kellern benutzt.

Man kann nach einem der Verfahren von 1 arbeiten
und dazu (je nach dem Wortlaut des Gewährleistungsver-
trages) auch nach 3 a einen Eiserzeugungsversuch anfügen
oder gleichzeitig mit 1 vornehmen.

4. Luftkühler mit künstlichem Luftumlauf.

An diesen ist der Versuch einfach, wenn nach 2 a gearbeitet werden kann, dagegen stets unsicher, wenn nach 2 b
gearbeitet werden muß, etwa deshalb, weil die Verdampferschlangen im Luftkühler selbst liegen.

Es sind zu messen:
Umlaufende Luftmenge in kg,
Lufttemperatur dicht vor und hinter dem Luftkühler,
Feuchtigkeitsgehalt dicht vor und hinter dem Luftkühler.

Luftmenge: Die Messung derselben begegnet erheb-
lichen Schwierigkeiten. Die Luftmengenmesser zeigen unter-
einander meist Unterschiede von mehr als 5%. Die Eichingenieure garantieren für nicht mehr Genauigkeit der Eichung
als 5%. Man muß also eine größere Anzahl von Luftmessern
vergleichen und mit den mittleren Angaben rechnen. Dazu
kommt, daß Luftmesser verschiedenen Systemes (z. B. Flügel-
oder Schalenanemometer) sich unter verschiedenen Verhältnissen verschieden verhalten. Die einen sind gegen etwas
schräg gerichteten Luftzug empfindlicher als die anderen.

Der Einbau der Luftmengenmesser selbst verändert die Luft-
strömung, besonders in engen Luftkanälen. Die Luftgeschwindigkeit verteilt sich nicht gleichmäßig auf den Kanal-
querschnitt. Vor den Luftkühlern liegen immer Biegungen
und Ecken der Luftkanäle, daher entstehen Luftwirbel, welche
die Messung beeinträchtigen. Die Luftmengenmesser müßten
vor und nach dem Versuch geeicht werden. Die Eichung
kann fast nie unter den gleichen Verhältnissen stattfinden,
mit denen beim Versuch gearbeitet wurde. Eichstationen
für Luftmengenmesser sind selten. Die Eichingenieure sind
unter sich selbst über die richtigen Arten des Eichens
nicht einig.

Die Ventilatoren werden oft von Elektromotoren angetrieben. Schwankt die Voltzahl stark, so kann man, jedoch
nur innerhalb gewisser Grenzen, annehmen, daß die Luft-
lieferung proportional mit der Voltzahl steigt und sinkt.

Die Voltzahlen sind also häufig genug abzulesen oder
zu registrieren durch selbstschreibendes Voltmeter.

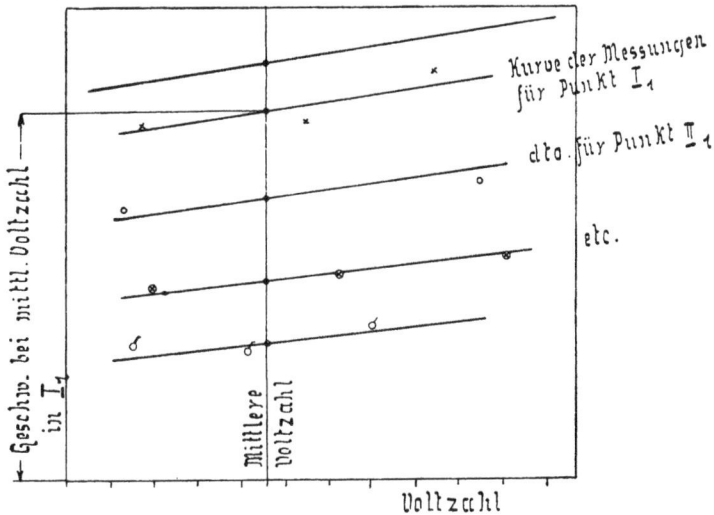

Fig. 66

Beziehung der Anemometermessungen auf mittlere
Motorvoltzahl.

Der Luftmengenmesser (Anemometer) wird nacheinander an eine große Anzahl von Punkten des Kanalquerschnittes gebracht und dort mindestens 5, besser 10 Minuten belassen. An jedem Punkt sind mehrere Messungen vorzunehmen.

Die Auswertung dieser Messungen zeigte Fig. 66 u. 67.

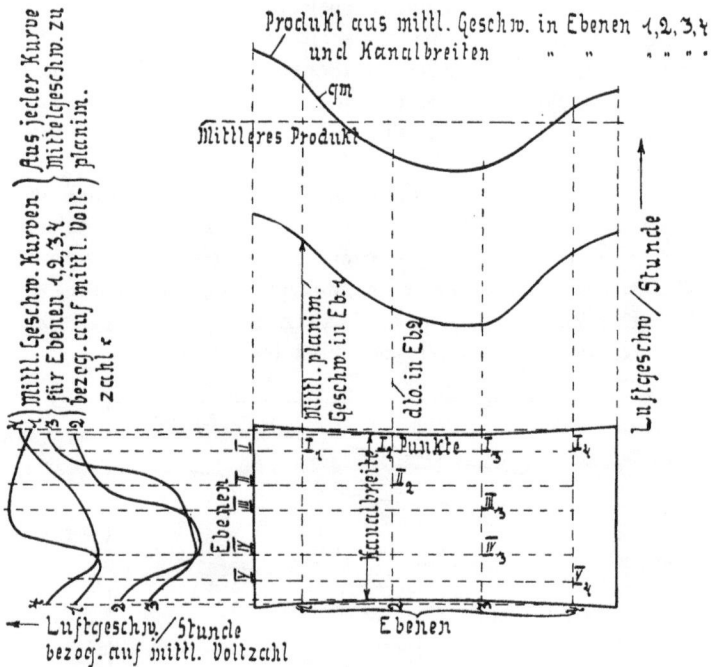

Fig. 67.

Mittleres Produkt aus Luftgeschwindigkeit und Kanal-breite × Kanaltiefe = die bei der mittleren Voltzahl ge-lieferte Luftmenge in cbm. (Fig. 67 entstammt einem tat-sächlichen Versuch.)

Die Luftmenge wird nun auf die jeweilige Voltzahl um-gerechnet (in gewissen Grenzen proportional), die gewonnenen Zahlen werden in einer Tafel abhängig von der Versuchszeit aufgetragen.

Endlich ist wohl anzunehmen, daß die Angaben der Instrumente beeinflußt werden durch das spezifische Gewicht der durchgehenden Luft. Gegenüber diesen Unsicherheiten hat es kaum einen Sinn, mit sehr genauen Umrechnungen auf den herrschenden Barometerstand sich zu befassen.

Es genügt folgende Umrechnung: die Luftmengen seien L cbm, der Barometerstand war b; ein feuchtes Thermometer eines Psychrometers zeigte neben dem Luftmengenmesser $t_{naß}$ Grad, ein trockenes Thermometer $t_{trocken}$; bei dieser Temperatur $t_{naß}$ beträgt die Teilspannung des Wasserdampfes w mm Quecksilber (Tab. 49, S. 149). Die Teilspannung der trockenen Luft ist also $b - w$. Das spezifische Gewicht von 1 cbm trockener Luft von 0^0 beträgt bei 760 mm Druck 1,293 kg; bei $b - w$ mm Druck und $t_{trocken}$ Grad wiegen also L cbm Luft:

$$\frac{L \cdot (b - w)}{1{,}293} \cdot \frac{273}{t_{trocken} + 273} \text{ kg.}$$

Die spezifische Wärme pro 1 kg Luft und 1^0 beträgt 0,2377 (Mittel aus den Ergebnissen verschiedener Forschungen). Die Luftwärme also:

$$\frac{L \cdot (b - w)}{1{,}293} \cdot \frac{273}{273 + t_{trocken}} \cdot 0{,}2377 \cdot \varDelta t.$$

Messung der Lufttemperaturen. Dieselben müssen dicht vor und hinter dem Luftkühler stattfinden. Saugt der Ventilator aus der Saugleitung und drückt dann durch den Luftkühler, so ist die Temperatur zwischen Ventilator und Luftkühler zu messen, dagegen können die Luftmenge und die Psychrometerangaben vor dem Ventilator gemessen werden; der Frischluftkanal muß jedoch vor dieser Meßstelle einmünden, wenn nicht die Frischluftmenge und deren Beschaffenheit (Temperatur und Feuchtigkeit) besonders gemessen wird.

Saugt der Ventilator aus dem Luftkühler, so ist die Messung der gekühlten Luft zwischen Ventilator und Luftkühler zu machen, die psychrometrische Messung dagegen kann hinter dem Ventilator stattfinden.

Bestimmung des Feuchtigkeitsgehaltes der Luft, nämlich vor dem Luftkühler, hinter dem Luftkühler, und nötigenfalls im Frischluftzufuhrkanal.

Hierzu dienen als Meßinstrumente das trockene und nasse Thermometer (Psychrometer) und die Hygrometer. Bei sehr sorgfältiger Arbeit ist die Messung mit dem nassen und trockenen Thermometer genauer. Die Messung mit dem Hygrometer ist ungenauer, aber bequemer und für Orientierungsversuche jedenfalls vorzuziehen.

Die Hygrometer müssen mit Vorrichtung zur Einstellung auf 100% versehen sein. Diese Einstellung wird vorgenommen, nachdem man im Hygrometergehäuse die Luft mit 100% Feuchtigkeit gesättigt hat. Die Angaben der Hygrometereinteilung gilt wohl meistens nur für eine bestimmte Temperaturgrenze, darüber hinaus muß die Einteilung mit Hilfe eines trockenen und nassen Thermometers geprüft werden. Diesbezügliche Versuche wären noch anzustellen.

Da die Luftmenge in der Regel sehr groß, die Abkühlung der Luft im Kühler verhältnismäßig klein und die Trocknung der Luft sehr kleine Beträge ausgeschiedener Feuchtigkeit pro 1 kg Luft ergibt, so folgt daraus, daß man schon außerordentlich genau messen muß, um ein genügend sicheres Ergebnis zu erzielen.

Von allen von 1 bis 4 aufgezählten Messungen sind deshalb die am Luftkühler die unsichersten.

Auswertung der Hygrometerangaben: diese seien $y\%$ und $z\%$. Aus Tabelle 51 bzw. Tafel XVI wird die Sättigungsmenge bei den betr. Temperaturen der trockenen Thermometer entnommen $= x$ g bzw. v g.

L kg $\cdot (x \cdot y - z \cdot v) =$ ausgeschiedene Wassermenge.

$r \cdot L$ kg $\cdot (x \cdot y - z \cdot v) =$ abgegebene Verflüssigungswärme. Dazu käme $(x \cdot y - z \cdot r)$. (Abkühlung des Wassers nach der Verflüssigung.) Wird meist vernachlässigt.

Wahl von r: Die Verflüssigung der gesamten Wassermenge vollzieht sich bei abnehmender Lufttemperatur, nämlich von $t_{naß}$ beim Eintritt bis zur tiefsten Temperatur am Ende des Luftkühlers. Folglich ist auch r nicht gleichbleibend. Bei großen Temperaturunterschieden muß demnach aus der Temperaturverflüssigungs-Wärmetafel eine mittlere Verflüssigungswärme ausplanimetriert werden. Sie ist ungefähr die Verflüssigungswärme bei dem Mittel der Temperatur aus der Angabe des nassen Thermometers am Eintritt und der tiefsten Lufttemperatur im Kühler.

Endlich wird gewöhnlich das Niederschlagswasser zu Reif gefroren, es kämen also pro 1 kg Reif noch 79,5 Kal. und die Wärme für Abkühlung des Reifes bis fast auf die Rohrtemperatur hinzu.

Ob diese Reifbildung mit zu berücksichtigen ist, hängt davon ab, ob (wie z. B. bei den Humboldtschen Luftkühlern) das Abtauen dieses Reifes nachher als Kältequelle wiederbenützt wird oder nicht. Im ersteren Falle braucht sie nicht in Rechnung gezogen zu werden.

Dagegen ist darauf zu sehen, daß am Anfang und am Ende des Versuches die Ansammlung von Reif an den Röhren genau gleichstark ist. Der Fehler, der hierbei unvermeidlich ist, hat um so kleineren Einfluß, je länger der Versuch dauert. Kleinste Zeit ist im allgemeinen 12 Stunden.

Auswertung der Messung mit trockenem und nassem Thermometer: Fig. 69 und Tafel XVI ergeben ohne weiteres die Niederschlagsmenge, außerdem können die Prozentgehalte hieraus ermittelt und aus Fig. 71 oder Tafel XVII hierfür die Wärmemengenunterschiede entnommen werden.

Außerdem dient zur Auswertung Tabelle 52 (Psychrometertafel). Ganz genaue Auswertungen müßten nach den Psychrometertafeln von Dr. C. Jelinek gemacht werden, die übrigens auch nicht absolut zuverlässig sind.

Nicht ermittelbar sind in den meisten Fällen die Kälteverluste im Luftkühler, daher werden dieselben der ganzen Maschine zur Last geschrieben werden müssen. Anzustreben ist, daß die Lufttemperatur am Ende des Kühlers während des ganzen Versuches gleichbleibt, daß insbesondere bei Abschluß des Versuches die Temperaturen dieselbe Höhe zeigen wie anfangs, weil sonst die Änderung des Kälteinhaltes der Röhren, des Mauerwerkes, der Isolierung etc. einen Einfluß ausübt. wobei zu beachten ist, daß Mauerwerk und Isolierung sehr große spezifische Wärme haben.

10*

Formeln

zur Bestimmung der Volumina, Wassergehalte
und Gewichte der Luft.

$$L = L_0 \, (1 + \alpha t) \qquad L_0 = \text{Volumen bei } 0^0 \text{ C}$$

$$L_0 = \frac{L}{1 + \alpha t} \qquad \begin{aligned} L &= \quad \text{»} \qquad \text{»} \; t^0 \; \text{»} \\ L_1 &= \quad \text{»} \qquad \text{»} \; t_1^{\,0} \; \text{»} \end{aligned}$$

$$L_1 = L \left(\frac{1 + \alpha t_1}{1 + \alpha t} \right) \qquad \alpha = 0{,}003665 = \frac{1}{273}$$

$$(1 + \alpha t), \; \left(\frac{1}{1 + \alpha t} \right), \; \left(\frac{1 + \alpha t_1}{1 + \alpha t} \right) \text{ sind aus der Tabelle No. 2}$$

zu entnehmen.

Gewicht von 1 cbm nasser Luft mit $y \%$ Feuchtigkeit

$$= \underbrace{\frac{\gamma_0 \, p}{760 \, (1 + \alpha t)}}_{\substack{\text{Gewicht von 1 cbm} \\ \text{trockener Luft von} \\ t^0}} - \underbrace{\frac{\gamma_0}{760 \, (1 + \alpha t)} \cdot p_1 \frac{y}{100}}_{\substack{\text{Gewicht der vom Wasserdampf} \\ \text{verdrängten Luft von } t^0}} + \underbrace{x_1 \frac{y}{100}}_{\substack{\text{Gewicht d.} \\ \text{Wasserdampf} \\ \text{von } p_1 \text{ Spann. u. } t^0}}$$

$\gamma_0 = $ Gewicht von 1 cbm trockener Luft von 0^0 C. und atm.
　　　Druck $= 1{,}293$

$p \; = $ wirklicher Gesamtdruck der nassen Luft

$p_1 = $ Teildruck des Wasserdampfes der gesätt. Luft bei t^0

$x_1 = $ Gewicht 　　》　　　》　　　》　　》　　》　》 t^0

Die in einem cbm gesättigter Luft von t^0 enthaltene
Menge Wasser x_1 in kg bei 760 mm Barometerstand und einer
Dampfspannung von p_1 mm Quecks. beträgt:

$$g = \frac{1{,}293 \, p_1}{(1 + \alpha t) \, 760} \, 0{,}623 = \frac{0{,}00106 \, p_1}{1 + \alpha t}.$$

Die in 1 kg gesättigter Luft von gleicher Beschaffenheit
enthaltene Wassermenge

$$= \frac{0{,}623 \, p_1}{760 - 0{,}377 \, p_1} \; \text{kg.}$$

Tabelle 49.

Spannung des Wasserdampfes,

ausgedrückt in Quecksilberhöhen bei 0° des Quecksilbers, in 45° geogr. Breite und im Meeresniveau.

t^0 C	mm	t	mm	t	mm
— 19	1,029	0	4,569	20	17,363
— 18	1,120	1	4,909	21	18,466
— 17	1,219	2	5,272	22	19,630
— 16	1,325	3	5,658	23	20,858
— 15	1,439	4	6,069	24	22,152
— 14	1,562	5	6,507	25	23,517
— 13	1,694	6	6,971	26	24,956
— 12	1,836	7	7,466	27	26,470
— 11	1,988	8	7,991	28	28,065
— 10	2,151	9	8,548	29	29,744
— 9	2,327	10	9,140	30	31,510
— 8	2,514	11	9,767	31	33,366
— 7	2,715	12	10,432	32	35,318
— 6	2,930	13	11,137	33	37,369
— 5	3,160	14	11,884	34	39,523
— 4	3,406	15	12,674	35	41,784
— 3	3,669	16	13,510	36	44,158
— 2	3,950	17	14,395	37	46,648
— 1	4,249	18	15,330	38	49,259
± 0	4,569	19	16,319	39	51,996
		20	17,363	40	54,865

Tabelle 50.
Tabelle zur Bestimmung von Gewicht, Dichtigkeit, Volumen und Wasser-gehalt der Luft bei 760 mm QL = p.

Temperatur in Graden = t^0 C	1 cbm trockene Luft wiegt bei Normalbarometerstand kg	1 cbm trockene Luft von 0° gibt cbm von t^0 $(1 + a t)$ $a = \frac{1}{273}$	1 cbm trockene Luft von t^0 gibt cbm von 0° $\left(\frac{1}{1 + a t} \right)$	Spannung des Wasserdampfes in mm Quecksilber = p_1	1 cbm Luft enthält gesättigt Wasserdampf kg	1 kg nasse Luft enthält bei Normalbarometerstand gesättigt Wasserdampf kg	1 cbm nasse Luft 100% Feuchtigkeit wiegt
—20	1,3955	0,9267	1,0791	0,927	0,001060	0,000760	1,39436
19	1,3901	0,9304	1,0749	1,015	0,001157	0,000832	1,38418
18	1,3845	0,9340	1,0706	1,116	0,001267	0,000915	1,38024
17	1,3791	0,9377	1,0664	1,207	0,001365	0,000989	1,37818
16	1,3738	0,9414	1,0623	1,308	0,001473	0,001072	1,37411
15	1,3683	0,9450	1,0582	1,400	0,001571	0,001148	1,36605
14	1,3631	0,9487	1,0541	1,549	0,001731	0,001270	1,36195
13	1,3579	0,9524	1,0500	1,680	0,001870	0,001377	1,35488
12	1,3527	0,9560	1,0460	1,831	0,002028	0,001499	1,35078
11	1,3475	0,9597	1,0420	1,982	0,002189	0,001624	1,34767

−10	1,3424	0,9634	1,0380	2,093	0,002303	0,001716	1,33961
−9	1,3373	0,9670	1,0341	2,267	0,002485	0,001838	1,33650
−8	1,3323	0,9707	1,0302	2,455	0,002680	0,002012	1,32838
−7	1,3272	0,9744	1,0263	2,658	0,002892	0,002178	1,32025
−6	1,3223	0,9780	1,0225	2,876	0,003117	0,002357	1,31812
−5	1,3173	0,9817	1,0187	3,113	0,003362	0,002552	1,31596
−4	1,3124	0,9853	1,0149	3,368	0,003623	0,002761	1,30980
−3	1,3076	0,9890	1,0111	3,644	0,003906	0,002987	1,30465
−2	1,3027	0,9927	1,0074	3,941	0,004209	0,003231	1,29750
−1	1,2979	0,9963	1,0037	4,263	0,004536	0,003495	1,29526
0	1,2932	1,0000	1,0000	4,600	0,004876	0,003770	1,29006
+1	1,2884	1,0037	0,9964	4,940	0,005218	0,004050	1,27987
+2	1,2838	1,0073	0,9927	5,302	0,005580	0,004387	1,27689
+3	1,2791	1,0110	0,9891	5,687	0,005963	0,004662	1,27545
+4	1,2748	1,0147	0,9856	6,097	0,006370	0,004983	1,27217
+5	1,2699	1,0183	0,9820	6,534	0,006802	0,005356	1,26882
+6	1,2654	1,0220	0,9785	6,998	0,007259	0,005737	1,25766
+7	1,2611	1,0257	0,9750	7,492	0,007745	0,006141	1,25435
+8	1,2564	1,0293	0,9715	8,017	0,008257	0,006572	1,25184
+9	1,2519	1,0330	0,9681	8,574	0,008799	0,007029	1,24855
+10	1,2475	1,0367	0,9647	9,165	0,009372	0,007513	1,24425

(Fortsetzung der Tabelle 50.)

Temperatur in Graden $= t^0$ C	1 cbm trockene Luft wiegt bei Normalbarometerstand kg	1 cbm trockene Luft von 0^0 gibt cbm von t^0 $(1 + a\,t)$ $a = \frac{1}{273}$	1 cbm trockene Luft von t^0 gibt cbm von 0^0 $\left(\frac{1}{1 + a\,t}\right)$	Spannung des Wasserdampfes in mm Quecksilber $= p_1$	1 cbm Luft enthält gesättigt Wasserdampf kg	1 kg nasse Luft enthält bei Normalbarometerstand gesättigt Wasserdampf kg	1 cbm nasse Luft 100% Feuchtigkeit wiegt
11	1,2431	1,0403	0,9613	9,792	0,009978	0,008027	1,23500
12	1,2387	1,0440	0,9579	10,457	0,010618	0,008572	1,22162
13	1,2347	1,0477	0,9545	11,162	0,011294	0,009147	1,22719
14	1,2301	1,0513	0,9512	11,908	0,012007	0,009761	1,22276
15	1,2258	1,0550	0,9479	12,699	0,012790	0,010434	1,21734
16	1,2216	1,0587	0,9446	13,536	0,013554	0,011095	1,21280
17	1,2173	1,0623	0,9414	14,421	0,014391	0,011822	1,20739
18	1,2131	1,0660	0,9381	15,357	0,015270	0,012588	1,20087
19	1,2090	1,0696	0,9349	16,346	0,016200	0,013399	1,19720
20	1,2049	1,0733	0,9317	17,391	0,017177	0,014256	1,19268
21	1,2008	1,0770	0,9285	18,495	0,018204	0,015160	1,19001
22	1,1967	1,0806	0,9254	19,659	0,019286	0,016116	1,18348
23	1,1927	1,0843	0,9223	20,888	0,020423	0,017123	1,17582
24	1,1888	1,0880	0,9192	22,184	0,021617	0,018184	1,17202

25	1,1847	1,0916	0,9161	23,550	0,02870	0,019304	1,16817
26	1,1807	1,0953	0,9130	24,988	0,024168	0,020469	1,16557
27	1,1768	1,0990	0,9100	26,505	0,025569	0,021727	1,16267
28	1,1728	1,1026	0,9069	28,101	0,027016	0,023036	1,15182
29	1,1689	1,1063	0,9039	29,782	0,028537	0,024413	1,14594
30	1,1650	1,1100	0,9009	31,548	0,030130	0,025863	1,14288
31	1,1613	1,1136	0,8980	33,406	0,031801	0,027384	1,14005
32	1,1574	1,1173	0,8950	35,359	0,033548	0,028986	1,13695
33	1,1537	1,1210	0,8921	37,411	0,035380	0,030666	1,13088
34	1,1497	1,1246	0,8892	39,565	0,037288	0,032433	1,12349
35	1,1462	1,1283	0,8863	41,827	0,039299	0,034286	1,11830
36	1,1424	1,1319	0,8834	44,201	0,041393	0,036233	1,11519
37	1,1388	1,1356	0,8806	46,691	0,043586	0,038274	1,11169
38	1,1352	1,1393	0,8778	49,302	0,045878	0,040414	1,10838
39	1,1315	1,1429	0,8750	52,039	0,048270	0,042660	1,09967
40	1,1279	1,1466	0,8722	54,906	0,050766	0,045010	1,09167

Tabelle 51. Gewicht des

welcher in einem Kilogramm gesättigter Luft

Auf Grund der Beobachtungen von Regnault und der Berechnung von

t	760 mm	700 mm	600 mm	500 mm	400 mm	300 mm	200 mm
0	g	g	g	g	g	g	g
— 30	0,31	0,34	0,39	0,48	0,60	0,80	1,20
— 29	34	37	43	52	65	87	31
— 28	38	41	48	57	71	95	43
— 27	41	45	52	63	78	1,04	56
— 26	45	49	57	69	86	14	71
— 25	49	54	63	75	94	25	88
— 24	0,54	0,59	0,69	0,82	1,03	1,37	2,06
— 23	59	65	75	90	13	50	25
— 22	65	71	82	99	23	63	46
— 21	71	77	90	1,08	34	78	69
— 20	77	84	98	18	46	94	94
— 19	0,84	0,92	1,07	1,28	1,60	2,12	3,21
— 18	92	1,00	16	39	74	32	50
— 17	1,00	09	26	52	90	53	81
— 16	09	18	37	65	2,07	75	4,14
— 15	19	28	49	79	24	99	49
— 14	1,28	1,39	1,62	1,94	2,43	3,24	4,87
— 13	39	51	76	2,11	64	52	5,28
— 12	50	64	90	29	86	82	73
— 11	63	77	2,06	48	3,10	4,13	6,20
— 10	76	91	23	68	35	47	72
— 9	1,91	2,07	2,41	2,90	3,62	4,84	7,26
— 8	2,06	24	61	3,13	92	5,23	85
— 7	23	42	82	38	4,24	0,65	8,49
— 6	40	61	3,04	65	48	6,10	9,16
— 5	59	81	28	94	94	58	88
— 4	2,79	3,03	3,54	4,25	5,32	7,09	10,66
— 3	3,01	27	81	58	72	64	11,49
— 2	24	52	4,10	93	6,16	8,23	12,37
— 1	48	78	42	5,30	63	85	13,32
0	3,75	4,07	4,75	5,71	7,13	9,52	14,33

Wasserdampfes in Gramm,

bei $t°$ und b mm Quecksilberdruck enthalten ist.

Broch, hergeleitet von v. Bezold, Berlin. Sitzber. 1890, Nr. XIX, p. 355.

t	760 mm	700 mm	600 mm	500 mm	400 mm	300 mm	200 mm
0	g	g	g	g	g	g	g
0	3,75	4,07	4,75	5,71	7,13	9,52	
1	4,02	37	5,10	6,13	67	10,24	
2	32	70	48	58	8,24	11,00	
3	64	5,04	88	7,07	85	81	
4	98	41	6,31	58	9,49	12,68	
5	5,34	80	77	8,13	10,18	13,60	
6	5,71	6,22	7,26	8,72	10,91		
7	6,13	66	77	9,34	11,69		
8	56	7,13	8,32	99	12,52		
9	7,02	63	91	10,70	13,40		
10	51	8,16	9,53	11,44	14,33		
11	8,03	8,72	10,18	12,24	15,32		
12	58	9,32	88	13,08	16,38		
13	9,16	95	11,62	97	17,50		
14	78	10,62	12,41	14,91	18,69		
15	10,43	11,34	13,24	15,91	19,94		
16	11,13	12,09	14,12	16,97			
17	86	89	15,05	18,10			
18	12,64	14,73	16,04	19,29			
19	13,46	14,62	17,09	20,55			
20	14,33	15,57	18,20	21,88			
21	15,25	16,57	19,37				
22	16,22	17,63	20,59				
23	17,24	18,75	21,90				
24	18,32	19,93	23,28				
25	19,47	21,17	24,73				
26	20,68	22,48					
27	21,95	23,86					
28	23,29	25,31					
29	24,70	26,84					
30	26,18	28,47					

Tabelle 52. Psychrometrische Tafel
nach C. Jelineks Psychrometertafeln für das hundertteilige Thermometer, Wien 1876.

Ist t die Temperatur des trockenen Thermometers, t' diejenige des feuchten, $\Delta t = t - t'$ die psychrometrische Differenz, e der Dunstdruck und F die relative Feuchtigkeit, so ergibt die Tabelle e und F für einen Luftdruck von 755 mm.
Weicht der Luftdruck um Δb von 755 mm ab, so hat man zu den nebenstehenden Werten hinzuzufügen:

$$\Delta e = -0{,}000686\,(t-t')\,\Delta b \qquad \Delta e = -0{,}000800\,(t-t')\,\Delta b$$

$$\Delta F = \frac{100 \cdot \Delta e}{e} = -\frac{0{,}0686\,(t-t')\cdot\Delta b}{e}\bigg\} \text{ wenn } t' < 0 \text{ oder } \Delta F = \frac{100 \cdot \Delta e}{e} = -\frac{0{,}0800\cdot (t-t')\,\Delta b}{e}\bigg\} \text{ wenn } t' > 0.$$

Psychrometrische Differenz

t	0°		1°		2°		3°		4°		5°		6°	
°	e	F	e	F	e	F	e	F	e	F	e	F	e	F
	mm	%	mm	%	mm	%	mm	%	mm	%	mm	%	mm	%
−30	0,4	100												
−25	0,6	100												
−20	0,9	100												
−15	1,4	100	0,8	55										
−10	2,1	100	1,4	67										
−9	2,3	100	1,6	69										
−8	2,5	100	1,7	71	1,0	42								
−7	2,7	100	1,9	73	1,2	46								
−6	2,9	100	2,1	74	1,4	49								
−5	3,1	100	2,4	76	1,6	52								
−4	3,4	100	2,6	77	1,8	55								

	−3	−2	−1	0	1	2	3	4	5	6	7	8	9	10	11	12	13	14	15	16	17	18
											18	21	25	28	30	33	35	37	39	41	43	44
											1,4	1,7	2,1	2,5	2,9	3,4	3,9	4,4	5,0	5,5	6,2	6,8
					19	23	26	28	28	31	34	36	39	41	43	45	47	49	50	52	53
					1,0	1,3	1,6	1,8	2,0	2,3	2,7	3,1	3,5	4,0	4,5	5,0	5,6	6,1	6,8	7,4	8,1
				28	32	35	37	39	39	42	44	46	48	50	52	54	55	57	58	59	61	62
				1,3	1,6	1,9	2,1	2,4	2,6	2,9	3,3	3,7	4,1	4,6	5,1	5,6	6,2	6,7	7,4	8,0	8,7	9,5
	36	40	43	45	48	51	51	52	54	56	57	59	61	62	63	65	66	67	68	69	70	71
	1,3	1,6	1,8	2,1	2,4	2,7	2,9	3,2	3,5	3,9	4,3	4,7	5,2	5,7	6,2	6,8	7,3	8,0	8,6	9,4	10,1	10,9
	57	60	61	63	65	65	66	67	69	70	71	72	73	74	75	76	77	78	78	79	80	80
	2,1	2,3	2,6	2,9	3,2	3,5	3,7	4,1	4,5	4,9	5,3	5,8	6,3	6,8	7,4	8,0	8,6	9,2	9,9	10,7	11,5	12,3
	78	80	80	81	82	82	83	84	84	85	85	86	87	87	87	88	88	88	89	89	90	90
	2,9	3,1	3,4	3,7	4,0	4,3	4,7	5,1	5,5	5,9	6,4	6,9	7,4	8,0	8,6	9,2	9,8	10,5	11,3	12,1	13,0	13,8
	100	100	100	100	100	100	100	100	100	100	100	100	100	100	100	100	100	100	100	100	100	100
	3,7	4,0	4,3	4,6	4,9	5,3	5,7	6,1	6,5	7,0	7,5	8,0	8,6	9,2	9,8	10,5	11,2	11,9	12,7	13,5	14,4	15,4

(Fortsetzung der Tabelle 52.)

Psychrometrische Differenz

t	0°		1°		2°		3°		4°		5°		6°	
°	e mm	F %	e mm	F %	s mm	F %	e mm	F %	e mm	F %	e mm	F %	e mm	F %
19	16,3	100	14,7	90	13,2	81	11,7	72	10,3	63	8,9	54	7,5	46
20	17,4	100	15,7	91	14,1	81	12,6	72	11,1	64	9,6	55	8,3	47
21	18,5	100	16.8	91	15,1	82	13,5	73	12,0	65	10,5	57	9,0	49
22	19,6	100			16,2	82	14,5	74	12,9	66	11,4	58	9,9	50
23	20,9	100			17,3	83	15,5	74	13,9	66	12,3	59	10,8	52
24	22,2	100			18,4	83	16,6	75	14,9	67	13,3	60	11,7	53
25	23,5	100					17,8	76	16,0	68	14,3	61	12,7	54
26	25,0	100					19,0	76	17,2	69	15,4	62	13,7	55
27	26,5	100							18,4	69	16,6	63	14,8	56
28	28,1	100							19,7	70	17,8	63	16,0	57
29	29,7	100									19,1	64	17,2	58
30	31,5	100									20,5	65	18,5	59

Psychrometrische Differenz

t	6° e (mm)	6° F (%)	7° e (mm)	7° F (%)	8° e (mm)	8° F (%)	9° e (mm)	9° F (%)	10° e (mm)	10° F (%)	11° e (mm)	11° F (%)	12° e (mm)	12° F (%)	13° e (mm)	13° F (%)	14° e (mm)	14° F (%)	15° e (mm)	15° F (%)
10	2,5	28	1,5	16																
11	2,9	30	1,9	19																
12	3,4	33	2,3	22	1,3	13														
13	3,9	35	2,8	25	1,7	16														
14	4,4	37	3,3	28	2,2	18	1,1	10												
15	5,0	39	3,8	30	2,7	21	1,6	13												
16	5,5	41	4,3	32	3,2	24	2,1	15												
17	6,2	43	4,9	34	3,7	26	2,6	18	1,5	10										
18	6,8	44	5,5	36	4,3	28	3,1	20	2,0	13										
19	7,5	46	6,2	38	4,9	30	3,7	23	2,5	16	1,4	9								
20	8,3	47	6,9	40	5,6	32	4,3	25	3,1	18	1,9	11								
21	9,0	49	7,6	41	6,3	34	5,0	27	3,7	20	2,5	14								
22	9,9	50	8,4	43	7,0	36	5,7	29	4,4	22	3,1	16	1,9	10						
23	10,8	52	9,2	44	7,8	38	6,4	31	5,1	25	3,8	18	2,5	12						
24	11,7	53	10,1	46	8,7	39	7,2	33	5,8	26	4,5	20	3,2	15						
25	12,7	54	11,1	47	9,5	40	8,0	34	6,6	28	5,2	22	3,9	16	2,6	11				
26	13,7	55	12,1	48	10,5	42	8,9	36	7,4	30	6,0	24	4,6	18	3,3	13				
27	14,8	56	13,1	49	11,4	43	9,8	37	8,3	31	6,8	26	5,4	20	4,0	15	2,7	11		
28	16,0	57	14,2	51	12,5	44	10,8	39	9,2	33	7,7	27	6,2	22	4,8	17	3,4	12		
29	17,2	58	15,3	52	13,6	46	11,9	40	10,2	34	8,6	29	7,1	24	5,6	19	4,2	14		
30	18,5	59	16,6	53	14,7	47	13,0	41	11,2	36	9,6	30	8,0	25	6,5	21	5,0	16	3,6	11

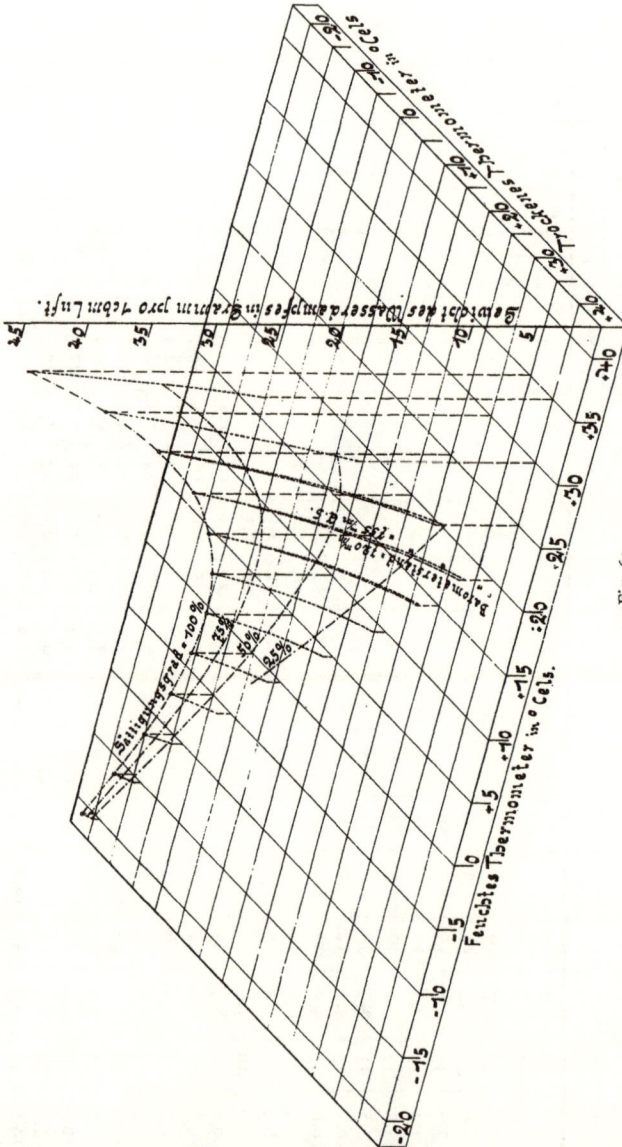

Fig. 69.

Wassergehalt von 1 cbm Luft. (Kurven für gleichbleibende Angaben des feuchten Thermometers.)

Tafel XVI zeigt dagegen den Wassergehalt von 1 cbm Luft durch Kurven für gleichbleibende Angaben des nassen Thermometers.

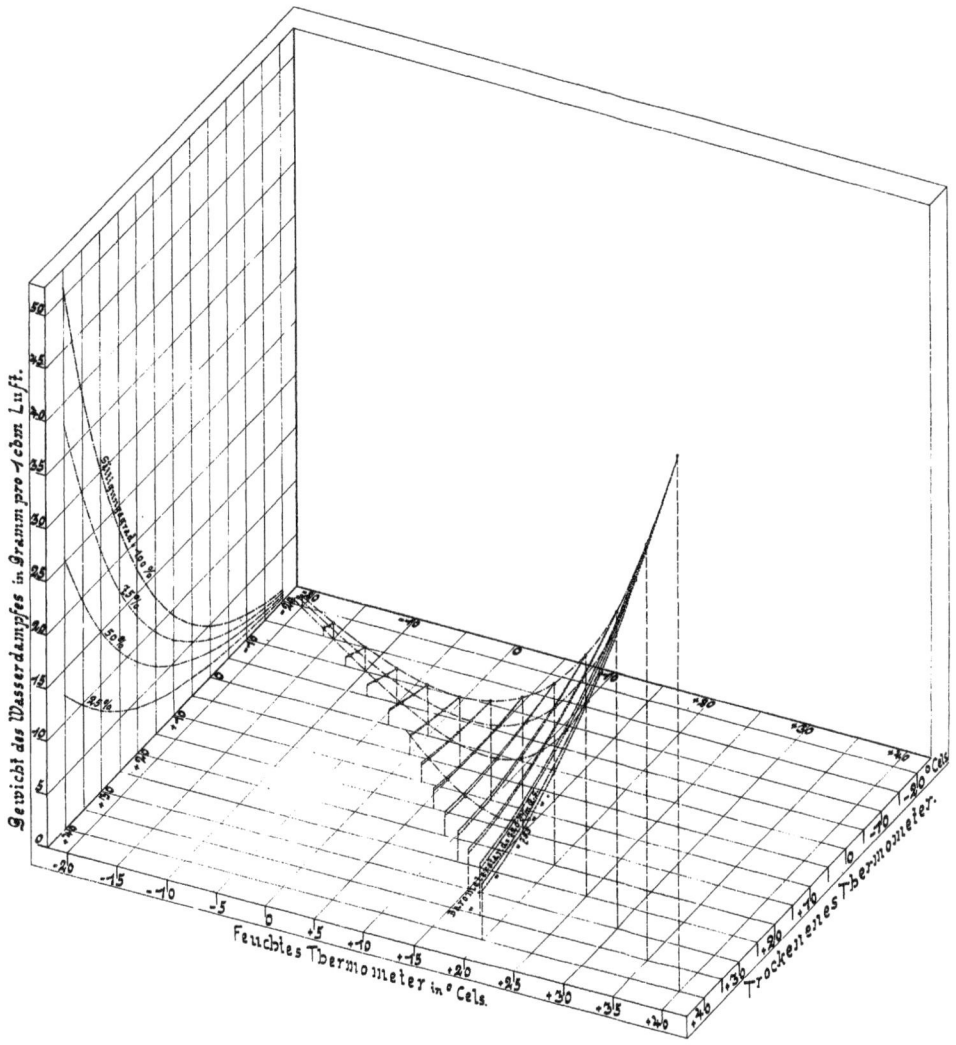

Verlag von R. Oldenbourg, München u. Berlin.

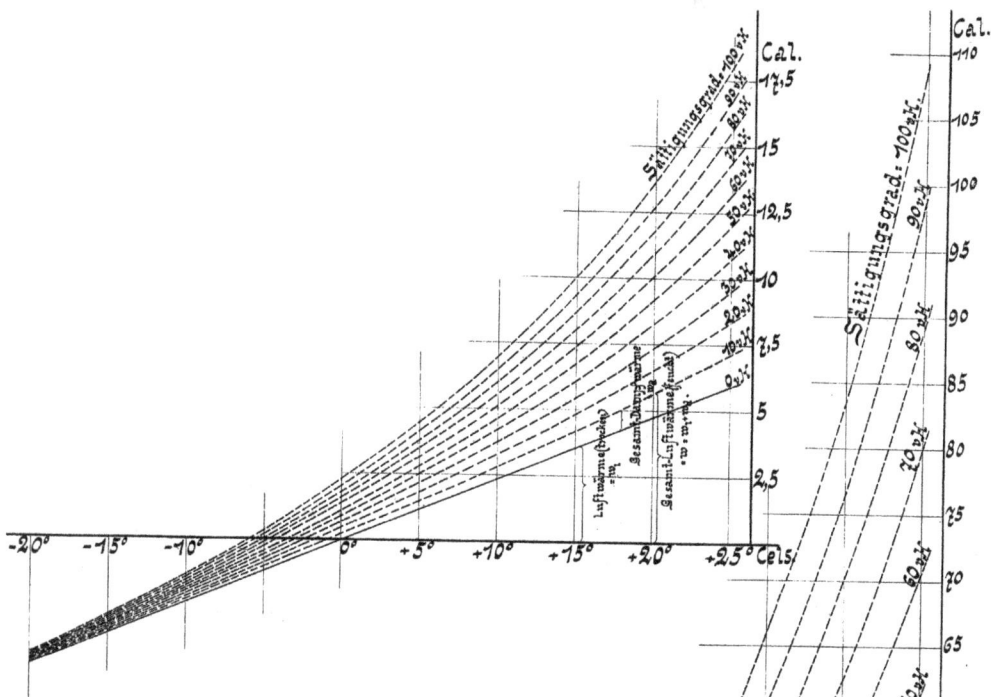

Gesamtwärme feuchter Luft gegenüber trockner Luft von 0°Cels.

(n. O.K. Müller u. Zeuner)

(auf 1 Kg bezogen.)

Unter Benutzung folgender Formeln:

$$w_1 = c_p \cdot t.$$
$$w_2 = A \cdot \frac{v_1 \cdot b}{b-s} \cdot \chi \cdot \lambda_1.$$

c_p = spez. Wärme bei unveränderlichem Druck.

A = Sättigungsgrad der feuchten Luft.

v_1 = spez. Volumen trockner Luft bei Normalbarometerstand = b ™ 2.5.

b = tatsächl. herrschender Barometerstand. (hier b, = b)

s = Spannung des Wasserdampfes in ™ 0.5.

χ = Gewicht des in 1 cbm Luft enthaltenen Wasserdampfes bei t°Cels.

λ_1 = Gesamtwärme des Wasserdampfes bei t°Cels.

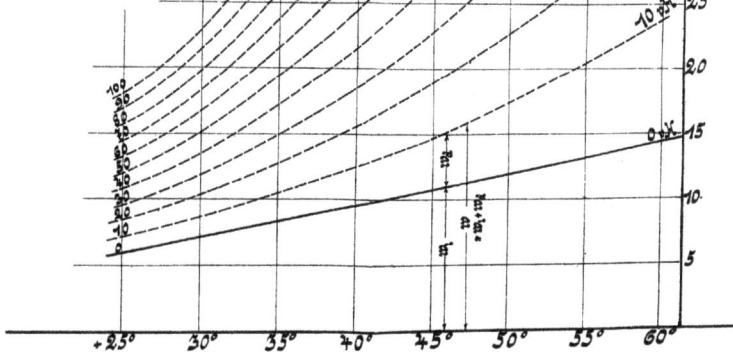

Verlag von R. Oldenbourg, München u. Berlin.

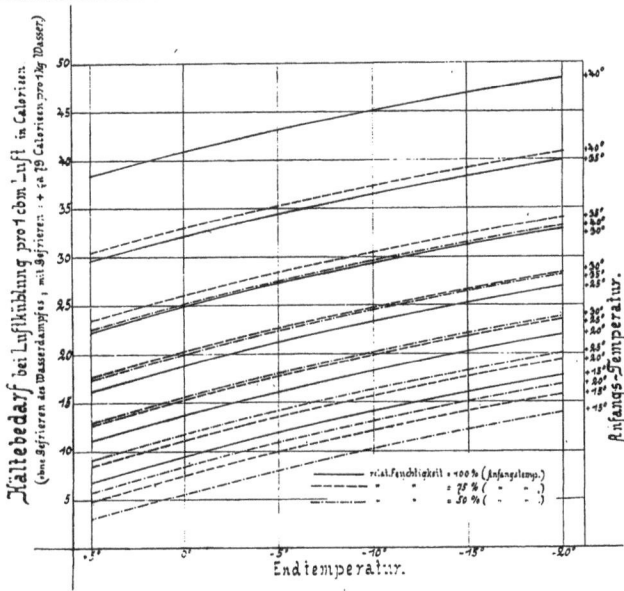

Fig. 71.

Kältebedarf zum Abkühlen von 1 cbm Luft
(gemessen bei Anfangstemperatur).

Tafel 17: **Wärmeunterschied zwischen trockener Luft von $0°$ C und nasser Luft von $t°$ C pro 1 kg Luft.**

Aus dieser Tafel kann auch direkt der Kältebedarf ermittelt werden, um 1 kg Luft von $t_1°$ und $y°/_0$ Feuchtigkeit auf $t_2°$ mit $z°/_0$ Feuchtigkeit abzukühlen.

Aus Tabelle 51 findet sich der absolute Feuchtigkeitsgehalt in Gramm von 1 kg Luft. Dieser bleibt bei der Abkühlung zunächst konstant bis zur Sättigung von $100°/_0$. Hieraus ist bei Abkühlungen, die nicht bis zur Taupunktstemperatur reichen, z ermittelbar, hieraus dann wieder auf Tafel 17 die Kältemenge, welche zur Abkühlung nötig ist.

Ist b_1 nicht gleich b, so ist w_d im Verhältnis von

$$\frac{b - s \ (\text{größer})}{b_1 - s} \text{ kleiner zu nehmen.}$$

Spannung des Wasserdampfes siehe Tabelle 49.

λ_t entnehme man aus Tabelle 10.

γ_t » » » » 50, 51.

Würde man in diese Figur Kurven gleichbleibenden absoluten Feuchtigkeitsgehaltes ziehen, so würden diese (unter Vernachlässigung des Einflusses der Feuchtigkeitsmenge auf die spez. Wärme von 1 cbm Luft) alle parallel zur Geraden $0°/_0$ laufen.

Heinel, Kältemaschinen.   11

Arbeitsaufwand-Versuche.

Zur genauen Ermittlung der indizierten Verdichter-arbeit ist die Nachmessung des Zylinderdurchmessers, des Kolbenstangendurchmessers, des Hubes und der Umlaufzahl nötig. Bei schwankender Umlaufzahl ist fortlaufende Registrierung durch einen Zähler nötig, der genau jede halbe Stunde abgelesen wird.

Beim Abkühlungsversuch 1 a müssen mittels des Indikators Diagramme mindestens alle 10 Minuten genommen, dieselben einzeln planimetriert, die Arbeitsgrößen abhängig von der Zeit als eine Kurve aufgetragen werden; und es muß diejenige Arbeitsgröße aus dieser letzten Aufzeichnung entnommen werden, welche sich für die Zeit der Erreichung der Gewährleistungstemperaturen ergibt.

Die effektive Verdichterarbeit besteht aus indizierter Arbeit plus Reibungsarbeiten. Diese sind, entgegen der üblichen Annahme, nicht gleichbleibend mit verschiedener Belastung, ob kleiner oder größer ist noch nicht genügend ermittelt. (Bei einigen Versuchen an Dampfmaschinen waren sie kleiner bei großer Belastung, ähnlich wie bei Lagern.) Es ist also auch falsch, für jede beliebige Belastung den Wirkungsgrad eines Verdichters oder einer Dampfmaschine zu $x^0/_0$ anzunehmen. Bei gleichbleibender Reibungsarbeit würde diese schon einen kleineren Prozentsatz bei größerer Belastung ausmachen.

Die Auswertung der Diagramme ist im übrigen bekannt.

Indizierte Arbeit des doppeltwirkenden Verdichters pro Sekunde in PS =

$$= \left[\frac{D^2\pi}{4} \cdot p^m{}_{hinten} + \left(\frac{D^2\pi}{4} - \frac{d^2\pi}{4} \right) p^m{}_{vorn} \right] \cdot \frac{s\,n}{60} \cdot \frac{1}{75}.$$

D = Kolbendurchmesser in cm,

d = Kolbenstangendurchmesser in cm,

s = Hub in m,

n = Umlaufzahl pro Minute,

$p^m{}_{hinten}$ = mittlerer indiz. Druck hinter dem Kolben,

$p^m{}_{vorn}$ = derselbe vor dem Kolben.

Antrieb durch Elektromotor: Unerläßlich ist die
Aufnahme der Wirkungsgradkurve des Motors am besten
durch Abbremsung. Die allgemeinen Angaben der Fabrik,
z. B. 80 %, beziehen sich nur auf bestimmte Voltzahl und
Belastung. Der Wirkungsgrad schwankt mit Voltzahl und
Belastung. Bei größerer Belastung vermehren sich die elektrischen Verluste. Zur Messung bedient man sich zweckmäßigerweise eines Wattmeters statt eines Ampèremeters, da
die Natur des Kompressorbetriebes meist große Schwankungen
des Ampèremeters verursacht. Ein Voltmeter sollte aber
trotzdem vorhanden sein. Voltzahl ist möglichst gleichbleibend
zu erhalten.

Antrieb durch Dampfmaschine: Indizieren der
Dampfmaschine nötig, wenn effektiver Arbeitsbedarf der
Kälteerzeugung garantiert. Mechanischer Wirkungsgrad der
Dampfmaschine ist streng genommen abhängig von Belastung
(siehe Verdichter). Leerlaufarbeit stellt nicht immer den Ar-
beitsverlust bei großer Belastung dar.

Ermittlung des Arbeitsbedarfes der Neben-
maschinen und -apparate: am besten durch Abkuppeln
der betreffenden Teile und Messung der Abnahme des Arbeitsbedarfes. Dabei Veränderung des Wirkungsgrades des Motors
beachten. Diese Abnahme ist durch größere Reihe von Ablesungen (Indizierungen) und Ziehen des Mittels vorzunehmen,
insbesondere dann, wenn der Arbeitsunterschied klein ist und
die Maschine unruhig läuft.

Der Arbeitsbedarf von Eiserzeugerkranen
geschieht nach vorigem, jedoch ist außerdem die ungefähre
Benützungsdauer pro Stunde festzusetzen und dementsprechend
der Arbeitsaufwand pro Stunde umzurechnen. Deshalb in
Diagrammen und Ablesungen am Motor stets anzugeben,
ob mit oder ohne Kran.

Der Arbeitsbedarf von nicht zur Kälteerzeugungsmaschine
gehörigen Maschinen ist zu ermitteln und abzuziehen, soferne
nicht auch für diese Gewähr geleistet ist.

Vorentwurf für das Kühlhaus.

Anforderungen.

Das Kühlhaus soll möglichst nahe an der Kälteerzeugungsmaschine stehen, sonst Kälteverlust in der langen Leitung, oder Arbeitsverluste, oder beides. Die Kühlräume sollen möglichst in einem Würfel untergebracht werden, weil dann die Kälteverluste am kleinsten sind. Die Höhe des Würfels kann etwas kleiner sein als die Längs- und Breitenseite, weil gewöhnlich die der Luft preisgegebenen Oberflächen mehr Wärme zuführen als der Erdboden. Anstoßende Gebäude schützen jedoch unter Umständen die Außenmauern. Vor scharfem Luftzuge sind die Kühlhäuser soweit als möglich zu schützen. Bei Schlachthöfen, Lagerplätzen etc. ist es falsch, die Kühlräume in viele Einzelgebäude zu zerstreuen. Erhöhter Kälteaufwand.

Die Fundamente sollten, wenn möglich, nicht im Grundwasser stehen. Jedenfalls müßten sie sorgfältig vor aufsteigender Feuchtigkeit geschützt werden durch wasserdichte Zwischenlagen, Asphaltierung der Außenflächen etc. Ist das Kellergeschoß ein Kühlraum, so ist die Isolierung des Bodens sehr sorgfältig vor Feuchtwerden zu schützen. Risse in den Mauern und im Boden dürfen der Feuchtigkeit keinen Eintritt ermöglichen in die Isolierung und das daran anstoßende Mauerwerk etc.

Die Höhe der Räume muß so bemessen werden, daß Boden und Decken genügend gegen Wärme- und Feuchtigkeitsdurchgang geschützt und die Kühlvorrichtungen (Luftkanäle und Kühlrohre) angebracht werden können, ohne der Verwendung des Raumes (Durchbringen von hohen Lasten etc.) hinderlich zu werden. Insbesondere ist Rücksicht darauf zu nehmen, daß die Luftkanäle einander manchmal kreuzen müssen.

Da bei Förderung großer Luftmengen die Ventilatoren keine großen Drücke überwinden können ohne große Arbeitsverschwendung, so müssen die Kühlluftkanäle sehr groß werden. Auf ihre Unterbringung, Aufhängung, Durchführung durch Mauern und Decken und bequeme Verbindung mit

dem Luftkühler ist Rücksicht zu nehmen, am besten an Hand
des Vorentwurfes eines Kühlmaschinen-Ingenieurs.

Alle Eingänge sind mit Vorräumen und Doppeltüren
zu versehen. Als Beleuchtung darf Tageslicht nur an der
Nordseite des Gebäudes Verwendung finden, im übrigen ist
elektrisches Licht am meisten bevorzugt. Fenster müssen je
nach der Temperatur im Raume doppelt oder dreifach sein.

Fenster und Türen müssen fugenfrei und luftdicht sein.

Aufzüge sollten grundsätzlich ihre Türen nach einem
Vorraume haben, und, insbesondere im Kühlraume selbst,
luftdicht abgeschlossen werden. Aufzugsschächte wirken als
umgekehrte Kamine kälteableitend.

Die Aufzüge und Zufuhrwege sind so anzuordnen, daß
die Kühlräume nicht als Durchgangswege benutzt werden
müssen, insbesondere wenn Waren mit verschiedenen starken
Gerüchen im Hause liegen. Solche Waren müssen so eingelagert werden, daß keine einen fremden Geruch oder Ge-
schmack annimmt. Die umlaufende Luft der betreffenden
Räume darf nicht gemischt werden. Nötigenfalls be-
kommt jeder Raum seinen besonderen Luftkühler.
Die Aufzüge dürfen keinen künstlichen Luftaustausch zwischen
solchen Räumen ermöglichen. Die Räume, deren Außen-
wände den Sonnenstrahlen ausgesetzt sind, müssen mehr gekühlt werden können als die anderen.

Im untersten Geschoß des Kühlhauses dürfen die
Waren nicht direkt auf den Boden gestellt werden; es muß
zweckmäßigerweise ein Zwischenboden, der von unten gekühlt wird, eingesetzt werden, oder es dürfen in diesem Geschoß nur aufhängbare Waren eingelagert werden. Ganz besonders gilt dies bei Gefrierräumen. Ebenso sollen an wärme-
führenden Mauern Waren nicht direkt anliegen, es muß ein
Luftzwischenraum gehalten werden.

Die baulichen Verhältnisse müssen den Betrieb so regeln
lassen, daß das Kühlhaus durch Offenhalten von Türen, Aufzügen,
Treppenhäusern nicht unnnötig viel Wärme zugeführt wird.

Gefrierhäuser werden so eingerichtet, daß die ein-
kommenden Waren zuerst in einem sehr tief gekühlten Raum
durchgefroren und dann in einen wenig unter 0^0 gehaltenen

Kühlraum eingelagert werden; oder es wird der neubelegte Raum zunächst tief gekühlt und später weniger tief. Es ist unzweckmäßig, einen großen Lagerraum mit lange Zeit liegen bleibenden Waren neu angekommener Waren wegen auf sehr tiefe Temperatur zu bringen; besondere Gefrierräume mit sehr kräftiger Luftbewegung (besondere Ventilatoren) sind vorzuziehen, aber zur Zeit noch wenig in Gebrauch.

Die aus den Kühlräumen entnommenen Waren betauen sich sofort an der Luft. Will man dies vermeiden, so werden sie in Vorräumen mit warmer aber äußerst trockener Luft vorher angewärmt bis auf die Temperatur im Freien. (Patent der Maschinenbau-Anstalt Humboldt.)

Kamine, Heißluftkanäle, Dampfheizungen etc. dürfen keine Wärmequelle für das Kühlhaus bilden.

Für den Winter müssen die Räume, in denen die Temperatur nicht unter 0^0 sinken darf, mit mäßig erwärmter Luft beschickt werden können. Die Verteilung der Wärme muß ganz gleichmäßig möglich sein, sonst verderben an einzelnen Stellen die Waren.

Die Belegung der Räume mit Waren hat zu geschehen mit Rücksicht auf den notwendigen Luftumlauf. Waren, die diesem nicht ausgesetzt sind, werden auch nicht gekühlt. In Gefrierräumen können die Waren nach dem Ausgefrieren meist dicht geschichtet werden, der Raum wird hier am besten ausgenutzt.

In Fleischkühlanlagen darf pro 1 qm Gesamtfläche einschließlich der Gänge nicht mehr als 120 kg Fleisch eingelegt werden, pro 1 qm Fläche abzüglich der Gänge etwa 150 kg ÷ 200 kg. Bezüglich anderer Materialien liegen in bezug auf die günstigste Art der Einlagerung, ob verpackt oder offen, geschichtet oder einzeln, nicht genügende Erfahrungen vor. Vorsichtige Ermittlungen sind hier nötig. Danach bemißt sich die Größe der Räume für eine gewisse Warenmasse.

Spezifische Gewichte geschütteter oder geschichteter Körper siehe Seite 189.

Ber Boden der Räume ist so zu verlegen, daß nach dem Aufwaschen des Bodens nicht einzelne Wassertümpel stehen

bleiben. Die Reinigung aller in den Kühlräumen eingebauten
Hülfsvorrichtungen (Abteilungswände etc.) muß bequem genug
vorgenommen werden können. Die Abteilungswände dürfen
den Luftumlauf nicht behindern.

Raumbedarf für den Luftkühler und Ventilator.

Häufiger Fehler seitens der Baumeister: Zu kleine Luft-
kühlerräume, Nichtberücksichtigung des Umstandes, daß jede
Maschinenfabrik andere Luftkühlersysteme führt und daß
gewisse Betriebe besondere Luftkühlerarten erfordern. Vor
Abschluß des Vertrages und Lieferung einer Zeichnung für
den Luftkühlerraum seitens der Luftkühlerlieferantin kann ein
definitiver Entwurf für den Luftkühlerraum nicht gemacht
werden.

Die Größe des Luftkühlers wird diktiert:

  durch die zulässige Luftgeschwindigkeit,
  »   die Luftmenge,
  »   das dem betr. System eigentümliche Verhältnis
        zwischen Höhe, Breite, Länge.

a) Röhrenkühler für direkte Verdampfung oder
Salzwasserumlauf. Luftgeschwindigkeit nicht über 2 m.
Unterschied zwischen Anfangs- und Endtemperatur des Salz-
wassers bis 3°C. Gegenstromprinzip bei Salzwasserumlauf.
Wegen Abtauen Röhrenkühler doppelt vorzusehen, also zwei
Systeme nebeneinander oder übereinander, die abwechselnd
beschickt.

pro 1 qm glattes Rohr 115÷130 Kal. pro 1°C Temp.-Untersch.
  » 1 » Rippen- » 23÷26 » » 1° »   »   »

b) Röhrenkühler mit Salzwasserberieselung. Nur
eine Kammer nötig, weil keine Bereifung. Kräftige Salzwasserberieselung nötig, um Bereifung wirklich zu vermeiden.
Luftgeschwindigkeit bis 1,5 m. Nur glatte Rohre verwendbar.
Oberfläche zwischen Luft und Salzwasser sollte größer sein
als die zwischen Verdampferrohr und Salzwasser. (Senkrechte
Siebbleche eingehängt zwischen den Rohren.

c) Regenkühler mit Kaskadensieben. Luftgeschwindigkeit nicht über 1,2 m. Salzwasserberieselung reich-

lich machen. Kaskadensiebe alle so voll halten, daß Überlauf stattfindet.

Hohe Luftkühler (Patent Stetefeld) empfehlenswert wegen
Möglichkeit des Gegenstromprinzips (Luft von unten nach
oben, Salzwasser umgekehrt), und um größere Salzwassererwär-
mung zu ermöglichen.

d) Berieselungskühler mit gewellten (Wellen horizontal) senkrecht hängenden Berieselungsblechen. Luftgeschwindigkeit nicht über 1,5 m, Salzwassermenge muß reichlich sein, je nach Höhe des Kühlers. Erwärmung $^1/_2$ bis 1 ^{0}.

Verdampferschlangen in Bassin unterhalb des Kühlers
oder neben dem Kühler. Hiernach Raumbedarf verschieden.
Verdampfer neben dem Kühler vorzuziehen wegen Zugäng-
lichkeit. Kälteverlust etwas größer in letzterem Falle; pro
1 qm Blech (also 2 qm Oberfläche) und 1 ^{0} C Temperatur-
Unterschied: 20÷25 Kal.

e) Kaskadenkühler mit nicht durchbrochenen Blechen
(Riedinger). Luftgeschwindigkeit nicht über 1,5 m. Salz-
wassererwärmung bis 3 ^{0} C; pro 1 qm Blech (2 qm Oberfläche)
und 1 ^{0} C Temperatur-Unterschied 15÷20 Kal.

Umlaufende Luftmenge richtet sich nach Betriebs-
art der Kühlhalle, siehe Tabellen 53 bis 57. Die diesbezüg-
lichen Forderungen der Baubehörden sind häufig teils un-
zureichend, teils übertrieben.

Zu dem nötigen freien Luftdurchlauf-Querschnitt des
Kühlers ist zuzuzählen: Raumbedarf der Isolierung für Luftkühler und der Isolierung des Raumes, in welchen der Luftkühler gestellt wird; bei b, c und d Raum für Berieselungsvorrichtung und deren Bedienung oberhalb des Kühlers, bei
d und e Raum für Auswechslung defekter Bleche neben dem
Kühler, bei allen Systemen vor und hinter dem Kühler ein
Raum für einen schlanken Luftverteilungstrichter und Um-
biegen des Luftschlauches, vor dem Kühler Raum für den Ventilator nebst Antrieb.

Auf die Einbringbarkeit der Kühlerteile (insbes. Schlangen)
ist beim Hausbau Rücksicht zu nehmen.

Wärmequellen für Kühlräume:

Normale:

Leitung und Strahlung durch Wände, Boden, Decke.

»   »   »   » Türen und Fenster.

Beleuchtung.

Lüftung { Luftwärme / Luftfeuchtigkeit.

Wareneinlagerung (Wärme und Feuchtigkeit).

Arbeiter, ständig anwesende { Körperwärme, / und ein- und ausgehende { » feuchtigkeit,

Gährungswärme (z. B. Gährkeller).

Abnormale:

Lüftung durch Aufzüge, durch Wareneinbringung, Offenlassen der Türen, undichte Wände, Türen, Fenster.

Unwirksamwerden der Isolierungen durch Naßwerden.

Zu starke Lüftung.

Heizrohre, anliegendes Kesselhaus, Kamine, Küchen etc.

Gährung verdorbener Waren.

Über Wärmedurchgang durch Wände etc. siehe S. 66 u. ff.

Tabelle 53. Wärmemenge der Beleuchtungsarten.

Beleuchtungsart	Licht-stärke in Kerzen	Stündlicher Verbrauch	Stündlich aufgewendete Wärme in WE	
			im ganzen	für 1 Kerze
Gasbeleuchtung:				
Braybrenner . . .	30	400 l Gas	2000	66,7
Argandbrenner . . .	20	200 l »	1000	50
Regenerativbrenner. . .	111	408 l »	2042	18,4
Gasglühlicht	50	100 l »	500	10
Lucaslicht	500	500—600 l G.	2500—3000	5—6
Spiritusglühlicht . . .	30	0,057 l Gas	336	11,2
Petroleumlicht . . .	30	0,108 l »	862	28,7
Azetylenlicht	60	36 l »	328	5,5
Elektrische Beleuchtung:				
Kohlefaden-Glühlicht . .	16	48 Watt	41,5	2,59
Nernstlicht . . .	25	38 »	32,8	1,3
Bogenlicht . . .	600	258 »	222	0,37

Tabelle 54.

Stündliche Wasserabgabe (nach Rietschel).

	kg
Eines Erwachsenen bei Ruhe . . . . ca.	0,04
(Nach Pettenkofer und Voit.)	
Bei körperl. Arbeitsleistung	0,08
(Für ein Kind die Hälfte.)	

Wärmeabgabe durch Menschen (nach Rubner).

	WE
In ruhendem Zustande	96,0
Bei mittlerer Arbeit	118,5
Bei schwerer Arbeit	140,0
Im Alter	90
Nach Pettenkofer . . . . ca.	100
Bei Kindern	50

Tabelle 55.

Tabelle über den erforderlichen stündl. Luftwechsel
unter Berücksichtigung eines höchsten zulässigen Kohlensäuregehaltes.

Für Tunnel, Eisbahn, Theater bzw. Wohnungen.

Kohlensäurequelle	Stündl. Kohlensäureentwicklung in cbm	Erforderlicher stündlicher Luftwechsel in cbm pro 1 Menschen bei einem höchsten zulässigen Kohlensäuregehalt von								
		0,7 °/oo	0,8 °/oo	0,9 °/oo	1,0 °/oo	1,1 °/oo	1,2 °/oo	1,3 °/oo	1,4 °/oo	1,5 °/oo
Kräftiger Arbeiter bei der Arbeit .	0,0363	121	90,7	72,6	60,5	51,8	45,4	40,3	36,3	33,0
Kräftiger Arbeiter bei der Ruhe .	0,0226	75,3	56,5	45,2	37,7	32,5	28,2	25,1	22,6	20,5
Erwachsener im Mittel	0,02	66,7	50,0	40,0	33,3	28,6	25,0	22,2	20,0	18,2
Halberwachsener .	0,016	53,3	40,0	32,0	26,7	22,9	20,0	17,8	16,0	14,5
Kind	0,01	33,3	25,0	20,0	16,7	14,3	12,5	11,1	10,0	9,1
1 cbm Leuchtgas	0,61 bei 20°	2033	1525	1220	1017	871	763	678	610	555

Tabelle 56. Temperaturen in Kaltlagerhäusern.

Artikel	Temperatur in ^{0}C
Hopfen	$+4^1/_2$
Honig .	$+7$
Zucker . . .	$+2$ bis 5
Öl	$+2$
Pelzwaren	$+2$ bis 0
Geflügel zum Gefrieren	-8 bis -10
Geflügel nach dem Gefrieren	-3 bis -5
Wild zum Gefrieren . .	-8 bis -10
Wild nach dem Gefrieren	-3 bis -5
Pökelfleisch	$+3^1/_2$
Rindfleisch, frisch	$+^1/_2$ bis $+1$
Rindfleisch, getrocknet	$+4^1/_2$ bis $+2$
Kalbfleisch	$+^1/_2$ bis $+1$.
Schinken (geräuchert) . .	$+5$ bis $+1$
Schweinefleisch . .	$-1^1/_2$ bis 0
Hammelfleisch	0 bis $+1$
Schmalz	$+3$
Leber	-5 bis -1
Würste	0
Fisch, getrocknet	$+2$
Fisch, auf Eis	$-2^1/_2$ bis $4^1/_2$
Fisch, zum Gefrieren	-5 bis -25
Fisch, nach dem Gefrieren	-5 bis -10
Austern	$+2$ bis $+3$
Kaviar, gesalzen	$+5$
Butter, zum Gefrieren .	-7 bis -15
Butter, frisch	0 bis $+4$
Margarine . . .	$+^1/_2$ bis $+4$
Käse	$+1^1/_2$ bis $+4$
Eier	$-0,5$ bis $+3$ (Luftfeuchtigk. $75 \div 80^0/_0$)
Mehl	$+4^1/_2$ bis $+7$
Apfelwein	$+1$ bis 0
Frisches Fleisch	$+2$ bis $+4$ Luftfeuchtigkeit $75^0/_0$.

In allen Kühlräumen ist ein guter Luftumlauf aufrecht zu erhalten. In Räumen für frisches Fleisch, Eier und Wild hat der Umlauf das 10 bis 12 fache des Rauminhaltes pro Stunde zu betragen. Für Ausbringräume von Eiern, sowie für Pökelkeller stündl. Luftumlauf 6 bis 8 mal Rauminhalt und Erneuerung durch Frischluft alle 4 bis 6 Stunden. Der Feuchtigkeitsgehalt der Luft höchstens 80 %.

Tabelle 57. Die günstigsten Temperaturen bei Versand von Lebensmitteln und deren Unterbringung. (Nach Stetefeld.)[1]

Art der Waren	Niedrigste	Höchste	Art der Verpackung	Vorteilhafte Kühlhaustemperatur (verschieden üblich) °C		
	Temper. für Transport °C			Amerika	Deutschl.	Frankreich
Ananas . . .	± 0	+ 24	Fässer und Körbe . .	+ 7,5	—	+ 7,5
Apfelsinen . .	— 2	+ 27	Kisten	± 0	—	—
Aprikosen . .	+ 2	+ 22	Körbe. . . .			
Äpfel . . .	— 2	+ 24	lose in Stroh. . .	± 0	± 0	+ 0,6
» . . .	— 6	+ 24	Fässer und Kisten .	+ 4,5	+ 4	+ 4,5
Bananen. . .	+ 10	+ 30	Körbe mit Stroh . .	± 0	+ 1,5	+ 1,7
Birnen . . .	± 0	+ 27	Fässer und Kisten .	± 0	± 0	—
Bohnen . . .	± 0	+ 18	» » Körbe .	+ 1,7	+ 2	+ 1,7
Blumenkohl . .	— 5	+ 21	» mit Stroh .	+ 4,5	+ 2,5	—
Erbsen, trocken .	± 0	+ 27	» » und Körbe	+ 10	+ 10	—
» grün . .	± 10	+ 15	» » »	—	—	—
Endiviensalat . .	— 12	+ 21	Kisten » »	—	+ 2	—
Erdbeeren . .	+ 1	+ 24	» mit Baumwolle .	+ 3	—	—
Gurken . . .	± 0	+ 18	Körbe mit Moos . .	+ 2	+ 2	—
Karotten . .	— 1	—	Fässer und Körbe .	+ 1,7	—	+ 1,7
Kartoffeln . .	— 1	+ 27	» » Kisten .	± 0	+ 2	+ 1,7
Kopfsalat . .	— 3	+ 18	Körbe » »	—	+ 2	—
Krauskohl . .	— 9	+ 18	» » »	+ 1,7	+ 0,5	+ 1,7
Kürbis . . .	± 0	+ 24	Körbe.	—	—	—
Lauch . . .	— 2	+ 18	Kisten	+ 1,7	+ 2	+ 1,7

Name			Verpackung			
Oliven	—2	—		—	—	—
Pastinaken	±0	+21	Fässer und Körbe	+1,7	+2	—
Petersilie	+0	+24	Körbe	±0	+2	—
Pfirsiche, frisch	—6	+27	»	+1,7	+0,5	+0
» Konserven	—	—	Büchsen	+0	—	—
Pflaumen	+2	+24	Kisten mit Papier	+1,7	+2	—
Preiselbeeren	—2	+18	—	+1,7	+2	—
Radies	—6	+20	Körbe	+1,7	+2	—
Runkelrüben	—3	+18	»	+1,7	—	—
Sellerie	—10	+18	»	—	+2	—
Spargel	—2	+22	» mit Moos	±0	+2	+1,7
Spinat	—9	+24	»	+2,5	+2	—
Tomaten, frisch	+1	+32	» und Fässer	+1,7	+2	+1,7
» Konserven	—2	—	Büchsen	+1,7	—	—
Wassermelonen	—6	+29	Fässer	+2	+2	+4,5
Weintrauben	+1	—	Kisten mit Korkmehl	+1,7	+2	+2,2
Weißkraut	—4	+24	Fässer und Körbe	+1,7	+2	+1,7
Weiße Rüben	—9	+24	»	+1,7	+2	+1,7
Zitronen	±0	+24	Kisten und Körbe	+2	+2	+2
Zwiebeln	—6	+27	» »	+1,7	+2	+1,7
Blumen	+2	+10	Moos	—	—	—
Farren	+6	+15	» feucht	—	—	—
Lilien und Veilchen	+10	—	» trocken	—	—	—
Rosensträucher	+2	—	Leinwandsäcke / Ballen und Kisten	+7	+8	+1,7

¹) Als Grenze des Feuchtigkeitsgrades kann nach unten für frische Früchte, Kartoffeln, grüne Gemüse ca. 65%; für trockene Früchte, Apfelsinen, Zitronen etc. 60% gelten; als obere Grenze 75% für frische Waren, 70% für Trockengemüse.

Auszufüllende Fragebogen zur Einholung von Angeboten.

a) Allgemeine Fragen.

Aufzählung der zu kühlenden Räume.

Angabe der für dieselben gewünschten Temperaturen?

Länge, Breite, Höhe der Räume? Gegenseitige Lage derselben? (Lageplan.)

Ob die Räume isoliert sind, womit, wie stark?

    1. Material und Bauweise der Wände, Böden, Decken?

    2. Mauerstärken, Bodenstärken, Deckenstärken (schichtenweise aufgezählt)?

Sind Wände, Decken und Böden auch gegen Eindringen von Feuchtigkeit isoliert, womit? wie stark?

An die Wände, Böden oder Decken der Kühlräume stoßen an? (Räume, Erdboden, Dachräume etc.)

Temperaturen der anstoßenden Räume, des Erdbodens etc.?

Ist der Erdboden feucht, wie hoch kommt das Grundwasser, wie tief stehen die Räume in der Erde?

    Alle obigen Antworten geschehen am besten an Hand von Bauzeichnungen bzw. Entwürfen.

Welche höchste Außentemperatur wird erreicht in der Gegend der Anlage? (Welche Wände werden von der Sonne beschienen?)

Welche mittlere Temperatur herrscht an den heißesten Tagen?

    Wichtig für Größtleistung der Maschinen.

Wie ist der Klimawechsel während des übrigen Jahres?

    Wichtig für Unterteilung der Maschinengrößen, wenn mehrere Maschinen nebeneinander gestellt werden müssen oder können.

Kann zu Kühlzwecken Wasser beschafft werden, woher $\begin{cases} \text{Fluß?} \\ \text{Brunnen?} \\ \text{See?} \end{cases}$

Wieviel in trockener Zeit, von welcher Temperatur im Hochsommer?

Aufzählung der Kühlräume nach Art der einzulagernden Waren, Menge derselben pro 1 qm Bodenfläche, mittlere Zeit der Lagerung, Gärungsdauer etc.

Kann Frischluft für die Räume unmittelbar aus dem Freien entnommen werden oder sind in der Nähe Betriebe, die Gerüche verbreiten oder Gase entwickeln?

Ist im Sommer Tag- und Nachtbetrieb beabsichtigt, oder auf
wielange soll die Anlage stillgesetzt werden?

Wie soll in der kühleren Jahreszeit gearbeitet werden?

Sind Betriebsmaschinen vorhanden { Dampfkessel, Dampfmaschinen?
Gasmaschinen?
Elektromotoren?

Wieviel PS effektiv leisten sie? bei wieviel Umdrehungen
pro Minute? etc. etc.

Sollen die Verdichter von Transmissionen angetrieben oder
direkt mit der Betriebsmaschine gekuppelt werden?

Tourenzahl, Stärke der Transmission, Lageplan derselben.
Lageplan des Maschinenhauses einliefern.

Wieviel Arbeit wird für den übrigen Betrieb gebraucht, insbesondere für elektrische Beleuchtung?

(Wichtig wegen Gleichförmigkeitsgrad.)

Lage des Maschinen- und Kesselhauses zueinander und zum
Kühlhaus? (Plan!)

Soll nebenbei Eis erzeugt werden, wieviel pro Tag?

(Siehe auch Fragen für Eisfabrik.)

Soll oder kann der Abdampf der Dampfmaschine zu Heizzwecken benutzt werden, wieviel, bzw. wieviel Kalorien
sind zu Heizzwecken nötig?

Ist eine Kühlwasserpumpe anzubieten, wieviel soll sie außer
für die Kühlanlage schaffen?

(Etwa für Dampfmaschinen-Kondensation oder sonstigen Betrieb.)

Lage des Brunnens (Wasserentnahmestelle) gegenüber dem
Maschinenhaus?

Tiefe der Wasserentnahmestelle, wie hoch ist das Wasser zu
drücken? (Wasserturm?)

Ist spätere Vergrößerung des Betriebes beabsichtigt oder
vorzusehen?

b) Besonders für Bierbrauerei.

Wieviel hl Bier wird pro Jahr erzeugt?

Wie oft wird täglich bzw. wöchentlich gebraut, wieviel in
einem Sud? (Höchstwerte sind anzugeben.)

Wie lange liegt die Würze in Gärung, wieviele Bottiche sind
in Betrieb, wie groß sind sie?

Wie lange lagert das Bier durchschnittlich, Abmessungen der
Lagerfässer?

Soll die Würze durch künstlich gekühltes Süßwasser gekühlt werden?

Kann dieselbe durch Brunnenwasser vorgekühlt werden und auf welche Temperatur?

Sollen die Bottiche durch Süßwasser gekühlt werden?

c) Für Eisfabriken.

Wieviel Eis soll erzeugt werden pro Tag? (Tägliche Betriebs-stundenzahl?)

Form der Blöcke bzw. Gewicht derselben?

Art des Eises?

   a) Trübeis aus Brunnenwasser.

   b) Klareis mit weißem Kern aus Brunnenwasser durch Schütteln entlüftet.

   c) Sterilis. Eis aus aufgekochtem, mäßig entlüftetem Wasser.

   d) Klareis aus destilliertem Wasser.

   e) Klareis aus destilliertem und sterilisiertem Wasser.

> Zu a) Kann rein sein, nicht als Genußeis verwendbar, in Eisschränken nur zu verwenden, wenn die Speisen nicht offen liegen.
>
> » b) Besseres Aussehen, unreines Eis sofort erkennbar, im übrigen aber wie a).
>
> » c) Kann auf Speisen gelegt werden, wird also in den meisten Fällen genügen.
>
> » d) Sehr rein für das Auge, aber nicht sterilisiert.
>
> » e) Reinstes Genußeis (Luxuseis).

Eis nach b), d) und e) wird meist nur in Blöcken von 20 bis 25 kg hergestellt.

Tabelle 58.   Eiszellen
(siehe Katalog der Firma Bald & Co.).

No.	Querschnitt mm		Lichte Höhe	Eis-Inhalt
	oben	unten	mm	kg
1	190 × 190	160 × 160		25
3	200 × 200	160 × 160		25
5	210 × 210	190 × 130		24
7	200 × 200	120 × 120	1100	21
9	220 × 110	180 × 90		16
11	190 × 110	160 × 80		13,5
12	180 × 120	150 × 90		13
13	200 × 100	180 × 80	950	12
16	190 × 90	165 × 60	1100	9
17	145 × 85	135 × 65	965	7

Gefrierzeit der Eiszellen:

abhängig von Temperatur des Salz- und des Gefrierwassers

  » » Form der Eiszelle,

  » » Salzwasserumlauf (soll kräftig sein),

  » » Abstand der Zellen voneinander (darf nicht zu klein und nicht unregelmäßig sein).

Je länger der Verdampfer, d. h. je größer die Anzahl der Zellenreihen, desto rascher soll das Salzwasser umlaufen, da sonst die mittlere Temperatur des Salzwassers zu hoch liegt. Im allgemeinen bei —8° Salzwassertemperatur

25 kg Zellen	20 Stunden	(16 bis 24)	
20 » »	17 »	(12 bis 20)	
15 » »	12 »	(10 bis 14)	
12,5» »	10 »	(8 bis 12)	je nach den Verhältnissen.

(siehe auch bei Messung der Kälteleistung an Eiserzeugung, Seite 139 u. ff.). Hiernach ist die Form und Größe des Eiserzeugers zu wählen (Raumabmessungen berücksichtigen).

Außerdem ist die Leistungsfähigkeit des Kranes maßgebend. Bei zu langen und schmalen Eiserzeugern wird ein nicht sehr gut durchkonstruierter Kran unter Umständen nicht genügend viele Zellenreihen pro Stunde zu ziehen vermögen.

Endlich ist das Vorschieben der Zellenreihen beim langen Eiserzeuger schwieriger als bei einem schmälern.

d) Für Schlachthöfe.

Wieviel Vieh wird täglich an Hauptschlachttagen eingebracht?

Wie verteilen sich die Hauptschlachttage auf die Woche?

Wie lange hängt das geschlachtete Vieh zum Vorkühlen an der Außenluft?

Wieviel Warmwasser ist für den Schlachthof zu bereiten, welche Temperatur soll es haben?

Wieviel Heizdampf wird für die Brühbottiche benötigt?

———

Zur Frage, ob direkte Luftkühlung durch Verdampferrohre oder indirekte Kühlung durch Salzwasserrohre vorzuziehen?

Die Verhältnisse müssen entscheiden nach folgenden Gesichtspunkten:

a) Allgemeine.

Der Wärmedurchgangskoeffizient ist bei Salzwasserrohren gleichbleibend auf die ganze Länge, beim Verdampferrohr veränderlich mit der spezifischen Flüssigkeitsmenge. Beim Verdampferrohr kann er durch genügend nasses Arbeiten größer gehalten werden als beim Salzwasserrohr, die Verdampferrohre können kürzer ausfallen bei gleichem Temperaturunterschied.

Bei gleicher Temperatur im Rohr ergibt direkte Verdampfung den Vorteil geringeren Arbeitsbedarfes, weil die Verdampfertemperatur um den Betrag des Temperaturunterschiedes zwischen Kältemittel und Salzwasser höher liegt, und weil die Salzwasserpumpenarbeit wegfällt.

b) Betrieb mit natürlichem Luftumlauf (Rohre in den Kellern selbst).

Die gleichmäßige Verteilung der Kälte im Keller muß bei Salzwasserrohren durch geringe Wassererwärmung und kurze Rohreinzelsysteme erhalten werden, bei den Verdampferrohren ist die Temperatur der Rohre gleichbleibend, der Wärmedurchgangskoeffizient bei zu trockenem Arbeiten sehr verschieden. Beide bieten gleiche Schwierigkeit.

Die Einstellung der Kältezufuhr zu den einzelnen Rohrsystemen ist leichter bei großen Mengen von Flüssigkeit (Salzwasser), schwerer bei den geringen Kälteflüssigkeitsmengen. Gasbewegungen werden durch kleinste Hindernisse stärker beeinflußt als Wasserbewegungen.

Rohrsysteme mit direkter Verdampfung müssen bei größeren Anlagen mit großer Neigung verlegt werden, sehr naß arbeiten, und die abgehenden Gasmengen aller Rohrsysteme müssen in ein großes Sammelgefäß möglichst ohne

Widerstand münden. Gasbewegung stets nach aufwärts, abgeschiedene Flüssigkeit wird in die Systeme zurückgeleitet. Bei kleineren Anlagen mit wenig Rohrsystemen ist die Verteilung leichter.

Bei großen Anlagen würde der Gewinn an Arbeitsersparnis außerordentlich wichtiger sein, die Durchführung der direkten Verdampfung für diese ist aber bis jetzt infolge unrichtiger Konstruktion (einfache Nachäffung der Salzwasserrohrsysteme) nicht genügend gelungen. Auch sind in der Regel ganz unzureichende Regulierventile verwendet worden, die überhaupt ein Stiefkind der Kältetechnik sind, von ungenügendster Konstruktion.

Anforderung an die Regulierventile:

Keine Ringquerschnitte, dieselben verstopfen sich und geben keine feine Regulierung.

Durchgangsquerschnitte müssen rund, trapezförmig oder dreieckig sein und bei kleiner Öffnung möglichst gleichseitig.

Wenig toten Gang, große Übersetzung von Handhebel bis Querschnittsregulierung.

Genauer Anzeiger ist nötig, 0-Punkt genauestens angeben. Ventilsitze müssen absolut dicht im Gehäuse sitzen.

c) Anlage in Verbindung mit oder neben Eiserzeugung?

Unvorteilhaftes Arbeiten, aber bei kleineren Anlagen bequem: Eiserzeuger ist zugleich Salzwasserkühler für die Kellerkühlung. Nachteil: Kälte wird bei zu niedriger Temperatur erzeugt, da im Eiserzeuger gewöhnlich niedrigere Salzwassertemperatur gehalten. Kühlrohre in den Kellern könnten zwar wegen tieferer Salzwassertemperatur kürzer gehalten werden, beschlagen sich aber stark mit Eis und verlieren dadurch an Wirkung.

Ist die Eiserzeugung neben dem Kältebedarf der Keller gering, so rüstet man den Eiserzeuger mit sehr viel Zellen aus und arbeitet mit Salzwasser von —6°.

Ist die Eiserzeugung bedeutend, so muß auf Kälteverlust des Eiserzeugers und seine Kosten und Unterbringung Rücksicht genommen werden.

12*

Günstigstes Arbeiten, dann:

besonderer Verdampfer und Verdichter für Eiserzeugung
  »   »   »   »   » Kellerkühlung

dazu noch unter Umständen besonderer Verdampfer und Verdichter für Süßwasserkühlung.

In diesem Falle kann die Kellerkühlung mit direkter Verdampfung ausgeführt werden.

Arbeiten mit unterbrochenem Betrieb.

Dasselbe wird in überaus leichtfertiger Weise häufig angewendet, wo es nicht angängig oder in der Berechnung der Anlage nicht berücksichtigt worden ist. Dieser Betrieb ergibt stets eine Schwankung der Temperatur des Kühlraumes und der eingelagerten Waren. Ist unterbrochener Betrieb vorgeschrieben, so muß die zulässige Temperaturschwankung in den Kühlräumen festgesetzt werden, insbesondere mit Rücksicht auf den ebenfalls schwankenden relativen Feuchtigkeitsgehalt. Derselbe darf nie höher als 95 % kommen, insbesondere bei Erreichung der tiefsten Temperatur, sonst beschlagen sich die Waren mit Wasser. Gewisse Waren (Eier) gestatten überhaupt fast keine Temperaturschwankung, noch weniger eine Schwankung des Feuchtigkeitsgehaltes der Luft.

Die Schwankung der Temperatur wird in bestimmten Grenzen gehalten durch Kälteaufspeicherung:

1. Im Mauerwerk, soweit es vor der Isolierung liegt, also dicke Mauern vor der Isolierung aufführen, wenn unterbrochener Betrieb vorgeschrieben. Spezifische Wärme der Mauer $\times$ Gewicht $\times$ Temperaturschwankung der Mauer $=$ Kälteaufspeicherung.

2. Im Lagergut (z. B. Lagerbier hat so viel Kälte, daß $1/4°$ C Temperaturschwankung einer etwa 6 bis 8 stündigen Betriebsunterbrechung entspricht).

3. In den Kühlrohren; diese Aufspeicherung verschwindet gegenüber 1. und 2. meistens. Daß Salzwasserrohrsysteme eine Kälteaufspeicherung nennenswerter Größe

besitzen, beruht auf Irrtum. Dieselbe reicht meistens
kaum für 1 Stunde.

Die stündliche Kälteleistung der Maschine
wird meistens so gerechnet: Ermittelt wird die nötige Kälteleistung des ganzen Tages, hieraus die durchschnittliche pro
1 Stunde bei 24 stündigem Betrieb, hieraus die wirklich zu
leistende bei x stündigem Betrieb durch Division mit x und
Multiplikation mit 24.

Diese Rechnung ist als Annäherung brauchbar, wenn der
Kältebedarf der Anlage während 24 Stunden wenig schwankt.
Ist dies nicht der Fall, so ist der Kältebedarf für jede Stunde
des Tages aufzuzeichnen für alle 24 Stunden. Nachts ist der
Kältebedarf stets geringer als am Tage. Die Maschine muß
mindestens so groß sein, daß sie den Großbedarf decken
kann; die während der übrigen Stunden überschießende Kältemenge muß den Kältebedarf der Nichtbetriebszeit decken.
Hiernach ist die wirkliche Betriebsstundenzahl zu bestimmen.

Hierzu kommt, daß die Maschine gegen Schluß der Betriebszeit mit etwas tieferer Ansaugetemperatur arbeitet, also
geringerer Leistung. Bei großer Absenkung derselben, bzw.
bei starker Erhöhung derselben zu Beginn der Betriebszeit
muß demnach die Kurve der Leistung der Maschine mit
Hilfe der Tabellen 26, 27, 28 und 32 aufgezeichnet werden,
diese Kurve ist in die Tafel des stündlichen Kältebedarfes ein-
zutragen, die überschießenden und unterschießenden Flächen
müssen gleich werden, soferne die Maschine groß genug ist.

Für Brauereien ergeben sich mit Rücksicht auf die zeitenweise Süßwasserabkühlung sehr schwankende Kältemengen,
die Betriebsverhältnisse ergeben sich verwickelt. Genügende
Ermittlung der Leistungs- und Verbrauchskurven wird meistens
nicht durchgeführt, deshalb ist in vielen Brauereien die Maschine
entweder zu knapp, oder sie wird nicht günstig genug ausgenutzt; häufig kann der Betrieb nur durch äußerste Aufmerksamkeit des Maschinenführers regelmäßig durchgeführt
werden, und an Stelle des bewußten Planes tritt ein un-
sicheres Ausprobieren unter Verschiebung der Brauordnung
(siehe auch Süßwasserkühlung).

Süßwasserkühlung für Brauereien.

Die Süßwasserkühlung in sehr großen Brauereien ist meist unwirtschaftlich durchgeführt. Es wird periodisch gekühlt, weil der Kältebedarf infolge der Würzekühlung periodisch stattfindet. Daneben ist der Kältebedarf für die Gärbottiche gleichbleibend.

Zweckmäßigste Ausnutzung (jedoch nur in ganz großen Betrieben möglich):

Besonderer kleinerer Verdichter nur für Süßwasserkühler. Ununterbrochener Betrieb.

Eine Seite des Verdichters arbeitet mit Verdampfertemperatur $-3 \div -5^0$, die andere mit $0^0 \div +2^0$.

Der eine Verdampfer mit höherer Temperatur kühlt das zur Würzekühlung gebrauchte Wasser auf $+5^0$, der andere mit tieferer Temperatur auf 0^0, dazu das zur Bottichkühlung gebrauchte Wasser auf 0^0.

Das auf 0 gekühlte Wasser wird durch kleine Pumpe ununterbrochen nach einem Hochbehälter gepumpt. Dieser füllt sich bis zum Anstellen der Würzekühlung. Nach derselben bleibt im Hochbehälter noch genügend zurück für ununterbrochene Bottichkühlung.

Zufuhrpumpe bringt dem Hochbehälter ständig zu: Für Bottichkühlung gebrauchtes Wasser und Auffüllwasser zur Würzekühlung.

In Bottichkühlern erwärmtes Wasser kehrt direkt zu dem mit tieferer Temperatur arbeitenden Verdampfer zurück, weil meist nicht wärmer als 5^0.

Wasser vom Würzekühler läuft in Tiefbehälter, wird von da durch ununterbrochen laufende Pumpe in Verdampfer mit höherer Temperatur gepumpt, und läuft von da durch Gefälle in den zweiten Verdampfer.

Vorteile: Verdichter arbeitet mit höchstmöglichem Ansaugdruck, also kleinstem Arbeitsaufwand.

Ganze Maschine wird kleiner und billiger, weil ständig laufend (Amortisation und Verzinsung).

Wassergefäße werden so klein als möglich, insbesondere sind die Verdampfer keine Speicher. Kälteverluste deshalb gering.

Regulierung der Maschine einfacher und feiner möglich, daher Ausnutzung der Maschine besser als bei periodischer Abkühlung des Wassers in einem Verdampfer von 10^0 auf 5^0 herab.

Salzwasserkühlung ist unabhängig von Süßwasserkühlung, Kellertemperatur bleibt unberührt.

Arbeiten in mittlerer Brauerei.

Dreibottichsystem, unterbrochener Betrieb, Verdampfer kühlt das Wasser in einer Stufe von 10 auf 0^0. Oberstes Gefäß ist Kältespeicher, enthält Wasser für Würzekühlung und soviel Wasser für Bottichkühlung als gebraucht wird vom Abstellen der Zufuhrpumpe dieses Gefäßes bis zum Wiedereinrücken dieser Pumpe. Anstich für Wasserableitung zur Würzekühlung so hoch, daß stets genügend Wasser zur Bottichkühlung zurückbleibt. Anstich für letzteres unten.

Mittleres Gefäß ist so groß wie oberes, zugleich Verdampfer. Kräftiger Wasserumlauf muß Eisansatz an Verdampferschlangen vermeiden, sonst Verdampfer unwirksam, Abkühlungsdauer zu lang, Betriebsstörung.

Unterstes Gefäß ebensogroß, nimmt auf: zur Würzekühlung gebrauchtes Wasser und von Bottichkühlung kommendes Wasser von Zeit der Abstellung der Absaugepumpe bis zum Wiederanstellen derselben.

Diese Pumpe schafft das Wasser in den Verdampfer, dessen Schlangen abwechselnd trocken und naß liegen. Nach Füllung des Verdampfers arbeitet eine Hälfte eines Verdichters, der sonst ganz auf Salzwasserkühlung arbeitet, auf Süßwasserkühlung, zuerst mit etwa $+5^0$ Verdampfertemperatur, zuletzt mit -5^0. Da hierbei die Leistung allmählich sinkt, muß das Regulierventil nach und nach mehr geschlossen werden. Nur bei ständiger Aufmerksamkeit ist gute Ausnutzung der Maschine möglich, gewöhnlich arbeitet Verdichter bald zu kalt, bald zu heiß. Mehrbetriebskosten 10 bis 15 %.

Große Gefäße, daher großer Kälteverlust. Störung im Betrieb der Salzwasserkühlung (Eis und Keller) infolge zeitweisen Arbeitens mit nur einer Verdichterseite. Lagerkeller werden wenig berührt hierdurch, Gärkeller muß dagegen dickere Mauern (Kältespeicher) vor der Isolierung bekommen, damit Lufttemperatur möglichst gleichbleibt, trotz Schwankung der Salzwassertemperatur.

Arbeiten in kleinerer Brauerei.

a) Zweibottichsystem für Würze und Gärbottichkühlung.

1. Oberes Gefäß ist Verdampfer, unteres Aufnahmgefäß. Dann muß oberes Gefäß zugleich Kältespeicher sein. Schlangen liegen zeitweise trocken, daher Verdampferbetrieb lange unterbrochen. Nach Entnahme des zur Würzekühlung gebrauchten Wassers aus oberem Gefäß bleibt für Gärbottichkühlung etwas zurück. Wenn dann die Pumpe das warme Wasser aus dem unteren Gefäß in den Verdampfer schafft, so läuft plötzlich den Gärbottichkühlern warmes Wasser zu. Das ist unzulässig. Kann vermieden werden dadurch, daß das obere Gefäß in zwei Abteile getrennt, nach Abkühlung des Wassers in Abteilung 1 wird Abteil 2 gefüllt durch Überlauföffnung, Abteil 2 versorgt dann die Gärbottichkühler. Vor Wiedereinlauf des warmen Wassers in Abteil 1 wird Überlauföffnung geschlossen. (Über Arbeiten mit Eisansatz siehe später.)

2. Unteres Gefäß ist Verdampfer. Oberes ist Kältespeicher. Unterbrochener Betrieb. Nach Abkühlung Hochpumpen, dabei Kälteverlust beträchtlich. Im oberen Gefäß bleibt nach der Würzekühlung für Bottichkühlung genügend Wasser zurück, und zwar muß es ausreichen, bis im Verdampfer wieder die ganze Menge auf 0^0 abgekühlt ist. Inhalt der Gefäße: Wasser für Würzekühlung und Wasser für Bottichkühlung während einer ganzen Arbeitsperiode.

b) Einbottichsystem. Wenn ohne Eisansatz gearbeitet wird, so ist das Einbottichsystem entweder nur für Gärbottichkühlung brauchbar, wenn nicht das Gefäß sehr groß gemacht wird, da sonst die Gärbottichkühler zeitenweise mit warmem Wasser arbeiten. Eine Pumpe pumpt ununterbrochen

Wasser durch die Gärbottiche, das Wasser läuft in den Süßwasserkühler zurück, Kühlung ununterbrochen. Für Würzekühlung ist das System unbrauchbar, weil sich das zurückkommende warme Wasser mit dem kalten mischen würde

Arbeiten in sehr kleiner Brauerei.

Einbottich- oder Zweibottichsystem. Kühlung des Süßwassers nicht in einem Verdampfer, sondern durch Salzwasserrohre.

Nachteil: Die Kältemenge des Süßwassers wird erzeugt
bei der tiefen Verdampfertemperatur, die zur Kühlung des
Salzwassers nötig ist. Kosten der Kälteerzeugung also höher.

Vorteil: Anlage ist vereinfacht, Betrieb ebenfalls. Arbeiten mit Eisansatz wäre bei richtiger Ausbildung zu empfehlen, da dann mit fast gleichbleibendem Betrieb gearbeitet
werden kann. Ein regulierbarer Teil des vom Keller zurückkommenden Salzwassers wird durch Salzwasserrohre geleitet,
die im Süßwasser liegen.

Arbeitet man ohne Eisansatz, so schwankt die Salzwassertemperatur. Dann müssen die Mauern der Keller, insbesondere der Gärkeller eine gute Kälteaufspeicherung bilden.
Die Salzwassermenge bildet keine genügende Kälteaufspeicherung.

Arbeiten mit Eisansatz an den Verdampferschlangen als Kältespeicher.

Die heutige Betriebsweise mit Eisansatz ist durchaus unzweckmäßig. Verdampferschlangenoberfläche zu klein, daher
auch Eisoberfläche zu klein, Schlangenwicklung zu eng. Nach
Beginn des Eisansatzes zu tiefe Verdampfertemperatur, daher
schlechte Ausnutzung der Verdichter, lange Abkühlungsdauer.
Eisansätze manchmal so dick, daß zu wenig Wasser für
Würzekühlung übrig bleibt.

Vorschläge für zweckmäßige Ausgestaltung.
Schlange sehr weit wickeln und sehr groß machen, so daß
die Eisoberfläche sehr groß wird, und die Eisansätze nicht
zusammenwachsen. Wasserumlauf beim Abschmelzen recht
lebhaft machen, etwa Ausbildung als Berieselungs-

abschmelzer in einem isolierten Kaltraum. Das warme zurückkommende Wasser rieselt an Eisoberfläche herunter, das sich vorher an Verdampferrohren von großer Oberfläche gebildet hat. Zu ermitteln durch Versuche: Menge der Eisbildung pro 1 qm Oberfläche bei verschiedenen Verdampfertemperaturen und Eisdicken, Menge der Abschmelzung pro 1 qm Eisoberfläche bei verschiedenen Berieselungswassertemperaturen.

Vorteil: Nur geringe Wassermenge als Kältespeicher nötig, da das Eis etwa achtmal soviel Kälte aufspeichert als das Wasser. Nur ein Wasserbehälter nötig. Verdampfer kann ununterbrochen im Betrieb sein bei fast gleichbleibender Verdampfertemperatur, Betrieb vereinfacht. (Kleine Maschine eigens aufzustellen, ununterbrochen im Betrieb.) Geringe Kälteverluste.

Verfahren ist voraussichtlich für mittlere und kleine Brauereien verwendbar, bei ganz großen Brauereien wird man das Wasser auf 5° vorkühlen durch Verdampfer 1. Eisansatzbildner ist Verdampfer 2.

Tabelle 59.
I. Spezifische Gewichte fester Körper.
Wasser (bei 4°) = 1.

Aluminium chem. rer. .	2,6	Butter.	0,94—0,95
Aluminiumbronze . . .	7,7	Calcium	1,58
Anthrazit	1,4—1,7	Cemente (näheres s. unt.	
Asbest	2,1—2,8	V dieses Abschnittes)	
Asbestpappe	1,2	Chamottesteine	1,85
Asphalt (Erdpech) . .	1,1—1,5	Chlornatrium, gesott. .	2,15—2,17
Basalt.	2,7—3,2	Deltametall	8,6
Baumwolle, lufttrocken.	1,47—1,50	Eis	0,88—0,92
Beton.	1,80—2,45	Eisen, chemisch rein .	7,88
Bimsstein, natürlich . .	0,37—0,9	Eisenvitriol	1,80—1,98
Blätterkohle	1,2—1,5	Erde, lehmig, fest ge-	
Blei	11,25—11,37	stampft, frisch . .	2,00
Braunkohle	1,2—1,5	› do., trocken . .	1,6—1,9
Braunstein (Pyrolusit) .	3,7—4,6	Fette	0,92—0,94
Bronze (bei 79 bis 14%/0		Flachs, lufttrocken . .	1,5
Zinngehalt)	7,4—8,9	Flußeisen	7,85

Flußstahl	. . . . .	7,86

Bei einem C-Gehalte von 0,09   0,20%

$$o = 7,8705 \quad 7,8609$$

0,37   0,51   0,81   0,97%

$$o = 7,8433 \quad 7,8398 \quad 7,8248 \quad 7,8155$$

Gerste, geschüttet. . . 0,69

Gips, gebrannt. . . . 1,81

» gestoßen, trocken 0,97

» gesiebt 1,25

Glanzkohle . . . 1,2—1,5

Glas, Fenster . . . . 2,4—2,6

Glockenmetall 8,81

Gneis . . . . 2,4—2,7

Gold, gediegen 19,33

Granit . . . . 2,51—3,05

Graphit . . . . 1,9—2,3

Grobkohle . . . . . . 1,2—1,5

Gummifabrikate . . . . 1,0—2,0

» im Mittel 1,45

Gummigutt . 1,2

Gußeisen 7,25

Hafer, geschüttet . . . 0,43

Hanffaser, lufttrocken . 1,5

Harz 1,07

Holzarten:	lufttrocken	frisch
Ahorn . .	0,53—0,81	0,83—1,05
Akazie . .	0,58—0,85	0,75—1,00
Ebenholz .	1,26	
Eberesche	0,69—0,89	0,87—1,13
Eiche . .	0,69—1,03	0,93—1,26
Fichte . . (Rottanne)	0,35—6,60	
Guajak . (Pockholz)	1,17—1,39	
Kiefer . . (Föhre)	0,31—0,76	0,38—1,08
Linde . .	0,32—0,59	0,58—0,87
Mahagoni	0,56—1,06	
Nußbaum .	0,60—0,81	0,91—0,92
Pappel . .	0,39—0,59	0,61—1,07
Rotbuche .	0,66—0,83	0,85—1,12
Steineiche	0,71—1,07	
Tanne . . (Weißtanne)	0,37—0,75	0,77—1,23

Holzarten:	lufttrocken	frisch
Ulme . . (Rüster)	0,56—0,82	0,78—1,18
Weide . .	0,49—0,59	0,79
Weißbuche	0,62—0,82	0,92—1,25

Holzkohle, lufterfüllt. . 0,4

» luftfrei . . . 1,4—1,5

Holzpflasterung . . . . 0,69—0,72

Isolierbims 0,38

Kalk, gebrannter . . . 2,3—3,2

» gelöschter . . . 1,3—1,4

Kalkmörtel, im Mörtel . 1,7

Kanonengut 8,44

Kies, trocken 1,8

» naß 2,0

Knochen . . . . . . 1,7—2,0

Kochsalz, gesotten . . 2,15—2,17

Koke im Stück 1,4

Kolophonium 1,07

Kork 0,24

Korkstein, weißer . . . 0,25

» schwarzer . 0,56

Kreide . . . . 1,8—2,6

Kunstsandstein 2,03

Kupfer, gegossen . . 8,8

» gewalzt und ge-
hämmert . . . . . . 8,9—9,0

Lagermetall (Weißmet.) 7,1

Leder, gefettet 1,02

» trocken . . 0,86

Lehm, trocken 1,52

» frisch gegraben . 1,67—2,85

Linoleum, in Rollen . . 1,15—1,30

Marmor, gewöhnlicher . 2,52—2,85

Mehl, lose . . . . . . 0,4—0,5

» zusammengepreßt 0,7—0,8

Mennige, Blei- . . . . 8,6—9,1

Mergel, erdig 2,3

» hart 2,5

Messing, gewalzt } je nach 8,52—8,62

» gegoss. } Zink-gehalt 8,4—8,7

Nickel . . . . 8,9—9,2

Papier . . . . 0,70—1,15
Paraffin . . . . 0,87—0,91
Phosphor . . . . . . 1,82—2,34
Phosphorbronze. . . . 8,8
Platin, gehämmert . . 21,3—21,5
Porphir . . . . 2,6—2,9
Pottasche 2,26
Preßkohle (Brikett) . . 1,25
Roggen, geschüttet . . 0,68—0,79
Roheisen, weißes . . . 7,0—7,8
    »   graues . . . 6,7—7,6
Salmiak . . . . 1,5—1,6
Salpeter, Kali . . . . 1,95—2,08
Sand, fein u. trocken . 1,40—1,65
Sand, fein u. feucht . . 1,90—2,05
    » grob . . . . . . 1,4—1,5
Sandstein . . . . . . 2,2—2,5
Schafwolle, lufttrocken. 1,32
Schiefer . . . . . . 2,65—2,70
Schießpulver, lose. . . 0,9
    » gestampft 1,75
Schlacke, Hochofen . . 2,5—3,0
Schnee, lose 0,125

Schwefel, amorph. . 1,93
Schwefelkies (Pyrit) . . 4,9—5,2
Schweißeisen . . 7,8
Schwerspat. 4,5
Silber, gehämmert. . 10,5—10,6
Soda, kristallisiert. . . 1,45
Stahl 7,86
Steinkohle, im Stück . 1,2—1,5
Ton . . . . . . 1,8—2,6
Torfstreu, gepreßt. . . 0,214
Tuffstein, im Stück . . 1,3
    » als Ziegel . 0,8—0,9
Weißmetall 7,1
Weizen, geschüttet . . 0,7—0,8
Ziegel, gewöhnl. . . . 1,40—1,55
    » Klinker . . . . 1,60—2,0
Ziegelmauerwerk, volles,
    frisch . 1,57—1,63
    » do., trocken 1,42—1,46
Zink 6,86
Zinn, gehämmert oder
    gewalzt 1,61

II. Spezifische Gewichte von Flüssigkeiten.

	Spez. Gew.	°C		Spez. Gew.	°C
Äther Äthyläther .	0,74	0	Kupfervitriol mit		
Alkohol (wasserfrei)	0,79	15	15% $CuSO_4 + 5\,H_2O$	1,10	15
Benzin	0,68—0,70	15	28% » 5 »	1,15	15
Benzol.	0,90	0	Leinöl, gekochtes	0,94	15
Bier	1,02—1,04	—	Milch *)	1,03	15
Chlornatrium			Natronlauge mit		
14% Na Cl .	1,10	15	13% Na OH	1,15	15
» 26% » » .	1,20	15	Natronlauge mit		
Glyzerin (wasserfrei)	1,26	0	22% »	1,25	15
Kalilauge 12% KOH	1,10	15	» 66% »	1,70	15
» 31% »	1,30	15	Petroleumäther .	0,67	15
» 63% »	1,70	15	Petroleum, Leucht .	0,79—0,82	15
Karbolsäure, roh. .	0,95—0,97	15	Quecksilber .	13,5956	0
Klauenfett	0,92	15			
Kochsalzlauge, gesätt.	1,21	17			

*) Vollmilch 1,028, Halbmilch 1,030 und Magermilch 1,032 bei 15°.

	Spez. Gew.	°C		Spez. Gew.	°C
Salpetersäure mit			Schwefelsäure mit		
25% HNO_3	1,15	15	» 50% H_2SO_4	1,40	15
» 40% »	1,25	15	» 87% »	1,80	15
» 91% »	1,50	15	» rauchende	1,89	15
Salzsäure 10% HCl	1,05	15	Schweflige Säure,		
» 40% »	1,20	15	verdichtet. . . .	1,49	−20
Schwefelkohlenstoff.	1,29	15	Seewasser.	1,02—1,03	15
Schwefelsäure mit			Teer, Steinkohlen .	1,20	—
7,5% H_2SO_4	1,05	15	Wasser (destilliert) .	1,00	4
» 27% »	1,20	15	Wein, Rhein . . .	0,99—1,00	—

III. Spezifische Gewichte von Gasen und Dämpfen
bei 0° und 760 mm QS.
Trockene atmosphärische Luft gleich 1.

Azetylen.	0,91	Leuchtgas	0,34—0,45
Ätherdampf	2,586	Quecksilberdampf . .	6,94
Äthylen	0,974	Salzsäuregas . . .	1,25
Alkoholdampf	1,601	Sauerstoff	1,1056
Ammoniak.	0,592	Schwefeldampf . .	6,617
Chlor	2,423	Schwefelkohlenstoff . .	2,644
Chlorwasserstoff	1,2612	Schwefelwasserstoff .	1,175
Flußsäure	2,37	Schweflige Säure .	2,250
Grubengas (Sumpfgas) .	0,559	Stickstoff	0,9714
Kohlenoxyd	0,9673	Wasserdampf.	0,6233
Kohlensäure . .	1,5291	Wasserstoff	0,06927

Tabelle 60.
Gewichte geschichteter Körper.
1 cbm wiegt kg:

Äpfel	300	Formsand, eingestampft	1650
Basalt	3200	Granit	2700
Beton mit Ziegelbrock.	1800	Gras und Klee . . .	350
» m. Kalksteinbrock.	2000	Holzkohlen v. weichem	
» » Granitbrocken.	2200	Holze . . .	150
Birnen und Pflaumen .	350	» v. hartem Holze	220
Braunkohlen, lufttrock.		Kalk u. Bruchsteine .	2000
und in Stücken . .	650—780	Kartoffeln	650—700
Eichenholz in Scheiten	420	Kohlen, Zwickauer . .	770—800
Formsand, aufgeschüttet.	1200	» oberschlesische	760—800

Kohlen, niederschles. .	820—870	Schwemmsteine, rhein.		850
» Saar-	720—800	Siedesalz (Na Cl), grob-		
Kohlen, Ruhr-	800—860	körnig		745
Koks, Gas	360—470	» dto., feinkörnig		785
» Zechen	380—530	Steinsalz (Na Cl), ge-		
Mörtel (Kalk u. Sand)	1700—1800	mahlen		1015
Nadelholz in Scheiten	330	Ton, Kies, trocken. .		1800
Rüben	570—650	» » naß . . .		2000
Sand, Lehm, Erde, trock.	1600	Torf, lufttrocken . . .		325—410
» » » naß .	2000	» feucht.		550—650
Schnee, frisch gefallen	80—190	Ziegelsteine, gewöhnl.		1375—1500
» feucht u. wäss.	200—800	» Klinker .		1600—1800

Tabelle 61.

1 Ladung von 10000 kg (200 Ztr.)

enthält cbm:

Braunkohlen, lufttrocken		Kohlen, Saar-	12,5—13,9
und in Stücken. . .	12,8—15,4	» Ruhr- . . .	11,6—12,5
Eichenholz in Scheiten	23,8	Koks, Gas. .	21,3—27,8
Flußkies, trocken .	3,7—4,3	» Zechen	18,9—26,3
» naß . .	3,5—4,0	Nadelholz in Scheiten .	30,3
Flußsand, feucht . . .	5,7	Preßkohlen (Briketts) .	9,0—10,0
Holzkohlen, v. weichem		Schlacken u. Koksasche	16,7
Holz	66,7	Torf, lufttrocken . . .	24,4—30,8
» von hartem »	45,5	» feucht	15,4—18,2
Kohlen, Zwickauer . .	12,5—13,0	Ziegelsteine, gewöhnl. .	6,7—7,3
» oberschlesische	12,5—13,5	» Klinker. .	5,6—6,3
» niederschles. .	11,5—12,2		

Thermometer-Berichtigung. (Landolt & Börnstein)

Ist $t_1 - t_2$ der Unterschied zwischen der zu messenden Temperatur und der Temperatur der Außenluft,

n die Länge des in die Außenluft herausragenden Thermometerfadens in Thermometergraden,

so ist zu den abgelesenen Graden hinzuzuzählen (wenn die Temperatur der Außenluft niedriger ist als die zu messende):

I. beim Normalthermometer $0 \div 100^0$ in $1/10^0$ geteilt
(Gradlänge ca. 4 mm)

$t_1 - t_2 =$	30	40	50	60	70	80	
$n = 10$	0,04	0,05	0,05	0,06	0,08	0,10	Diese Zahlen können
20	0,12	0,13	0,15	0,17	0,19	0,22	auch als Berichtigung
30	0,21	0,23	0,25	0,27	0,31	0,35	von der Ablesung ab-
40	0,28	0,31	0,35	0,39	0,43	0,48	gezogen werden: beim
50	0,36	0,40	0,45	0,48	0,53	0,61	Thermometer -40 bis
60	0,45	0,51	0,55	0,60	0,66	0,73	$+40$, wenn die Außen-
70				0,69	0,75	0,87	lufttemperatur höher
80				0,76	0,87	1,00	war als die zu messende.
90					0,99	1,13	Gradlänge ca. 4 mm.
100					1,10	1,26	

II. beim Stabthermometer 0 bis 360^0
(Gradlänge $1 \div 1,6$ mm)

$t_1 - t_2 =$	80	100	120	140	160	180	200
$n = 20$	0,15	0,22	0,29	0,38	0,46	0,53	0,61
40	0,41	0,56	0,68	0,82	0,94	1,04	1,16
60	0,66	0,89	1,09	1,25	1,42	1,58	1,74
80	0,91	1,21	1,52	1,71	1,94	2,15	2,33
100	1,18	1,56	1,97	2,18	2,45	2,70	2,94
120		1,98	2,43	2,69	2,95	3,26	3,58
140			2,92	3,22	3,47	3,86	4,22
160					4,00	4,46	4,90
180					4,54	5,07	5,59
200						5,70	6,30

Volumina
des Cylinders in ltr.
ad I   II   III   IV.

I	II	III	IV
250	125	25	2,5
240	120	24	2,4
230	115	23	2,3
220	110	22	2,2
210	105	21	2,1
200	100	20	2,0
190	95	19	1,9
180	90	18	1,8
170	85	17	1,7
160	80	16	1,6
150	75	15	1,5
140	70	14	1,4
130	65	13	1,3
120	60	12	1,2
110	55	11	1,1
100	50	10	1,0
90	45	9	0,9
80	40	8	0,8
70	35	7	0,7
60	30	6	0,6
50	25	5	0,5
40	20	4	0,4
30	15	3	0,3
20	10	2	0,2
10	5	1	0,1

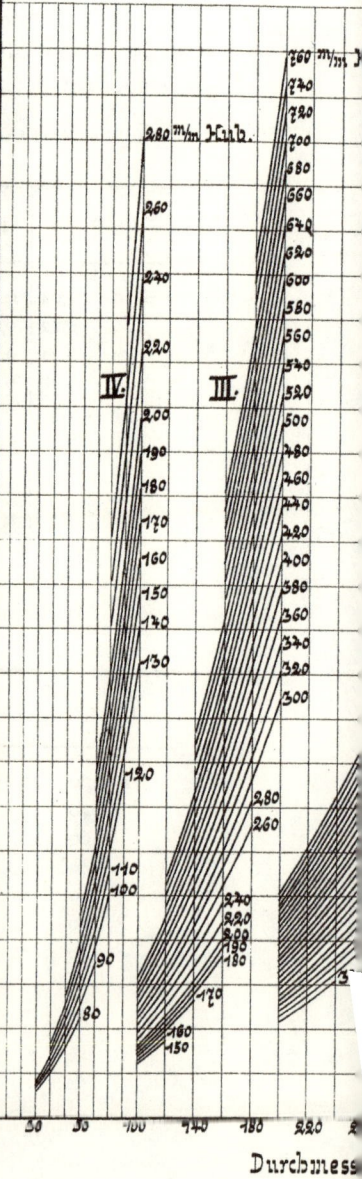

280 m/m Hub.

IV   III

Durchmess

Tafel XVIII.

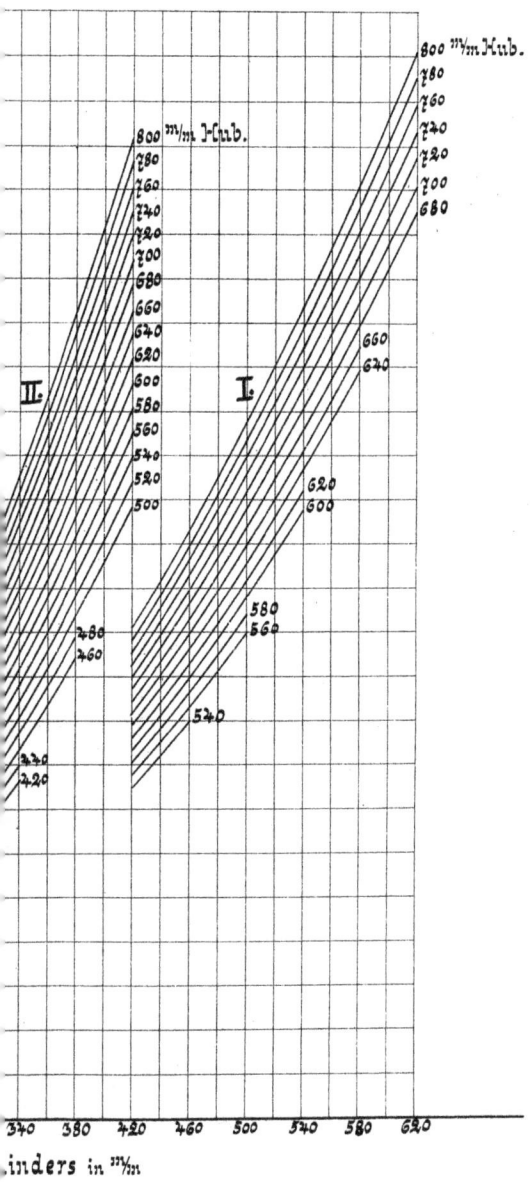

800 m/m Hub.
780
760
740
720
700
680

800 m/m Hub.
780
760
740
720
700
680
660
640
620
600
580
560
540
520
500

II.   I.

660
640

620
600

480
460

580
560

540

440
420

340   380   420   460   500   540   580   620

inders in m/m

ANHANG.

Normal-Tabelle des Vereins deutscher Ingenieure und des Vereins der Gas- u. Wasserfachmänner über Muffenrohre und Formstücke. (Masch.- u. Armaturenfabr. vorm. H. Breuer & Co., Höchst a. M.)

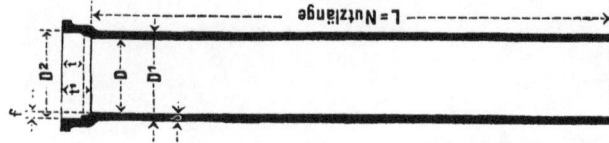

Innerer Durchmesser D mm	Äußerer Durchmesser $D1$ mm	Normale Wandstärke δ mm	Innere Muffenweite $D2$ mm	Spielraum für Dichtg. mm	Tiefe der Muffe t mm	Tiefe der Dichtg. $t1$ mm	Übliche Nutzlänge m	Gewicht kg der Muffe	Gewicht kg von 1 lfd. m einschl. Muffe
40	56	8	70	7	74	62	2	2,68	10,09
50	66	8	81	7,5	77	65	2,5	3,14	11,83
60	77	8,5	92	7,5	80	67	2,5	3,88	14,82
70	87	8,5	102	7,5	82	69	3	4,35	16,65
80	98	9	113	7,5	84	70	3	5,09	19,94
90	108	9	123	7,5	86	72	3	5,70	22,19
100	118	9	133	7,5	88	74	3,5	6,20	24,11
125	144	9,5	159	7,5	91	77	3, 5 u. 4	7,64	31,01
150	170	10	185	7,5	94	79	4	9,89	38,91
175	196	10,5	211	7,5	97	81	4	12,00	47,36
200	222	11	238	8	100	83	4	14,41	56,46
225	248	11,5	264	8	100	83	4	16,89	66,17
250	274	12	291	8,5	103	84	4	19,91	76,51
275	300	12,5	317	8,5	103	84	4	22,51	87,48
300	326	13	343	8,5	105	85	4	25,78	99,13
325	352	13,5	379	8,5	105	85	4	28,83	111,29
350	378	14	395	8,5	107	86	4	32,23	124,21
375	403	14	421	9	107	86	4	34,27	132,61
400	429	14,5	448	9,5	110	88	4	39,15	146,68
425	454	14,5	473	9,5	110	88	4	41,26	155,46
450	480	15	499	9,5	112	89	4	44,90	170,10
475	506	15,5	525	9,5	112	89	4	48,97	185,41
500	532	16	552	10	115	91	4	54,48	201,66

Tabelle der zur Verwendung kommenden Materialien bei Verlegen von Muffenrohren.

Lichtweite d. Rohre mm	Pro Muffe Weiß-strick ca. kg	Pro Muffe Öl-strick ca. kg	Pro Muffe Teer-strick ca. kg	Pro Muffe Blei ca. kg	Pro Muffe Koks ca. kg
40	0,06	0,09	0,12	0,51	0,60
50	0,07	0,10	0,14	0,69	0,80
60	0,08	0,12	0,16	0,75	0,90
70	0,10	0,15	0,20	0,94	1,—
80	0,11	0,17	0,22	1,05	1,10
90	0,12	0,18	0,24	1,15	1,20
100	0,14	0,21	0,28	1,35	1,40
125	0,17	0,26	0,34	1,70	1,70
150	0,22	0,33	0,44	2,14	2,20
175	0,25	0,38	0,50	2,46	2,50
200	0,30	0,45	0,60	2,97	3,—
225	0,37	0,56	0,74	3,67	3,70
250	0,44	0,66	0,88	4,40	4,40
275	0,47	0,72	0,94	4,70	4,70
300	0,51	0,77	1,02	5,09	5,—
325	0,52	0,79	1,04	5,16	5,20
350	0,56	0,84	1,12	5,53	5,50
375	0,67	1,05	1,34	6,64	6,50
400	0,75	1,13	1,50	7,46	7,—
425	0,79	1,19	1,58	7,90	7,50
450	0,84	1,26	1,68	8,35	8,—
475	0,88	1,32	1,76	8,77	8,50
500	0,91	1,52	2,02	10,10	9,—

Normal-Tabelle des Vereins deutscher Ingenieure und des Vereins der Gas- u. Wasserfachm. Deutschlands über Flanschenrohre und Formstücke.

(Maschinen- und Armaturenfabrik vorm. H. Breuer & Co., Höchst a. M.)

Lichter Durchmesser d. Rohre D mm	Wandstärke b. zu 10 Atm zulässig δ mm	Übliche Baulänge L m	Durchmesser d. Flanschen D' mm	Dicke d. Flanschen d mm	Lochkreisdurchmesser D'' mm	Schrauben Anzahl	Schrauben Stärke S mm	Schrauben Stärke S engl. "	Schrauben Länge l mm	Durchm. d. Schraubenlochs S₁ mm	Gewichte kg einer Flansche	Gewichte kg v. 1 lfd. m Rohr einschl. Flansch	Gewicht pro Rohr in kg 3 m Baulänge	Gewicht pro Rohr in kg 4 m Baulänge	Schenkellg. d. Krümm- u. T-Stücke L = D + 100
40	8	2	140	18	110	4	13	1/2	70	15	1,89	10,64	21,3	—	140
50	8	2	160	18	125	4	16	5/8	75	18	2,41	12,98	26	—	150
60	8,5	2	175	19	135	4	16	5/8	75	18	2,96	16,22	32,5	—	160
70	8,5	3	195	19	145	4	16	5/8	75	18	3,21	17,34	52	—	170
80	9	3	200	20	160	4	16	5/8	75	18	3,84	20,80	62,5	—	180
90	9	3	215	20	170	4	16	5/8	75	18	4,37	23,20	70	—	190
100	9	3	230	20	180	4	19	3/4	85	21	4,96	25,65	77	—	200
125	9,5	3	260	21	210	4	19	3/4	85	21	6,26	33,27	100	—	225
150	10	3	290	22	240	6	19	3/4	85	21	7,69	41,57	125	—	250
175	10,5	3	320	22	270	6	19	3/4	85	21	8,96	50,33	151	—	275
200	11	3 od. 4	350	23	300	6	19	3/4	85	21	10,71	60,00	180	233	300
225	11,5	3 » 4	370	23	320	6	19	3/4	85	21	11,02	69,30	208	270	325
250	12	3 » 4	400	24	350	8	19	3/4	100	21	12,68	80,26	241	312	350
275	12,5	3 » 4	425	25	375	8	19	3/4	100	21	14,41	91,46	274	356	375
300	13	3 od. 4	450	25	400	8	19	3/4	100	25	15,32	102,89	309	401	400
325	13,5	4	490	26	435	10	22,5	7/8	105	25	19,48	113,82	—	455	425
350	14	4	520	26	465	10	22,5	7/8	105	25	21,29	126,71	—	507	450
375	14	4	550	27	495	10	22,5	7/8	105	25	24,29	136,19	—	545	475
400	14,5	4	575	27	520	10	22,5	7/8	105	25	25,44	149,61	—	821	500
425	14,5	4	600	28	545	12	22,5	7/8	105	25	27,64	158,97	—	940	525
450	15	4	630	28	570	12	22,5	7/8	105	25	29,89	173,81	—	1050	550
475	15,5	4	655	29	600	12	22,5	7/8	105	25	32,41	189,38	—	1196	575
500	16	4	680	30	625	12	22,5	7/8	105	25	34,79	205,39	—	—	600
550	16,5	4	740	33	675	14	26	1	120	28,5	44,28	235,04	—	—	650
600	17	4	790	33	725	16	26	1	120	28,5	47,41	262,60	—	—	700
650	18	4	840	33	775	18	26	1	120	28,5	50,13	298,92	—	—	750
700	19	4	900	33	830	18	26	1	120	28,5	56,50	339,40	—	1357	800
750	20	4	950	33	880	20	26	1	120	28,5	59,81	380,66	—	1523	850
800	21	4	1020	36	940	20	29	1 1/8	120	32	76,77	431,08	—	1724	900
900	22,5	4	1120	36	1040	22	29	1 1/8	120	32	84,28	506,43	—	2059	1000
1000	24	4	1220	36	1140	24	29	1 1/8	120	32	91,57	596,38	—	2422	1100

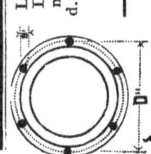

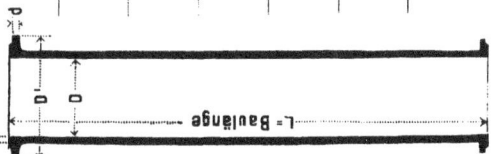

L = Baulänge

Normale Flanschen-Formstücke,

Flanschen-Krümmer, Flanschen-T-Stücke, Flanschen-Kreuzstücke.

(Maschinen- und Armaturenfabrik vorm. H. Breuer & Co., Höchst a M.)

Gewichte.

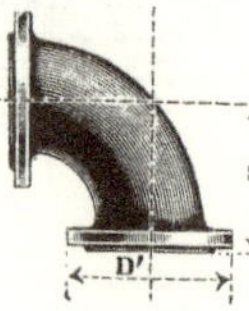

	Krümmer Fig 1		T-Stücke Fig. 2		Kreuzstücke Fig. 3	
	Lichte Weite	Ge- wicht	Lichte Weite	Ge- wicht	Lichte Weite	Ge- wicht
	mm	ca kg	mm	ca. kg	mm	ca. kg
	40	6	40	9,5	40	13,5
	50	8	50	13	50	17
	60	10	60	16	60	20
	70	11	70	18	70	24
	80	12	80	20	80	26
	90	15	90	24	90	32
	100	18	100	26	100	35
	125	23	125	37	125	50
	150	32	150	48	150	64
	175	46	175	62	175	82
	200	53	200	76	200	100
	225	63	225	92	225	120
	250	72	250	115	250	148
	275	92	275	130	275	173
	300	100	300	165	300	205
	325	120	325	180	325	236
	350	132	350	210	350	280
	375	170	375	250	375	330
	400	190	400	290	400	390
	425	210	425	333	425	440
	450	230	450	375	450	500
	475	260	475	410	475	550
	500	290	500	467	500	610
	550	350	550	600	550	800
	600	410	600	688	600	910
	650	480	650	816	650	1080
	700	574	700	970	700	1300
	750	670	750	1140	750	1500
	800	780	800	1320	800	1750
	900	1027	900	1730	900	2300
	1000	1324	1000	2230	1000	3000

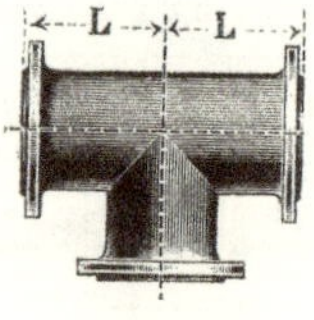

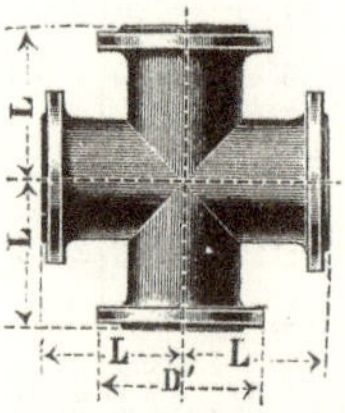

Fig. 1.

Fig. 2.

Fig. 3.

Schmiedeiserne patent- und doppeltgeschweißte Qualitätsröhren für hohen Druck.

(Joh. Haag, Maschinen- und Röhrenfabrik, Augsburg.)

Patentgeschweißte Qualitätsröhren zu Kühl- und Heizanlagen etc.

Innerer Durchmesser . . . mm	26	30	29	28	34	32	40	38	44	50	60	64	76
Äußerer » . . . »	35	38	38	38	42	42	48	48	54	60	70	76	89
Dimensionen für das eventuell anzubringende Gewinde in engl. Zoll	Perkins 1"	$1\frac{1}{8}"$	$1\frac{1}{8}"$	$1\frac{1}{8}"$	$1\frac{1}{4}"$	$1\frac{1}{4}"$	$1\frac{1}{2}"$	$1\frac{1}{2}"$	$1\frac{3}{4}"$	2"	$2\frac{1}{4}"$	$2\frac{1}{2}"$	3"
Gewicht pro lfd. m in kg . . ca.	3,35	3,37	3,65	4	3,75	4,35	4,40	5,10	6	6,7	7,9	10,25	13,15

Doppelt geschweißte Röhren

	Sogenannte Ammoniakröhren						Preßröhren				Perk.-Röhren	Expansionsröhren		
Innerer Durchmesser . . . mm	4	6	9	13	19	25	10	15	23	24	25	40	60	70
Äußerer » . . . »	10	13	16,5	21	26,5	33	21	26,5	35	38	35	60	80	90
Dimensionen für das event. anzubringende Gewinde in engl. Zoll	$\frac{1}{8}"$	$\frac{2}{8}"$	$\frac{3}{8}"$	$\frac{1}{2}"$	$\frac{3}{4}"$	1"	$\frac{1}{2}"$	1"	$1\frac{1}{4}"$	$1\frac{1}{2}"$	Perkins 1"	—	—	—
Gewicht pro lfd. m in kg . . ca.	0,5	0,8	1,15	1,65	2	2,85	2,0	2,65	4,25	5,30	3,65	12,25	17,15	19,60

Schmiedeiserne Röhren für Dampf-,

(Thyßen & Cie.,

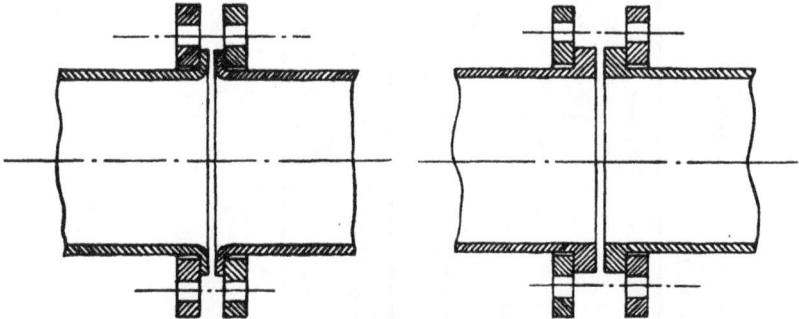

mit gebördelten Enden und losen
Flanschen

mit aufgeschweißten glatten Bunden
und losen Flanschen.

Äußerer ⎰ in engl. Zoll	$1^1/_2$	$1^5/_8$	$1^3/_4$	$1^7/_8$	2	$2^1/_8$	$2^1/_4$	$2^5/_8$	$2^1/_2$	$2^3/_4$	3
Durchm. ⎱ in mm	38	41,5	44,5	47,5	51	54	57	60	63,5	70	76
Wandstärke ..... mm	2,25	2,25	2,25	2,25	2,50	2,50	2,75	3	3	3	3
Flanschendurchm. mm	96	99	103	106	116	121	124	129	133	140	146
Flanschenlochkreis »	68	71	75	78	84	89	92	97	101	108	114
Anz. d. Schraubenlöch.	3	3	3	3	3	3	3	3	3	4	4
Durchmesser der Schraubenlöcher mm	11,5	11,5	11,5	11,5	14	14	14	14	14	14	14
Flanschenstärke ... »	8	8	8	8	10	10	10	10	12	12	12
Gewicht pro Mtr. inkl. Flanschen .... kg	2,40	2,40	2,52	2,74	3,22	3,50	4	4,60	4,90	5,40	5,90

Äußerer ⎰ in engl. Zoll	$6^1/_2$	$6^3/_4$	7	$7^1/_2$	8	$8^1/_2$	9	$9^1/_2$	10
Durchm. ⎱ in mm	165	171	178	191	203	216	229	241	254
Wandstärke ....mm	4,5	4,5	4,5	5,5	5,5	6,5	6,5	6,5	6,5
Flanschendurchm. .mm	269	275	286	300	313	327	341	354	372
Flanschenlochkreis. »	222	228	240	253	266	280	294	306	323
Anz. d. Schraubenlöch.	6	6	6	6	6	6	7	7	7
Durchmesser der Schraubenlöcher mm	21	21	21	21	21	21	21	21	21
Flanschenstärke ... »	16	16	18	18	20	20	20	21	22
Gewicht pro Mtr. inkl. Flanschen . ..... kg	19,70	20,60	21,70	27,70	29,91	36,67	38,92	41,44	44,26

Luft- und Wasserleitungen mit Flanschen.

Mülheim a. Ruhr.)

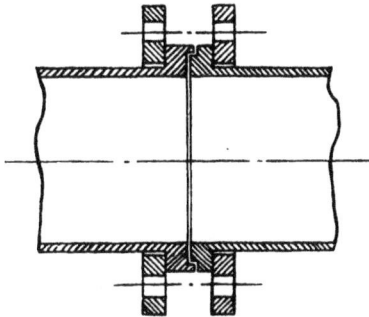

mit aufgeschweißten ineinandergedrehten Bunden
und losen Flanschen.

$3\frac{1}{4}$	$3\frac{1}{2}$	$3\frac{3}{4}$	4	$4\frac{1}{4}$	$4\frac{1}{2}$	$4\frac{3}{4}$	5	$5\frac{1}{4}$	$5\frac{1}{2}$	$5\frac{3}{4}$	6	$6\frac{1}{4}$
83	89	95	102	108	114	121	127	133	140	146	152	159
3,25	3,25	3,25	3,75	3,75	3,75	4	4	4	4,5	4,5	4,5	4,5
163	169	175	185	191	197	204	226	231	239	245	254	261
126	132	138	148	154	160	167	179	184	192	198	207	214
4	4	4	4	4	4	4	4	4	6	6	6	6
17	17	17	17	17	17	17	21	21	21	21	21	21
12	14	14	14	14	14	14	16	16	16	16	16	16
7,05	7,66	8,17	10	10,60	11,20	12,63	13,68	14,35	16,70	17,40	18,10	19,10

$10\frac{1}{2}$	11	$11\frac{1}{2}$	12	$12\frac{1}{2}$	13	$13\frac{1}{2}$	14	$14\frac{1}{2}$	15	$15\frac{1}{2}$	16	$16\frac{1}{2}$
267	279	292	305	318	330	343	355	368	381	394	407	420
7	7,5	7,5	7,5	7,5	8	8	8	8	8,5	8,5	8,5	9
385	404	417	430	445	465	480	495	520	550	550	575	575
336	353	365	379	395	410	425	440	465	495	495	520	520
7	8	8	8	8	10	10	10	10	10	10	10	10
21	21	21	21	21	24	24	24	24	24	24	14	24
22	25	25	25	25	26	26	27	27	28	28	29	29
49,52	55,90	58,71	61,48	64,90	71,60	75	78,85	84,85	93,20	94,50	100	106

Tabelle für schmiedeiserne Rohre mit glatten oder eingedrehten festen Bunden und losen Flanschen. (Balke, Tellering & Cie., Benrath.)

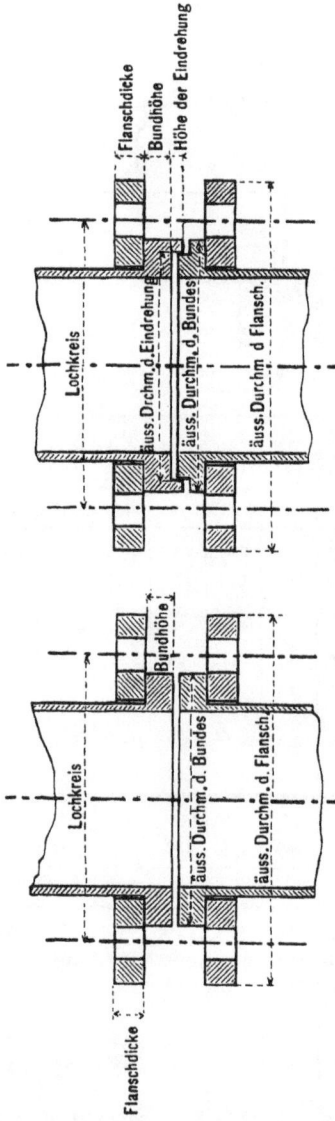

Rohrdurchmesser		Dimension der Bunde				Dimension der Flanschen					
		äußerer Durchmesser		Höhe		Flanschendurchmesser				Schraubenlöcher	
Zoll engl.	mm	des Bundes	der Eindrehungen	des Bundes	der Eindrehungen	äußerer	innerer	Dicke	Lochkreis	Durchmesser	Anzahl
$1^{1}/_{4}$	32	50	44	9	4	90	34	8	62	11,5	3
$1^{1}/_{2}$	38	56	50	9	4	96	40	8	68	11,5	3
$1^{5}/_{8}$	41,5	59	53	9	4	99	43	8	71	11,5	3
$1^{3}/_{4}$	44,5	61	54	9	4	103	46	8	75	11,5	3
$1^{7}/_{8}$	47,5	65	57	9,5	4	106	49	8	78	11,5	3
2	51	69	61	9,5	4	116	54	10	84	14	3
$2^{1}/_{8}$	54	72	64	9,5	4	121	57	10	89	14	3

Flanschdicke — Bundhöhe — Höhe der Eindrehung — Lochkreis — äuss. Durchm. d. Eindrehung — äuss. Durchm. d. Bundes — äuss. Durchm. d. Flansch.

$2^1/_4$	57	76	68	9,5	4	124	60	10	92	14	3
$2^3/_8$	60	82	73	10	4,5	129	63	10	97	14	3
$2^1/_2$	63,5	87	78	10	4,5	133	66	12	101	14	3
$2^3/_4$	70	94	85	11	4,5	140	73	12	108	14	4
3	76	99	90	11	4,5	146	79	12	114	14	4
$3^1/_4$	83	107	98	11	4,5	163	86	12	126	17	4
$3^1/_2$	89	115	106	12	5	169	92	14	132	17	4
$3^3/_4$	95	120	110	12	5	175	98	14	138	17	4
4	102	128	118	12	5	185	106	14	148	17	4
$4^1/_4$	108	137	127	13	5	191	112	14	154	17	4
$4^1/_2$	114	143	133	13	5	197	118	14	160	17	4
$4^3/_4$	121	148	137	13	5	204	125	14	167	17	4
5	127	154	143	14	5	226	131	16	179	21	4
$5^1/_4$	133	160	149	14	5	231	137	16	184	21	4
$5^1/_2$	140	170	159	14	5	239	144	16	192	21	4
$5^3/_4$	146	174	163	15	5	245	150	16	198	21	6
6	152	184	173	15	5	254	157	16	207	21	6
$6^1/_4$	159	190	179	16	6	261	164	16	214	21	6
$6^1/_2$	165	196	184	16	6	269	170	16	222	21	6
$6^3/_4$	171	202	190	18	6	275	176	16	228	21	6
7	178	212	200	18	6	286	183	18	240	21	6
$7^1/_2$	191	228	216	18	6	300	196	18	253	21	6
8	203	242	228	20	6	313	209	20	266	21	6
$8^1/_2$	216	255	241	20	6	327	222	20	280	21	6
9	229	272	258	21	7	341	235	20	294	21	7
$9^1/_2$	241	283	269	21	7	354	247	22	306	21	7
10	254	297	281	23	7	372	261	22	323	21	7
$10^1/_2$	267	312	296	23	7	385	274	22	336	21	7
11	279	330	314	25	7	404	286	25	353	21	8
$11^1/_2$	292	342	326	25	7	417	299	25	365	21	8
12	305	354	338	25	7	430	313	25	379	21	8

Gewichte der Kupferrohre ohne Naht pro lfd. m in kg.

(Rob. H. Guiremand, Berlin-Reinickendorf.)

Innerer Durchm. in mm	Wandstärke in mm												
	1	1½	2	2½	3	3½	4	5	6	7	8	9	10
3	0,11	0,19	0,28	0,39	0,51	0,64							
4	0,14	0,23	0,34	0,46	0,59	0,74							
5	0,17	0,28	0,40	0,53	0,68	0,84	1,02						
6	0,20	0,32	0,45	0,60	0,76	0,94	1,13	1,55					
8	0,25	0,40	0,56	0,74	0,93	1,14	1,36	1,84					
10	0,31	0,49	0,68	0,88	1,1	1,34	1,58	2,12					
12	0,37	0,57	0,79	1,02	1,27	1,53	1,81	2,40					
15	0,45	0,70	0,96	1,24	1,53	1,83	2,15	2,83					
18	0,54	0,83	1,13	1,45	1,78	2,13	2,49	3,25					
20	0,59	0,91	1,24	1,59	1,95	2,33	2,71	3,53					
22	0,65	1,0	1,36	1,73	2,12	2,52	2,94	3,82					
25	0,73	1,12	1,53	1,94	2,37	2,82	3,28	4,24					
28	0,82	1,25	1,70	2,16	2,63	3,12	3,62	4,66					
30	0,88	1,34	1,81	2,30	2,80	3,31	3,84	4,95					
32	0,93	1,42	1,93	2,44	2,97	3,51	4,07	5,23					
35	1,02	1,55	2,09	2,65	3,22	3,81	4,41	5,66					
38	1,1	1,67	2,26	2,86	3,48	4,11	4,75	6,08					
40	1,16	1,76	2,37	3,00	3,65	4,30	4,98	6,36					
45	1,30	1,97	2,66	3,36	4,07	4,80	5,54	7,07					
50	1,44	2,18	2,94	3,71	4,50	5,29	6,11	7,77					
55	1,58	2,40	3,22	4,06	4,92	5,79	6,67	8,48					
60	1,72	2,61	3,51	4,42	5,34	6,28	7,24	9,19					

65	1,87	2,82	3,79	4,77	5,77	6,78	7,80	9,90					
70	2,01	3,03	4,07	5,12	6,19	7,27	8,37	10,6					
75	2,15	3,24	4,35	5,48	6,62	7,77	8,93	11,31					
80	2,29	3,46	4,64	5,83	7,04	8,26	9,50	12,02					
85	2,43	3,67	4,92	6,18	7,46	8,76	10,07	12,73					
90	2,57	3,88	5,20	6,54	7,89	9,25	10,63	13,43					
95	2,71	4,09	5,48	6,89	8,31	9,75	11,20	14,14					
100	2,86	4,30	5,77	7,24	8,74	10,24	11,76	14,84					
105		4,52	6,05	7,60	9,16	10,74	12,33	15,55					
110		4,73	6,33	7,95	9,59	11,23	12,89	16,26					
115		4,94	6,61	8,30	10,01	11,73	13,46	16,97					
120		5,15	6,90	8,66	10,44	12,22	14,02	17,67					
125		5,36	7,17	9,01	10,86	12,72	14,59	18,37					
130		5,58	7,46	9,36	11,28	13,21	15,15	19,08					
135			7,74	9,71	11,71	13,73	15,76	19,82	23,92	28,15	32,35		
140			8,03	10,07	12,13	14,20	16,29	20,59	24,77	29,11	33,47		
145			8,31	10,42	12,56	14,70	16,85	21,21	25,61	30,09	34,61		
150			8,60	10,77	12,98	15,19	17,41	21,91	26,46	31,08	35,73		
160				11,48	13,82	16,18	18,55	23,33	28,16	33,06	38,01		
170				12,19	14,67	17,17	19,67	25,74	29,85	35,03	40,26		
180					15,53	18,16	20,81	26,15	31,55	37,01	42,53		
190					16,37	19,15	21,94	27,57	33,55	39,09	44,78		
200					17,22	20,14	23,08	28,98	34,95	40,97	47,05	53,18	59,37
210					18,06	21,13	24,20	30,39	36,65	42,95	49,31	55,78	62,21
220					18,92	22,13	25,34	31,82	38,34	44,93	51,58	58,28	65,03
230					19,76	23,11	26,46	33,22	40,03	46,91	53,83	60,81	67,85
250							28,72	36,05	43,43	50,87	58,34	65,91	73,52

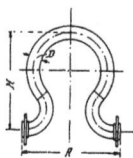

Fig. 1.

Kupferne

(Rob. H. Guiremand,

Betriebsdruck 4 Atm.

Lichter Rohrdurchmesser	Kupferne Federrohre (Fig. 1)							Kupferne Feder·		
	Längenausdehnung 50 mm				Längenausdehn. 100 mm			Längenausd. 50 mm		
	Wandstärke	Baulänge A	Höhe H	Kupfergewicht	Baulänge A	Höhe H	Kupfergewicht	Baulänge A	Höhe H	Kupfergewicht
mm	mm	mm	mm	ca. kg	mm	mm	ca. kg	mm	mm	ca. kg
15	2	300	300	1,4	300	350	1,8	300	200	1,2
20	2	350	360	2,0	360	430	2,8	350	250	2,3
30	2	450	450	4,0	450	580	5,0	450	300	3,5
40	2,5	500	520	6,5	500	650	7,0	500	350	6,5
50	2,5	500	625	9,5	500	750	9,5	500	350	9,0
60	2,5	500	650	10,0	600	800	12,0	500	400	11,0
70	2,5	600	700	13,5	600	850	15,5	600	450	15,0
80	2,5	600	750	17,0	700	925	18,5	600	500	18,0
90	3	750	775	25,0	750	975	27,5	750	600	26,0
100	3	750	850	28,0	800	1125	33,0			
125	3	750	950	37,0	—	—	—			
150	3,5	1000	1050	59,0	1000	1450	72,5			
175	3,5	1000	1150	72,0	—	—	—			
200	3,5	1000	1250	85,0	1250	1700	126,0			
225	4	1250	1350	120,0	—	—	—			
250	4	1250	1500	135,0	1500	2000	200,0			
275	4	1250	1600	155,0	—	—	—			
300	4	1250	1700	185,0	1600	2400	295,0			

Federrohre.

Berlin-Reinickendorf.)

Probedruck 10 Atm.

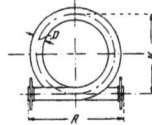

Fig. 2.

Baulänge A (mm)	Höhe H (mm)	Kupfergewicht ca. kg	Äußerer Durchmess. (mm)	Lochkreisdurchmesser (mm)	Schraubenlöcher Anzahl	Schraubenlöcherdurchmesser (mm)	Flanschenstärke (mm)	Gewicht pro Stück ca. kg
rohre (Fig. 2.) Längenausdehn. 100 mm			Schmiedeeiserne Flanschen					
300	250	1,7	80	55	3	11	10	0,3
350	300	2,8	90	68	3	11	10	0,5
450	350	4,0	120	90	4	15	13	0,8
500	400	7,5	140	110	4	15	13	1,2
500	450	11,0	160	125	4	18	13	1,7
500	500	14,0	175	135	4	18	14	2,1
600	550	18,0	185	145	4	18	14	2,3
600	600	21,5	200	160	4	18	16	3,0
750	700	29,0	215	170	4	18	16	3,3
			230	180	4	21	18	3,9
			260	210	4	21	18	5,4
			290	240	6	21	19	6,2
			320	270	6	21	20	6,9
			350	300	6	21	20	9,0
			370	320	6	21	20	10,0
			400	350	8	21	23	11,2
			425	375	8	21	23	12,2
			450	400	8	21	25	14

Tabelle der Wassermengen und Gefäll-

Die Wassermengen Q in cbm pro Minute, die Gefällverluste h in m
lichte Rohrdurch-

v in m	$d =$ mm	40	50	60	70	80	90	100
0,50	$Q =$	0,0377	0,0589	0,0848	0,1155	0,1508	0,1909	0,2356
	$h =$	1,0385	0,7671	0,6031	0,4933	0,4173	0,3610	0,3185
0,60	$Q =$	0,0452	0,0707	0,1018	0,1386	0,1810	0,2290	0,2827
	$h =$	1,4954	1,1046	0,8685	0,7103	0,6009	0,5199	0,4587
0,70	$Q =$	0,0528	0,0825	0,1187	0,1616	0,2111	0,2672	0,3299
	$h =$	2,0354	1,5035	1,1821	0,9668	0,8179	0,7076	0,6244
0,80	$Q =$	0,0603	0,0942	0,1357	0,1847	0,2413	0,3054	0,3770
	$h =$	2,6585	1,9637	1,5440	1,2627	1,0683	0,9242	0,8155
0,85	$Q =$	0,0641	0,1001	0,1442	0,1963	0,2564	0,3245	0,4006
	$h =$	3,0012	2,2168	1,7430	1,4255	1,2060	1,0434	0,9206
0,90	$Q =$	0,0679	0,1060	0,1527	0,2078	0,2714	0,3435	0,4241
	$h =$	3,3647	2,4853	1,9541	1,5982	1,3520	1,1697	1,0321
0,95	$Q =$	0,0726	0,1119	0,1616	0,2194	0,2865	0,3626	0,4477
	$h =$	3,7489	2 7691	2,1773	1,7806	1,5065	1,3032	1,1499
1,00	$Q =$	0,0754	0,1178	0,1697	0,2309	0,3016	0,3817	0,4712
	$h =$	4,1539	3,0683	2,4125	1,9731	1,6692	1,4441	1,2742
1,05	$Q =$	0,0792	0,1237	0,1781	0,2425	0,3167	0,4008	0,4948
	$h =$	4,5797	3,3828	2,6598	2,1753	1,8403	1,5921	1,4048
1,10	$Q =$	0,0829	0,1295	0,1860	0,2540	0,3317	0,4199	0,5184
	$h =$	5,0262	3,7126	2,9191	2,3874	2,0197	1,7494	1,5418
1,15	$Q =$	0,0867	0,1355	0,1951	0,2655	0,3468	0,4390	0,5420
	$h =$	5,4936	4,0578	3,1905	2,6093	2,2075	1,9098	1,6851
1,20	$Q =$	0,0905	0,1414	0,2036	0,2771	0,3619	0,4581	0,5655
	$h =$	5,9816	4,4183	3,4740	2,8412	2,4037	2,0795	1,8349
1,25	$Q =$	0,0942	0,1473	0,2121	0,2886	0,3770	0,4772	0,5891
	$h =$	6,4904	4,7942	3,7695	3,0829	2,6081	2,2564	1,9906
1,50	$Q =$	0,1131	0,1767	0,2545	0,3463	0,4524	0,5726	0,7069
	$h =$	9,3463	6,9036	5,4281	4,4394	3,7557	3,2492	2,8670
1,75	$Q =$	0,1319	0,2062	0,2969	0,4041	0,5278	0,6680	0,8247
	$h =$	12,7213	9,3967	7,3883	6,0425	5,1120	4,4226	3,9023
2,00	$Q =$	0,1508	0,2356	0,3393	0,4618	0,6032	0,7634	0,9425
	$h =$	16,6157	12,2732	9,6500	7,8922	6,6769	5,7764	5,0968

Verluste für Wasserleitungsröhren.

pro 100 m Länge, die Geschwindigkeit v in m pro Sekunde, der
messer d in mm.

125	150	175	200	225	250	275	300
0,3681	0,5301	0,7216	0,9425	1,1928	1,4726	1,7819	2,1206
0,2444	0,1979	0,1660	0,1427	0,1251	0,1116	0,1005	0,0917
0,4418	0,6362	0,8659	1,1310	1,4314	1,7671	2,1383	2,5447
0,3519	0,2850	0,2390	0,2055	0,1802	0,1607	0,1448	0,1321
0,5154	0,7422	1,0102	1,3195	1,6700	2,0617	2,4946	2,9688
0,4790	0,3879	0,3254	0,2797	0,2453	0,2188	0,1970	0,1798
0,5890	0,8442	1,1545	1,5080	1,9085	2,3562	2,8510	3,3929
0,6256	0,5066	0,4250	0,3653	0,3204	0,2857	0,2573	0,2349
0,6258	0,9013	1,2267	1,6022	2,0278	2,5034	3,0292	3,6051
0,7063	0,5719	0,4798	0,4124	0,3617	0,3226	0,2905	0,2651
0,6627	0,9543	1,2989	1,6965	2,1471	2,6507	3,2074	3,8170
0,7918	0,6412	0,5379	0,4624	0,4055	0,3616	0,3257	0,2972
0,6995	1,0073	1,3710	1,7906	2,2644	2,7980	3,3856	4,0290
0,8823	0,7144	0,5993	0,5152	0,4518	0,4029	0,3629	0,3311
0,7363	1,0603	1,4433	1,8850	2,3857	2,9452	3,5638	4,2412
0,9776	0,7916	0,6640	0,5708	0,5006	0,4465	0,4021	0,3670
0,7731	1,1133	1,5153	1,9792	2,5049	3,0925	3,7419	4,4533
1,0778	0,8725	0,7321	0,6293	0,5519	0,4927	0,4433	0,4046
0,8099	1,1663	1,5875	2,0733	2,6242	3,2398	3,9201	4,6653
1,1829	0,9578	0,8035	0,6907	0,6057	0,5402	0,4866	0,4440
0,8467	1,2194	1,6597	2,1677	2,7435	3,3869	4,0983	4,8775
1,2929	1,0469	0,8782	0,7549	0,6621	0,5901	0,5318	0,4853
0,8835	1,2723	1,7318	2,2620	2,8628	3,5343	4,2765	5,0892
1,4077	1,1399	0,9562	0,8220	0,7209	0,6429	0,5791	0,5284
0,9204	1,3254	1,8040	2,3562	2,9821	3,6816	4,4547	5,3015
1,5275	1,2369	1,0375	0,8919	0,7822	0,6976	0,6283	0,5734
1,1045	1,5904	2,1648	2,8274	3,5785	4,4179	5,3456	6,3617
2,1996	1,7811	1,4941	1,2844	1,1264	1,0046	0,9048	0,8257
1,2885	1,8555	2,5256	3,2987	4,1749	5,1542	6,2366	7,4220
2,9938	2,4243	2,0336	1,7482	1,5331	1,3673	1,2315	1,1238
1,4726	2,1206	2,8864	3,7699	4,7713	5,8905	7,1275	8,4823
3,9104	3,1664	2,6562	2,2834	2,0055	1,7859	1,6085	1,4679

Nahtlose Bördelflanschrohre
mit ungebördelten Enden und lose dahinter sitzenden Flanschen.
(Maschinen- und Armaturenfabrik vorm. H. Breuer & Co., Höchst a. M.)

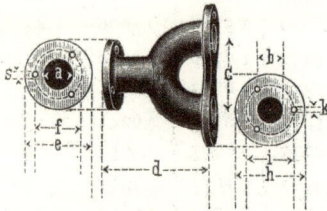

Bei einer Länge der Rohre von 5 m, 2″ = 50 mm lichte Weite und
ca. 3 mm Wandstärke:

schwarz	innen und außen verzinkt
Gewicht pro lfd. m ca. 4,05 kg	Gewicht pro lfd. m 4,25 kg.

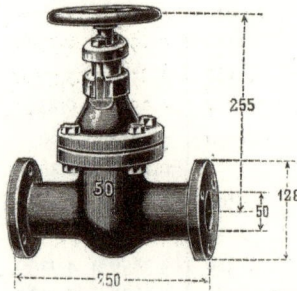

Regulierschieber

(Maschinen- und Armaturenfabrik vorm.
H. Breuer & Co., Höchst a. M.)

2″ = 50 mm lichte Weite, aus Gußeisen mit Metallgarnitur, Flanschen
von 128 mm Durchmesser, abgedreht
und mit 3 Loch im Lochkreis von
100 mm gebohrt.

Gewicht pro Stück ca. 15 kg.

Hosenrohre
aus Gußeisen, mit
abgedrehten und
gebohrten Flan-
schen.
(Maschinen- und Arma-
turenfabrik verm.
H. Breuer & Co.,
Höchst a. M.)

Doppelkrümmer
zur Verbindung der einzelnen Bördelrohrstränge untereinander.
(Maschinen- und Armaturenfabrik vorm. H. Breuer & Co., Höchst a. M.)

2″ = 50 mm lichte Weite, aus Gußeisen mit 2
Flanschen von 128 mm Durchmesser, abgedreht und
mit 3 Loch im Lochkreis von 100 mm gebohrt.
130 mm Schenkelweite.
Gewicht pro Stück ca. 4,3 kg.
Genau die gleichen Doppelkrümmer, jedoch anstatt
mit 130 mm mit 150 mm Schenkelweite.
Gewicht pro Stück ca. 5,5 kg.

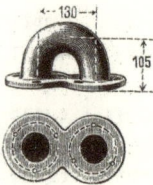

A) Gußeiserne Rippenkühlrohre.

(Maschinen- und Armaturenfabrik vorm. H. Breuer & Co., Höchst a. M.)

(15 Atm. Probedruck [kaltes Wasser].)

Abmessungen.

Lichte Weite mm	Bau- länge m	Flansch.- Durchm. mm	Loch- kreis mm	Rippen- durchm. mm	Anzahl der Rippen	Gewicht in kg	Kühl- fläche in qm
75	2,0	174	135	190	52	ca. 60	3
75	1,5	174	135	190	48	» 45	2,25
75	1,0	174	135	190	38	» 38	1,5

B) Breuers Patent-Rippenrohre.

Es sind dies Stahlrohre mit aufgegossenen gußeisernen Rippen, und haben die Rohre hinsichtlich der lichten Weite, des Flanschendurchmessers, des Lochkreises, des Rippendurchmessers, der Anzahl der Rippen die genau gleichen Dimensionen wie die ganz gußeisernen Rohre Ausführung A.

2 m lang à ca. 70 kg schwer | 4 m lang à ca. 135 kg schwer.

Hochdruck-Rippenrohre.
D. R. P. No. 97837 und Auslandspatente.

(Maschinen- und Armaturenfabrik vorm. H. Breuer & Co., Höchst a. M.)

Ausführung A: Für Kühlleitungen mittels direkter Ammoniakverdampfung.

Diese Rohre haben eine lichte Weite von 40 mm und bestehen aus nahtlos gewalzten Ia. Stahlrohr mit um dasselbe nach patentiertem Verfahren herumgegossenen Rippen. — An den Enden sind sie mit aufgeschraubten und verlöteten mit Nute bzw. Feder eingerichteten schmiedeisernen Flanschen versehen. — In fertigem Zustande werden diese Rohre nach einem besonderen Verfahren heiß asphaltiert und innen mit 50 Atm. Wasserdruck probiert und auf 12 Atm. Luftdruck unter Wasser nachgeprüft.

Die Kühlfläche pro lfd. m beträgt ca. 1,7 qm;

in Längen von   4 m   3 m   2 m
Gewicht ca.   160,0 kg   120,0 kg   80,0 kg   pro Rohr.

Ausführung B: Für Kühlleitungen mittels Kohlensäure etc.

Die Patent-Hochdruck-Rippenrohre für derartige Anlagen werden im wesentlichen in genau gleicher Weise hergestellt, sind jedoch dem jeweiligen Zweck entsprechend für höheren Druck mit festen Bunden und losen Flanschen konstruiert.

Verbindungsstücke zu den Rippenröhren passend.

(Maschinen- und Armaturenfabrik vorm. H. Breuer & Co., Höchst a. M.)

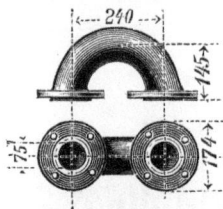

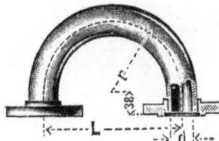

Gußeiserner Doppelkrümmer, 75 mm lichte Weite, mit abgedrehten und gebohrten Flanschen:

a) mit 240 mm Schenkelweite

ca. 13,5 kg schwer

b) mit 270 mm Schenkelweite

ca. 15 kg schwer

c) mit 300 mm Schenkelweite

ca. 16 kg schwer

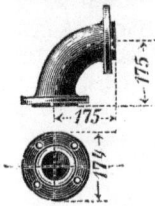

Gußeiserner Einfacher Krümmer, 75 mm lichte Weite, mit abgedrehten und gebohrten Flanschen: ca. 10,5 kg schwer.

Hochdruck-Doppelkrümmer

zur Verbindung der einzelnen Rohrstränge untereinander.

(Maschinen- und Armaturenfabrik vorm. H. Breuer & Co., Höchst a. M.)

1) Genau zu Patent-Hochdruck-Rippenrohren, Ausführung A, passend:

mit L = 250 mm oder 300 mm Schenkel-[weite.

à ca.   6,0 kg   7,0 kg schwer.

d = 40 mm lichte Weite.

2) Hochdruck-Doppelkrümmer für Patent-Hochdruck-Rippenrohre, Ausführung B, passend.

Für Berieselungs-Kondensatoren (sogen. Flachschlangen) beträgt der Krümmungshalbmesser (nach Balke, Fellering & Cie., Benrath)

für Röhren von 30/38 mm mindestens   75— 85 mm
»   »   »   34/42 »   »   85—100 »
»   »   »   40/48 »   »   100—115 »

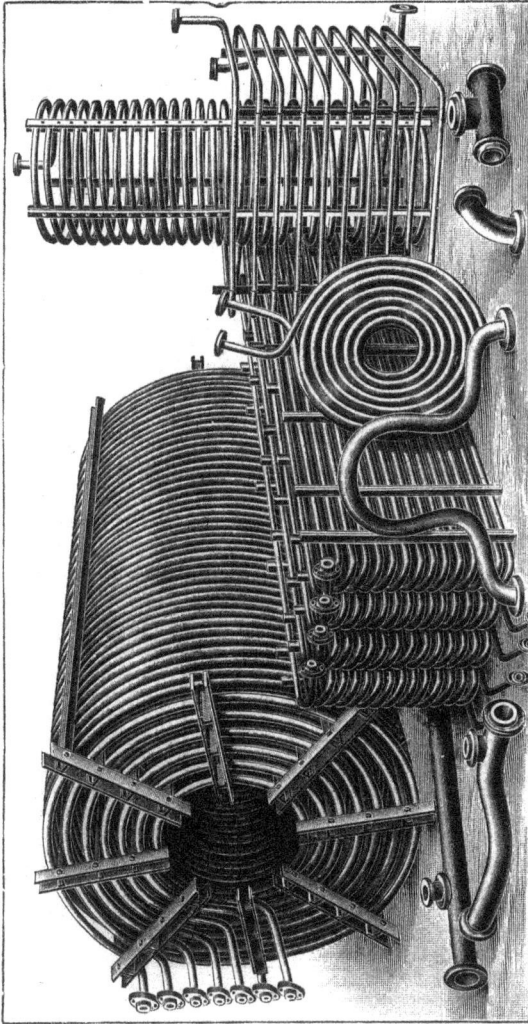

Schmiedeeiserne Röhren für Dampf-, Luft- und Wasserleitungen mit Flanschen.

(Thyßen & Co., Mülheim a. Ruhr.)

14*

Enkes Rotationspumpen.

(C. Enke, Schkeuditz.)

Leistungen und Dimensionen für Pumpen mit Riemenbetrieb.

Alte Konstruktion.

No.	Leistung in Liter pro Minute für dünne Flüssigkeiten	Touren-zahl pro Minute für dünne Flüssigkeiten	Leistung in Liter pro Minute für dicke Flüssigkeiten	Touren-zahl pro Minute für dicke Flüssigkeiten	Durch-messer der Riemenscheiben in mm	Breite in mm	Ganze Länge der Pumpen in mm	Ganze Breite der Pumpen in mm	Rohrweite in mm	Kraft-bedarf	Gewicht in kg ca.	No.
1	80	160	50	110	230	60	625	270	35		95	1
2	150	160	100	115	300	70	740	320	50		150	2
3	250	150	150	100	350	90	860	380	70		225	3
4	350	140	250	100	425	120	1050	425	80	je nach Förderhöhe	310	4
4A	425	130	300	95	500	140	1170	480	90		440	4A
5	500	120	350	90	500	140	1200	480	100		490	5
6	700	115	500	85	550	150	1290	530	125		650	6
7	1000	110	700	80	575	180	1350	600	150		800	7
8	1500	110	1000	75	700	180	1575	640	160		1075	8
9	2000	105	1500	75	800	200	1675	670	175		1400	9

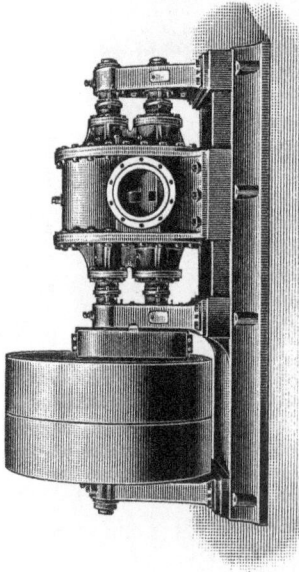

Neukonstruktion mit patentierten Stopfbüchsen und Ringschmierlagern. (S. Figur.)

							je nach Förderhöhe				
10	3000	90	2000	60	950	250	1960	740	225	1900	10
11	4500	80	3000	55	1100	300	2300	920	275	2700	11
12	6000	70	4500	50	1300	450	2600	1050	325	4200	12
12A	7250	65	5200	45	1500	450	2600	1000	350	5000	12A
13	8500	60	6000	40	1600	450	2900	1120	375	5900	13
13A	10000	56	8000	40	1800	475	3000	1200	425	6600	13A
14	12000	50	8500	35	1950	525	3250	1300	450	8150	14

							je nach Förderhöhe				
1	80	160	50	110	350	60	850	270	35	120	1
2	150	160	100	115	400	65	940	320	50	180	2
3	250	150	150	100	450	90	1040	380	70	260	3
4	350	140	250	100	555	110	1190	425	80	400	4
4A	425	130	300	95	600	120	1245	480	90	480	4A
5	500	120	350	90	625	120	1280	480	100	520	5
6	700	115	500	85	700	130	1400	530	125	700	6
7	1000	110	700	80	750	150	1550	590	150	930	7
8	1500	110	1000	75	850	180	1760	640	160	1200	8
9	2000	105	1500	75	900	200	1880	670	175	1500	9
10	3000	90	2000	60	1100	250	2170	780	225	2300	10
11	4500	80	3000	55	1250	280	2650	900	275	3200	11
12	6000	70	4500	50	1550	400	2950	1050	325	4900	12
12A	7250	65	5200	45	1600	450	3000	1000	350	5700	12A
13	8500	60	6000	40	1750	475	3260	1170	375	6700	13
13A	10000	56	8000	40	1850	500	3350	1200	425	7400	13A
14	12000	50	8500	35	1950	525	3530	1280	450	9000	14

Pumpen.

(Klein, Schanzlin & Becker, Frankenthal.)

1. Dampf-Unapumpen (freistehend, doppeltwirkend).

a) Speisepumpen für 8 bzw. 13 Atm. Kesseldruck.

Nummer		3	3a	4	4a	5	6	5a	5b	7
Ausreichend für Kesselheizfläche bis	qm	225	300	380	470	530	700	1000	1400	1700
Stündliche Leistung	cbm	6,8	9	11,5	14	16	21,5	31	43	51
Tourenzahl pro Minuten		130	115	105	90	80	75	75	70	65
Durchmesser des Dampfkolbens	mm	120	135	150	165	180	200	250	300	325
Durchmesser des Plungerkolbens	»	75	85	95	105	115	130	165	200	215
Hub	»	120	135	150	165	180	200	180	180	200
Ungefähres Gewicht für max. 8 Atm.	kg	600	690	820	990	1210	1450	1800	2250	3000
» » » 13 »	»	750	840	1030	1240	1510	1800	2350	2950	—
Preis { für max. 8 Atm.	ℳ	—	—	—	—	—	—	—	—	—
» » 13 »	»	—	—	—	—	—	—	—	—	—

Maße:

a	$\frac{865}{930}$	$\frac{935}{980}$	$\frac{1025}{1065}$	$\frac{1070}{1150}$	$\frac{1150}{1190}$	$\frac{1250}{1340}$	$\frac{1270}{1335}$	$\frac{1370}{1535}$	$\frac{1440}{-}$
b	$\frac{695}{715}$	$\frac{760}{750}$	$\frac{825}{845}$	$\frac{825}{815}$	$\frac{950}{975}$	$\frac{1050}{1120}$	$\frac{1050}{1150}$	$\frac{1100}{1130}$	$\frac{1145}{-}$
d	$\frac{630}{740}$	$\frac{675}{640}$	$\frac{700}{830}$	$\frac{750}{860}$	$\frac{880}{880}$	$\frac{945}{1000}$	$\frac{950}{1010}$	$\frac{1040}{1100}$	$\frac{1040}{-}$
f	$\frac{770}{820}$	$\frac{820}{820}$	$\frac{870}{1050}$	$\frac{920}{1050}$	$\frac{1050}{1050}$	$\frac{1100}{1200}$	$\frac{1200}{1200}$	$\frac{1300}{1300}$	$\frac{1300}{-}$
e	$\frac{730}{780}$	$\frac{780}{780}$	$\frac{810}{920}$	$\frac{840}{940}$	$\frac{990}{980}$	$\frac{1045}{1125}$	$\frac{1000}{1045}$	$\frac{1130}{1300}$	$\frac{1610}{-}$
m	$\frac{60}{60}$	$\frac{70}{70}$	$\frac{80}{80}$	$\frac{90}{80}$	$\frac{90}{90}$	$\frac{100}{100}$	$\frac{125}{125}$	$\frac{150}{150}$	$\frac{150}{-}$
o	$\frac{50}{50}$	$\frac{60}{60}$	$\frac{70}{70}$	$\frac{80}{70}$	$\frac{80}{80}$	$\frac{90}{90}$	$\frac{100}{100}$	$\frac{125}{125}$	$\frac{125}{-}$
s	$\frac{25}{25}$	$\frac{25}{25}$	$\frac{30}{30}$	$\frac{30}{30}$	$\frac{35}{30}$	$\frac{40}{40}$	$\frac{40}{40}$	$\frac{45}{45}$	$\frac{50}{-}$
u	$\frac{30}{30}$	$\frac{30}{30}$	$\frac{35}{40}$	$\frac{35}{40}$	$\frac{40}{40}$	$\frac{50}{50}$	$\frac{45}{45}$	$\frac{60}{60}$	$\frac{70}{-}$

NB. Die Zahlen über dem Strich gelten für 8 Atm., die Zahlen unter dem Strich für 13 Atm.

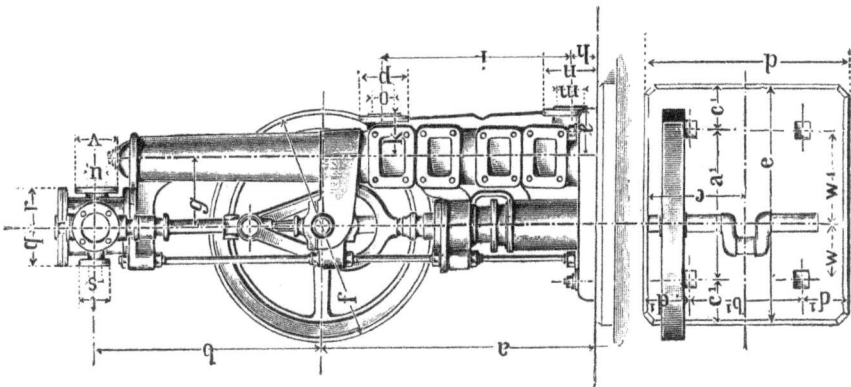

b) Reservoirpumpen für 40 m Förderhöhe.

Nummer	3	3ª	4	5
Stündliche Leistung · · · · · · cbm	14,8	19,5	25	33
Tourenzahl pro Minute · · · · ·	120	110	100	80
Durchmesser des Dampfkolbens · · mm	120	135	150	180
» » Plungers · · »	110	125	140	165
Hub » » »	120	135	150	180
Ungefähres Gewicht · · · · · kg	700	850	1050	1370
Preis · · · · · · · · · ℳ	—	—	—	—
Maße: (vorhergehende Skizze)				
a	955	1030	1100	1240
b	600	760	825	940
d	670	700	850	940
f	820	820	870	1050
c	790	800	950	1040
m	90	100	125	125
o	80	90	100	125
s	25	25	30	35
u	30	30	35	40

2. Riemen-Unapumpen (freistehend, doppeltwirkend).

a) Speisepumpen für 10 Atm. Kesseldruck. (S. Figur S. 218.)

Nummer		3	3a	4	4a	5	6
Ausreichend für Kesselheizfläche bis	qm	200	275	350	420	470	620
Stündliche Leistung	cbm	6	8,2	10,7	12,5	14	18,6
Tourenzahl pro Minute		105	105	95	80	70	65
Durchmesser des Plungers	mm	75	85	95	105	115	130
Hub	»	120	135	150	165	180	200
Riemenscheiben-Durchmesser und Breite	»	600/100	700/120	900/140	1000/160	1000/160	1200/180
Ungefähres Gewicht	kg	400	520	650	800	960	1160
Preis	ℳ	—	—	—	—	—	—

b) Reservoirpumpen für 20 resp. 40 m Förderhöhe.

Nummer		3	3a	4	5	8	9	10	11
Stündliche Leistung	cbm	14,8	19,5	25	33	40	54	78	115
Tourenzahl pro Minute		120	110	100	80	70	70	60	60
Durchmesser des Plungers	mm	110	125	140	165	185	215	250	300
Hub	»	120	135	150	180	200	200	250	250
Riemenscheiben-Durchmesser und -Breite für 20 m Förderhöhe	mm	500/90	700/100	700/120	900/120	900/160	1000/160	1300/200	1800/220
» 40 » » »	»	700/120	900/120	900/160	1100/180	1100/200	1600/200	—	—
Ungefähr. Gewicht für 20 m Förderh.	kg	540	670	820	1060	1350	1700	2400	3300
» » 40 » »	»	585	725	880	1120	1460	1980	—	—
Preis.	ℳ	—	—	—	—	—	—	—	—

c) Salzwasserpumpen für 2 Atm. Gegendruck.

Nummer	3	3a	4	5	8	9	10
Stündliche Leistung . . . cbm	10,5	14	18,5	27	35	47	72
Tourenzahl pro Minute . . .	90	80	75	65	60	60	55
Durchmesser des Plungers . mm	110	125	140	165	185	215	250
» » Hub . . »	120	135	150	180	200	200	250
Riemenscheiben-Durchmess. . »	500	700	700	900	900	1000	1300
und Breite . . . »	90	100	120	120	160	160	200
Ungefähres Gewicht . . . kg	540	670	820	1060	1350	1700	2400
Preis . . . ℳ	—	—	—	—	—	—	—

Maße:

Zahlen über dem Strich ad a); Zahlen unter dem Strich ad b) und c).

Nummer	3	3a	4	4a	5	6	8	9	10	11
a	1170 / 1260	1260 / 1370	1370 / 1450	1440 / —	1520 / 1640	1640 / —	— / 1800	— / 1750	— / 2130	— / 2350
b	475 / 475	510 / 510	535 / 535	585 / —	600 / 600	705 / —	— / 705	— / 705	— / 900	— / 1000
c	800 / 815	845 / 860	890 / 910	930 / —	990 / 1125	1175 / —	— / 1185	— / 1255	— / 1420	— / 1625
d	650 / 670	670 / 700	720 / 750	750 / —	780 / 840	940 / —	— / 960	— / 1040	— / 1040	— / 1160
e	730 / 790	780 / 800	810 / 850	840 / —	890 / 940	1040 / —	— / 1100	— / 1210	— / 1240	— / 1550
f	nach vorhergehenden Tabellen.									
m	60 / 90	70 / 100	80 / 125	80 / —	90 / 125	100 / —	— / 150	— / 150	— / 175	— / 200
o	50 / 80	60 / 90	72 / 100	80 / —	80 / 125	90 / …	— / 115	— / 125	— / 150	— / 175

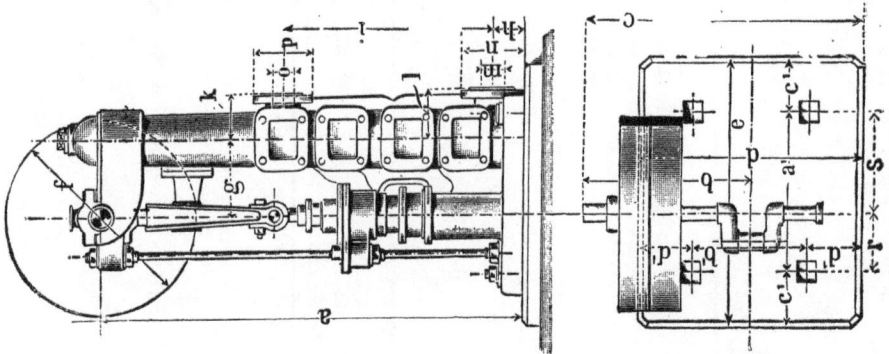

Cyclop-Niederdruck-Zentrifugalpumpen.

(Maschinenfabrik »Cyclop«, Berlin.)

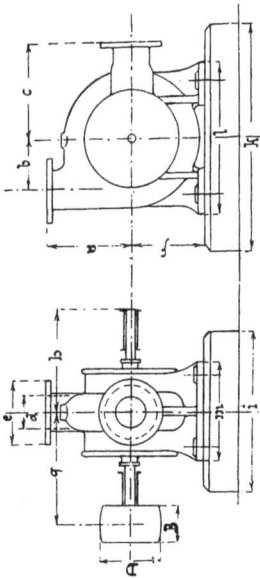

B	D	a	b	c	d	e	f	g	h	i	k	l	m
75	150	200	100	200	60	175	160	300	280	400	520	230	240
90	170	250	130	250	80	200	200	330	302	520	640	300	280
100	190	270	135	290	100	230	225	360	330	520	640	315	280
140	250	350	200	390	125	260	300	435	405	640	900	425	400
180	300	425	255	450	150	290	375	505	467	770	1030	500	450
200	350	500	300	525	175	320	440	560	502	850	1120	590	530
250	400	560	335	600	200	350	500	610	557	900	1300	650	560

Dampfmaschinen.

(Maschinenbau-Anstalt Humboldt zu Kalk bei Köln).

I. Normale Einzylindermaschine mit Expansions-Schiebersteuerung
für 8 atm. Kesselspannung. (System Rider.)

Nummer		1	2	3	4	5	6	7	8	9
Durchmesser des Dampfzylinders . . .	mm	160	190	220	260	300	350	400	450	500
Kolbenhub	»	320	380	440	520	600	700	800	900	1000
Umdrehungszahl pro Minute	»	200	175	155	135	120	110	100	90	85
Effektive Leistung bei annähernd 8 atm. — ohne Kondensation — ca. 20 % Füllung		13,3	17,9	27	39	55	80	110	140	182
» 33 %	»	19	28	39	56,5	78	114	156	200	260
Überdruck im Kessel — mit Kondensation — ca. 12 1/2 % Füll.		13,5	20	28	41	56	82	113	149	188
» 30 % Füllung	»	22	32,5	45,5	65,5	90	132	180	233	304
Komplette Maschine ohne Kondensation — Nettogewicht	kg	1650	2580	3900	5500	7300	9750	13000	16900	21200
Preis	ℳ	—	—	—	—	—	—	—	—	—
Komplette Maschine mit Kondensation — Nettogewicht	kg	2200	3250	4900	7050	9700	12700	16700	21600	26700
Preis	ℳ	—	—	—	—	—	—	—	—	—
Durchmesser des Einströmstutzens . . .	mm	45	50	60	70	80	115	115	130	150
Durchmesser des Ausströmstutzens . .	»	50	60	70	80	90	125	140	150	175

			Maße gelten auch für Maschinen für 6 u. 10 atm Kesselspannung.						
A	1520	1775	2075	2400	2725	3145	3600	4000	4400
B	600	625	650	700	725	750	750	750	750
C	300	340	400	440	480	520	560	600	650
D	1000	1100	1200	1300	1450	1600	1800	2000	2250
E	160	190	220	260	300	350	400	450	500
F	325	375	450	500	575	650	725	825	972
G	1600	1900	2200	2600	3000	3300	3750	4250	4750
H	230	250	275	300	400	450	550	600	675
I	400	475	525	600	700	800	900	950	1000
K	1300	1600	1750	1975	2300	2700	3000	3300	3600
L	Ohne hint. Sockel			605	600	655	770	945	1075
M				400	440	475	500	550	600
N	250	250	275	350	400	450	500	550	600
O	450	525	575	650	700	850	950	1075	1225
P	250	275	300	325	350	375	400	450	500
Q	250	275	300	325	350	375	550	650	725
R	800	950	1050	1200	1400	1600	1800	1900	2000
S	Maschinen Nr. 1,			700	800	900	1000	1100	1200
T	2 und 3 werden			1300	1500	1700	1900	2000	2100
U	nicht mit eigenem			1900	2200	2550	2900	3500	3900
V	Kondensator aus-			475	550	520	600	650	700
W	geführt			800	900	1100	1250	1400	1500

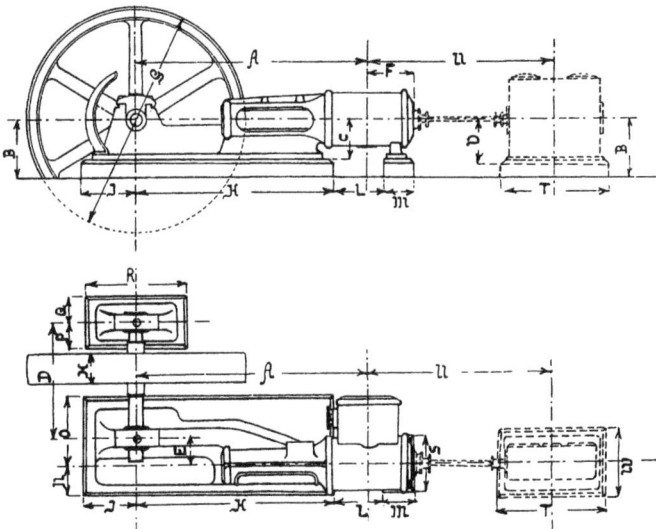

II. Normale Einzylinder-Ventilmaschine

für 8 atm. Kesselspannung.

	Nummer		1	2	3	4	5	6	7	8	9
Durchmesser des Dampfzylinders .		mm	300	350	400	450	500	550	600	650	750
Kolbenhub		»	700	750	820	900	1000	1100	1200	1350	1500
Umdrehungszahl pro Minute . . .			110	100	90	85	75	75	70	65	60
Effektive Leistung bei annähernd 8 atm. Überdruck im Kessel	ohne Kondensation	ca. 20% Füllung	60	80	105	135	175	220	270	335	455
		» 33% »	85	115	150	195	250	315	385	475	650
	mit Kondensation	ca. 12½% Füll.	65	85	110	145	185	235	285	350	480
		» 30% Füllung	100	135	170	225	295	365	450	550	760
Schwungrad	Durchmesser auf Mitte Seil . .		3250	3500	3750	4250	4750	5000	5250	5500	6000
	Anzahl der Seile à 50 mm φ .		4	5	6	7	8	10	12	18	23
Maschine ohne Kondensation	Gewicht	kg	—	—	—	—	—	—	—	—	—
	Preis	ℳ	—	—	—	—	—	—	—	—	—
Maschine mit Kondensation	Gewicht	kg	—	—	—	—	—	—	—	—	—
	Preis	ℳ	—	—	—	—	—	—	—	—	—
Durchmesser des Einströmstutzens .		mm	90	100	115	130	150	165	180	200	230
» Ausströmstutzens		»	110	125	135	160	175	200	225	250	275

	Maße: Gelten auch für EinzylinderVentilmaschinen für 6 und 10 atm. Kesselspannung.								
A	3100	3300	3600	3950	4550	4750	5150	5750	6200
B	750	750	750	750	750	800	850	900	900
C	500	520	560	600	650	700	750	800	800
D	750	775	800	850	1050	1100	1150	1250	1300
E	1780	2000	2125	2325	2600	2765	2930	3500	4325
F	330	350	400	450	500	540	580	630	700
G	3310	3560	3810	4310	4810	5060	5310	5560	6060
H	725	750	800	850	950	1000	1050	1150	1200
I	2550	2725	3000	3260	3500	3900	4250	4700	5100
K	300	300	300	375	375	375	450	450	450
L	1450	1500	1600	1700	1900	2000	2100	2300	2400
M	450	450	500	550	600	650	675	775	800
M_1	325	350	325	375	400	425	450	475	500
N	500	500	525	525	550	650	675	750	800
O	750	800	900	1000	1100	1200	1250	1400	1500
P	1000	1000	1050	1050	1100	1300	1350	1500	1600
Q	1100	1100	1250	1400	1500	1500	1500	1500	1500
R	1700	1700	1800	2000	2100	2100	2100	2200	2500
S	2600	2700	2900	3600	4000	4200	4400	4600	4800
T	520	520	600	650	700	700	750	750	800

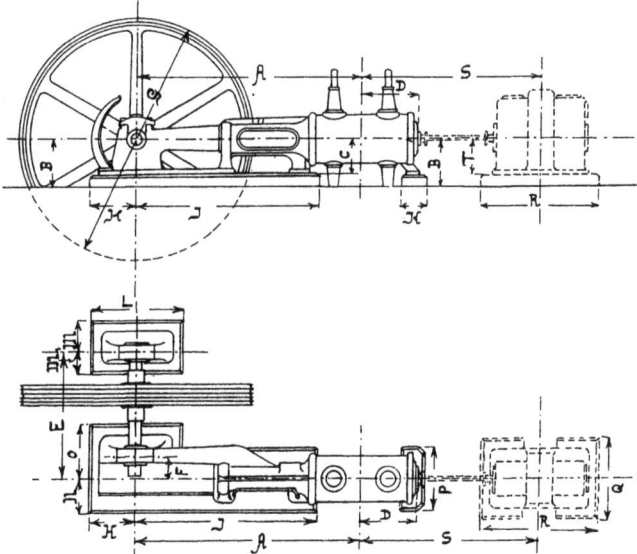

III. Normale Tandem-Verbundmaschine.

Nummer		11	12	13	14	15	16	17	18	19	20
Durchmesser des Hochdruckzylinders	mm	300	350	400	440	485	530	575	625	670	720
» Niederdruckzylinders	»	475	550	625	700	775	850	925	1000	1075	1150
Kolbenhub	»	700	750	820	900	1000	1100	1200	1300	1400	1500
Umdrehungszahl pro Minute		140	135	130	125	115	107	100	95	90	85
Effektive Leistung bei annähernd 10 atm. Überdruck im Kessel	ohne Kondensation ca. $12\frac{1}{2}\%$ Füll.	150	210	290	385	485	595	720	875	1030	1200
	» 18% Füllung	200	280	390	510	640	796	950	1155	1360	1570
	mit Kondensation ca. 7% Füllung	140	195	270	360	450	560	680	820	970	1125
	» $12\frac{1}{2}\%$ »	205	285	390	520	655	810	980	1180	1400	1625
Effektive Leistung bei annähernd 8 atm. Überdruck im Kessel	ohne Kondensation	—	—	—	—	—	—	—	—	—	—
	mit Kondensation ca. 9% Füllung	125	180	245	325	410	505	615	740	875	1025
	» 15% »	185	255	350	470	590	730	885	1060	1260	1470
Schwungrad	Durchmesser auf Mitte Seil . mm	2650	2750	2900	3000	3250	3500	3850	4250	4500	4750
	Anzahl der Seile à 50 mm ⌀ . .	6	8	11	15	19	23	26	30	35	40
Maschine ohne Kondensation	Gewicht . . kg	—	—	—	—	—	—	—	—	—	—
	Preis . . ℳ	—	—	—	—	—	—	—	—	—	—
Maschine mit Kondensation	Gewicht . . kg	—	—	—	—	—	—	—	—	—	—
	Preis . . ℳ	—	—	—	—	—	—	—	—	—	—

Leistung von Dampfmaschinen.

A. Einzylinder-Auspuffmaschinen mit Expansionssteuerung (nach Hrabâk).

Bezeichnungen:

$D =$ Kolbendurchmesser in cm.

$O =$ wirksame Kolbenfläche in qm.

$\dfrac{e_1}{e} =$ Füllungsgrad der Maschine.

$\dfrac{N_i}{c} =$ indiz. Leistung in PS ⎫ pro 1 m

$\dfrac{N_e}{c} =$ effekt. (Netto-) Leistung in PS ⎭ Kolbengeschwindigkeit.

Für eine beliebige Kolbengeschwindigkeit c_1 erhält man die Leistung N_{i_1} nach der Formel

$$N_{i_1} = \frac{N_i}{c} \cdot c_1 \text{ und } N_{e_1} = \frac{N_e}{c} \cdot c_1.$$

a) Abs. Admiss.-Sp. $p = 5$ kg oder atm.

Kolben		$\dfrac{e_1}{e}$							
		0,5	0,333	0,25	0,20	0,5	0,333	0,25	0,20
D cm	O qm	$\dfrac{N_i}{c}$				$\dfrac{N_e}{c}$			
19,8	0,030	11,9	9,2	7,4	6,1	9,0	6,8	5,3	4,3
22,9	0,040	15,9	12,3	9,9	8,1	12,3	9,3	7,3	5,8
25,6	0,050	19,9	15,4	12,4	10,2	15,5	11,8	9,2	7,4
29,2	0,065	25,8	20,0	16,1	13,2	20,5	15,6	12,2	9,8
32,4	0,080	31,8	24,6	19,8	16,3	25,4	19,3	15,2	12,2
36,2	0,100	39,8	30,8	24,7	20,3	32,2	24,5	19,3	15,5
40,5	0,125	49,7	37,5	30,8	25,4	40,7	31,0	24,4	19,7
44,4	0,150	59,7	49,4	38,5	30,5	49,3	37,6	29,6	23,9
47,9	0,175	69,6	53,9	46,2	35,6	57,9	44,2	34,8	28,1
51,2	0,200	79,6	61,6	53,9	40,7	66,6	50,8	40,0	32,4
54,9	0,230	91,5	70,8	56,8	46,8	77,1	58,8	46,4	37,5

b) Abs. Admiss.-Sp. $p = 6$ kg od. atm.

Kolben		$\frac{e_1}{e}$							
		0,4	0,3	0,20	0,15	0,4	0,3	0,20	0,15
D cm	O qm	$\frac{N_i}{c}$				$\frac{N_e}{c}$			
19,8	0,030	13,5	11,2	8,2	6,4	10,3	8,4	6,0	4,5
22,9	0,040	18,0	14,9	11,0	8,6	13,9	11,4	8,2	6,2
25,6	0,050	22,5	18,6	13,7	10,7	17,6	14,4	10,3	7,8
29,2	0,065	29,2	24,2	17,8	13,9	23,2	19,0	13,7	10,4
32,4	0,080	35,9	29,8	22,0	17,2	28,8	23,7	17,0	12,9
36,2	0,100	44,9	37,3	27,5	21,5	36,5	29,9	21,5	16,4
40,5	0,125	56,1	46,6	34,3	26,8	46,1	37,9	27,3	20,8
44,4	0,150	67,3	55,9	41,2	32,2	55,8	45,8	33,0	25,2
47,9	0,175	78,5	65,2	48,1	37,6	65,6	53,9	38,9	29,7
51,2	0,200	89,8	74,6	54,9	43,0	75,4	62,0	44,7	34,2
54,9	0,230	103,2	85,7	63,2	49,4	87,2	71,8	51,8	39,6

c) $p = 7$ kg.

Kolben		$\frac{e_1}{e}$							
		0,333	0,25	0,20	0,15	0,333	0,25	0,20	0,15
D cm	O qm	$\frac{N_i}{c}$				$\frac{N_e}{c}$			
11,8	0,030	14,8	12,2	10,4	8,3	11,3	9,2	7,7	6,0
22,9	0,040	19,7	16,3	13,8	11,0	15,4	12,5	10,5	8,2
25,6	0,050	24,6	20,4	17,3	13,8	19,4	15,8	13,3	10,4
29,2	0,065	22,0	26,5	23,5	18,0	25,5	20,9	17,5	13,7
32,4	0,080	39,4	32,6	27,7	22,1	31,7	25,9	21,8	17,0
36,2	0,100	49,3	40,7	34,6	27,6	40,1	32,8	27,6	21,6
40,5	0,125	61,6	50,8	43,3	34,5	50,7	41,5	34,9	27,3
44,4	0,150	73,9	61,0	51,9	41,4	61,3	50,2	42,2	33,1
47,9	0,175	86,2	71,2	60,6	48,3	72,1	59,0	49,7	38,9
51,2	0,200	98,5	81,4	69,2	55,2	82,8	67,8	57,1	44,8
54,9	0,230	113,3	93,6	79,6	63,5	95,9	78,5	66,1	51,9

d) Abs. Admiss.-Sp. $p = 8$ kg oder atm.

Kolben		$\dfrac{e_1}{e}$							
		0,333	0,25	0,20	0,15	0,333	0,25	0,20	0,15
D cm	O qm	$\dfrac{N_i}{c}$				$\dfrac{N_e}{c}$			
19,8	0,030	17,5	14,6	12,5	10,1	13,6	11,1	9,4	7,5
22,9	0,040	23,4	19,5	16,7	13,5	18,4	15,1	12,8	10,2
25,6	0,050	29,2	24,4	20,9	16,9	23,2	19,1	16,2	12,9
29,2	0,065	38,0	31,7	27,1	21,9	30,5	25,2	21,4	17,0
32,4	0,080	46,8	39,0	33,4	27,0	37,9	31,3	26,5	21,1
36,2	0,100	58,5	48,7	41,7	33,7	47,9	39,5	33,6	26,7
40,5	0,125	73,1	60,9	52,1	42,2	60,6	50,0	42,5	33,8
44,4	0,150	87,7	73,1	62,6	50,6	73,2	60,5	51,4	41,0
47,9	0,165	102,3	85,3	73,1	59,1	86,0	71,1	60,4	48,2
51,2	0,200	117,0	97,4	83,5	67,5	98,9	81,7	69,4	55,4
54,9	0,230	134,5	112,1	96,0	77,6	114,4	94,5	80,3	64,1

e) $p = 9$ kg.

Kolben		$\dfrac{e_1}{e}$							
		0,3	0,20	0,15	0,125	0,3	0,20	0,15	0,125
D cm	O qm	$\dfrac{N_i}{c}$				$\dfrac{N_e}{c}$			
19,8	0,030	19,1	14,7	12,0	10,5	14,8	11,2	9,0	7,7
22,9	0,040	25,4	19,6	16,0	14,0	20,0	15,2	12,2	10,5
25,6	0,050	31,8	24,4	19,9	17,4	25,3	19,1	15,4	13,3
29,2	0,065	41,3	31,8	25,9	22,7	33,3	25,2	20,3	17,6
32,4	0,080	50,9	39,1	31,9	27,9	81,3	31,3	25,2	21,8
36,2	0,100	63,6	48,9	39,9	34,9	52,2	39,6	31,9	27,6
40,5	0,125	79,5	61,1	49,8	43,6	66,0	50,1	40,4	35,0
44,4	0,150	95,4	73,3	59,8	52,3	79,8	60,6	48,9	42,3
47,9	0,175	111,3	85,5	69,8	61,0	93,7	71,2	57,5	49,8
51,2	0,200	127,2	97,7	79,8	69,8	107,7	81,8	66,0	57,2
54,9	0,230	146,3	112,4	91,7	80,2	124,6	94,7	76,4	66,2

f) Abs. Admiss.-Sp. $p = 10$ kg oder atm.

Kolben		$\frac{N_i}{c}$				$\frac{N_e}{c}$			
D cm	O qm	0,3	0,20	0,15	0,125	0,3	0,20	0,15	0,125
19,8	0,030	21,7	16,8	13,8	12,1	16,9	12,9	10,4	9,1
22,9	0,040	29,0	22,4	18,4	16,2	22,9	17,5	14,2	12,3
25,6	0,050	36,2	28,0	23,0	20,2	28,9	22,1	17,9	15,6
29,2	0,065	47,0	36,4	29,9	26,3	38,1	29,1	23,6	20,6
32,4	0,080	57,9	44,8	36,8	32,4	47,2	36,1	29,3	25,6
36,2	0,100	72,3	56,0	46,0	40,5	59,6	45,6	37,1	32,3
40,5	0,125	90,5	70,0	57,5	50,6	75,4	57,7	46,9	40,9
44,4	0,150	108,5	84,0	69,0	60,7	91,1	69,8	56,7	49,5
47,9	0,175	126,6	98,0	80,5	70,8	107,0	82,0	66,7	58,2
51,2	0,200	144,7	112,0	92,0	80,9	122,9	94,2	76,6	66,8
54,9	0,230	166,4	128,8	105,8	93,0	142,2	109,0	88,7	77,4

B. Einzylinder-Kondensations-Maschinen.

a) Abs. Admiss.-Sp. $p = 6$ kg oder atm.

Kolben		$\frac{N_i}{c}$				$\frac{N_e}{c}$			
D cm	O qm	0,25	0,20	0,15	0,125	0,25	0,20	0,15	0,125
25,1	0,048	21,6	19,0	15,9	14,1	16,2	14,0	11,4	10,0
30,5	0,071	32,0	28,0	23,4	20,9	24,5	21,2	17,4	15,3
35,5	0,096	43,2	37,9	31,7	28,2	33,7	29,2	24,0	21,1
40,5	0,125	56,3	49,3	41,3	36,7	44,6	38,7	31,8	28,0
45,1	0,155	69,8	61,2	51,2	45,6	56,0	48,5	40,0	35,2
50,6	0,195	87,8	76,9	64,4	57,3	71,3	61,8	51,0	44,8
54,9	0,230	103,6	90,8	75,9	67,6	84,8	73,6	60,7	53,5

b) Abs. Admiss.-Sp. $p = 7$ kg oder atm.

Kolben		$\frac{e_1}{e}$							
		0,25	0,15	0,125	0,10	0,25	0,15	0,125	0,10
D cm	O qm	$\frac{N_i}{c}$				$\frac{N_e}{c}$			
25,1	0,048	25,5	18,7	16,7	14,5	19,3	13,8	12,1	10,3
30,5	0,071	37,7	27,7	24,7	21,4	29,2	20,9	18,3	15,6
35,5	0,096	51,0	37,5	33,4	29,0	40,1	28,8	25,3	21,6
40,5	0,125	66,3	48,8	43,5	37,7	53,1	38,1	33,6	28,7
45,1	0,155	82,3	60,5	53,9	46,8	66,5	47,8	42,2	36,0
50,6	0,195	103,5	76,1	67,8	58,8	84,7	60,9	53,8	45,9
54,9	0,230	122,1	89,7	80,0	69,4	100,7	72,5	64,0	54,8

c) $p = 8$ kg.

Kolben		$\frac{e_1}{e}$							
		0,25	0,15	0,125	0,10	0,25	0,15	0,125	0,10
D cm	O qm	$\frac{N_i}{c}$				$\frac{N_e}{c}$			
25,1	0,048	29,3	21,6	19,3	16,8	22,4	16,1	14,2	12,1
30,5	0,071	43,4	32,0	28,5	24,8	33,9	24,4	21,5	18,4
35,5	0,096	58,7	43,2	38,6	33,5	46,5	33,6	29,6	25,3
40,5	0,125	76,4	56,3	50,2	43,6	61,5	44,4	39,2	33,6
45,1	0,155	94,7	69,8	62,3	54,1	77,0	55,7	49,2	42,2
50,6	0,195	119,2	87,8	78,3	68,0	98,0	70,9	62,7	53,8
54,9	0,230	140,6	103,5	92,4	80,2	116,5	84,4	74,7	64,1

d) $p = 9$ kg.

Kolben		$\frac{e_1}{e}$							
		0,20	0,125	0,10	0,07	0,20	0,125	0,10	0,07
D cm	O qm	$\frac{N_i}{c}$				$\frac{N_e}{c}$			
25,1	0,048	29,1	21,9	19,0	15,2	22,2	16,3	13,9	10,8
30,5	0,071	43,1	32,4	28,1	22,5	33,6	24,6	21,1	16,4
35,5	0,096	58,3	43,7	38,0	30,4	46,1	33,9	29,1	22,7
40,5	0,125	75,8	57,0	49,5	39,7	61,0	44,8	38,5	30,1
45,1	0,155	94,0	70,6	61,4	49,1	76,4	56,2	48,3	37,8
50,6	0,195	118,3	88,8	77,3	61,9	97,2	71,6	61,6	48,2
54,9	0,230	139,5	104,8	91,1	73,0	115,5	85,2	73,3	57,4

C. Zweizylinder-Kondensations-Maschinen.

a) Abs. Admiss.-Sp. $p = 6$ kg oder atm.

Kolben		$\frac{e_1}{e}$							
		0,15	0,10	0,07	0,05	0,15	0,10	0,07	0,05
D cm	O qm	$\frac{N_i}{c}$				$\frac{N_e}{c}$			
34,7	0,092	27,1	20,6	16,1	12,7	20,1	14,7	10,9	8,0
40,5	0,125	36,8	28,0	21,8	17,2	28,0	20,5	15,2	11,3
45,1	0,155	45,6	34,8	27,1	21,4	35,2	25,8	19,2	14,3
49,9	0,190	55,9	42,6	33,2	26,2	43,6	32,1	24,0	17,9
54,9	0,230	67,7	51,6	40,2	31,7	53,4	39,4	29,5	22,0
60,1	0,275	81,0	61,7	48,1	37,9	64,6	47,6	35,7	26,7
64,8	0,320	94,2	71,8	56,0	44,1	57,7	56,0	42,0	31,6
69,7	0,370								

b) $p = 7$ kg.

Kolben		$\dfrac{e_1}{e}$							
		0,15	0,10	0,07	0,05	0,15	0,10	0,07	0,05
D	O	$\dfrac{N_i}{c}$				$\dfrac{N_e}{c}$			
cm	qm								
34,7	0,092	31,7	24,2	18,9	15,0	23,9	17,6	13,0	9,8
40,5	0,125	43,0	32,8	25,7	20,3	33,1	24,5	18,4	13,8
45,1	0,155	53,3	40,7	31,9	25,3	41,6	30,8	23,2	17,5
49,9	0,190	65,4	49,9	39,1	30,9	51,6	38,3	28,9	21,8
54,9	0,230	79,1	60,4	47,4	37,5	63,2	46,9	35,4	26,8
60,1	0,275	94,6	72,3	56,6	44,8	76,2	56,6	42,9	32,5
64,8	0,320	110,1	84,1	65,9	52,1	89,4	66,5	50,4	38,2
69,7	0,370	127,3	97,3	76,2	60,3	104,1	77,5	58,8	44,7

c) $p = 8$ kg.

Kolben		$\dfrac{e_1}{e}$							
		0,15	0,10	0,07	0,05	0,15	0,10	0,07	0,05
D	O	$\dfrac{N_i}{c}$				$\dfrac{N_e}{c}$			
cm	qm								
34,7	0,092	36,6	28,0	22,0	17,5	27,9	20,7	15,7	11,9
40,5	0,125	49,7	38,1	30,0	23,8	38,7	28,8	21,9	16,6
45,1	0,155	61,6	47,2	37,1	29,5	48,6	36,2	27,5	21,0
49,9	0,190	75,5	57,8	45,5	36,2	60,2	45,0	34,3	26,2
54,9	0,230	91,4	70,0	55,1	43,8	73,6	55,0	42,0	32,1
60,1	0,275	109,3	83,7	65,9	52,4	88,9	66,4	50,7	38,8
64,8	0,320	127,1	97,5	76,6	60,9	104,2	78,0	59,6	45,7
69,7	0,370	147,0	112,7	88,6	70,4	121,3	90,8	69,4	53,3

d) $p = 9$ kg.

Kolben		$\dfrac{e_1}{e}$							
		0,15	0,10	0,07	0,05	0,15	0,10	0,07	0,05
D	O	$\dfrac{N_i}{c}$				$\dfrac{N_e}{c}$			
cm	qm								
34,7	0,092	41,5	31,9	25,1	20,0	32,0	23,9	18,2	13,9
40,5	0.125	56,3	43,3	34,2	27,2	44,2	33,1	25,3	19,4
45,1	0,155	69,9	53,7	42,3	33,8	55,5	41,6	31,8	24,5
49,9	0,190	85,6	65,8	51,9	41,4	68,8	51,6	39,5	30,4
54,9	0,230	103,6	79,6	62,8	50,1	84,1	63,2	48,5	37,4
60,1	0,275	123,9	95,2	75,1	59,9	101,4	76,3	58,6	45,2
64,8	0,320	144,2	110,8	87,4	69,7	118,9	89,4	68,7	53,1
69,7	0,370	166,8	128,1	101,0	80,6	138,4	104,2	80,1	61,9

Dampfverbrauch

(nach Hrabâk).

Der Gesamtdampfverbrauch C_i setzt sich zusammen aus

1. dem nutzbaren Dampfverbrauch C_i'
2. dem Abkühlungsverlust C_i''
3. dem Dampflässigkeitsverlust C_i'''

$$C_i = C_i' + C_i'' + C_i'''$$

Ad 1. C_i' ist direkt aus Tabelle für indizierte PS und Stunde zu entnehmen.

Ad 2. Da C_i'' auch von der jeweiligen Füllung $\dfrac{e_1}{e}$ und der Kolbengeschwindigkeit c abhängig ist, so muß der in Tabelle angegebene Wert $x \cdot C_i''$ mit dem von diesen Faktoren abhängigen Werte $\dfrac{1}{x}$, welcher gleichfalls aus Tabelle zu entnehmen ist, multipliziert werden. Der so erhaltene Wert C_i'' ist gültig für 1 PS und Stunde.

Die so erhaltenen Werte von C_i'' haben bloß Geltung für das Hubverhältnis $\dfrac{l}{D} = \dfrac{2}{1}$; soll ein anderes Hubverhältnis in Rechnung gezogen werden, so ist C_i'' mit dem in einer dritten Tabelle angeführten Koeffizienten zu multiplizieren.

Ad 3. C_i''' kann direkt aus Tabelle für indizierte PS und Stunde entnommen werden.

Werte für C_i' in kg pro 1 PS_i und Stunde.

Einzylinder-Auspuff-Maschinen mit Expansionssteuerung.

p	für $\frac{e_1}{e} =$							
	0,5	0,4	0,333	0,3	0,25	0,20	0,15	0,125
5	12,2	11,2	10,7	10,4	10,2	10,1	—	—
6	—	10,5	9,9	9,6	9,3	9,0	9,0	—
7	—	—	9,4	9,1	8,7	8,4	8,2	8,2
8	—	—	9,0	8,7	8,3	8,0	7,7	7,7
9	—	—	8,7	8,5	8,1	7,7	7,4	7,3
10	—	—	8,5	8,3	7,9	7,5	7,1	7,0

Einzylinder-Kondensations-Maschinen.

p	für $\frac{e_1}{e} =$						
	0,25	0,20	0,15	0,125	0,10	0,07	0,05
6	7,2	6,8	6,4	6,2	5,9	5,7	—
7	7,1	6,7	6,2	6,0	5,8	5,6	5,5
8	7,0	6,6	6,2	5,9	5,7	5,5	5,4
9	6,9	6,5	6,1	5,9	5,7	5,4	5,3

Zweizylinder-Kondensations-Maschinen.

p	für $\frac{e_1}{e} =$			
	0,15	0,10	0,07	0,05
6	5,3	4,6	4,4	4,1
7	5,2	4,4	4,1	3,8
8	5,2	4,4	4,0	3,8
9	5,1	4,4	3,9	3,7

Tabelle I zur Ermittlung von C_i''

Werte für $x\,C_i''$ in kg pro 1 PS$_i$ und Stunde.

Einzylinder-Auspuff-Maschinen mit Expansionssteuerung.

p	für $\frac{e_1}{e} =$							
	0,5	0,4	0,333	0,3	0,25	0,20	0,15	0,125
5	9,9	9,3	8,9	8,8	8,7	8,8	—	—
6	—	9,1	8,7	8,5	8,3	8,2	8,4	—
7	—	—	8,5	8,3	8,1	7,9	7,9	8,1
8	—	—	8,4	8,2	7,9	7,7	7,6	7,6
9	—	—	8,3	8,1	7,8	7,5	7,4	7,4
10	—	—	8,2	8,0	7,7	7,4	7,2	7,2

Einzylinder-Kondensations-Maschinen.

p	für $\frac{e_1}{e} =$						
	0,25	0,20	0,15	0,125	0,10	0,07	0,05
6	6,8	6,4	5,9	5,7	5,4	5,1	—
7	6,8	6,3	5,9	5,6	5,4	5,1	4,8
8	6,8	6,3	5,8	5,6	5,3	5,0	4,8
9	6,8	6,3	5,8	5,5	5,3	5,0	4,7

Zweizylinder-Kondensations-Maschinen.

p	für $\frac{e_1}{e} =$			
	0,15	0,10	0,07	0,05
6	4,0	3,6	3,4	3,2
7	4,0	3,8	3,6	3,3
8	4,0	3,8	3,6	3,3
9	4,0	3,6	3,5	3,3

Tabelle II zur Ermittlung von C_i''.

Werte für $\frac{1}{x}$.

Einzylinder-Auspuff-Maschinen mit Expansionssteuerung.

	für $\frac{e_1}{e} =$							
	·0,5·	0,4	0,333	0,3	0,25	0,20	0,15	0,125
$c = 1,0$ m	0,59	0,63	0,66	0,68	0,71	0,74	0,77	0,79
1,5	0,48	0,52	0,54	0,56	0,58	0,60	0,63	0,64
2,0	0,42	0,45	0,47	0,48	0,50	0,52	0,54	0,56
3,0	0,34	0,36	0,38	0,39	0,41	0,43	0,44	0,45
4,0	0,29	0,32	0,33	0,34	0,35	0,37	0,38	0,39
5,0	0,26	0,28	0,30	0,30	0,32	0,33	0,34	0,35

Einzylinder-Kondensations-Maschinen.

	für $\frac{e_1}{l} =$					
	0,25	0,20	0,15	0,125	0,10	0,07
$c = 1,0$ m	0,71	0,74	0,77	0,79	0,80	0,83
1,5	0,58	0,60	0,63	0,64	0,66	0,67
2,0	0,50	0,52	0,54	0,56	0,57	0,58
3,0	0,41	0,43	0,44	0,45	0,46	0,48
4,0	0,35	0,37	0,38	0,39	0,40	0,41
5,0	0,32	0,33	0,34	0,35	0,36	0,37

Einzylinder-Kondensations-Maschinen.

	für $\frac{e_1}{e} =$			
	0,15	0,10	0,07	0,05
$c = 1,5$ m	0,63	0,66	0,67	0,69
2,0	0,54	0,57	0,58	0,59
3,0	0,44	0,46	0,48	0,49
4,0	0.38	0,40	0,41	0,42
5,0	0,34	0,36	0,37	0,38

Tabelle III zur Ermittlung von C_i''
gültig für alle drei Arten von Maschinen.

Korrektions-Koeffizient für C_i'' bei dem jeweiligen Hubverhältnisse $l \cdot D$.

Wenn $l \cdot D =$	0,6	0,8	1,0	1,25	1,5	1,75	2	2,5	3	3,5	4	5
Koeffizient =	0,73	0,77	0,82	0,87	0,91	0,96	1	1,08	1,15	1,22	1,29	1,41

Dampflässigkeitsverlust C_i'''

(im Dampfzylinder allein) pro indizierte PS und Stunde in kg.

A. Bei den Einzylinder-Maschinen mit Auspuff und Kondensation.

N_i PS indiz.	für die Kolbengeschwindigkeit c in m =										
	0,6	0,8	1,0	1,2	1,5	2,0	2,5	3,0	3,5	4,0	5,0
10	4,4	3,7	3,3	3,0	2,6	2,2	2,0	1,8	—	—	—
13	4,0	3,4	3,0	2,7	2,4	2,0	1,8	1,6	—	—	—
15	3,8	3,2	2,8	2,5	2,2	1,9	1,6	1,5	—	—	—
20	3,4	2,8	2,5	2,2	1,9	1,6	1,5	1,3	—	—	—
30	2,9	2,4	2,1	1,9	1,7	1,4	1,2	1,1	—	—	—
40	2,6	2,2	1,9	1,7	1,5	1,2	1,1	1,0	—	—	—
50	2,4	2,0	1,8	1,6	1,4	1,1	1,0	0,9	0,8	0,8	0,7
60	—	—	1,7	1,5	1,3	1,1	0,9	0,8	0,8	0,7	0.6
70	—	—	1,6	1,4	1,2	1,0	0,9	0,8	0,7	0,7	0,6
100	—	—	1,4	1,2	1,1	0,9	0,8	0,7	0,6	0,6	0,5
150	—	—	1,2	1,1	0,9	0,8	0,7	0,6	0,5	0,5	0,4
200	—	—	1,2	1,0	0,9	0,7	0,6	0,5	0,5	0,5	0,4
300	—	—	1,0	0,9	0,8	0,6	0,5	0,5	0,4	0,4	0,3

B. Bei den Zweizylinder-Maschinen.

N_i PS indiz.	für die Kolbengeschwindigkeit c in m =										
	0,6	0,8	1,0	1,2	1,5	2,0	2,5	3,0	3,5	4,0	5,0
50	2,1	1,7	1,5	1,3	1,1	1,0	0,8	0,8	0,7	0,6	0,5
70	—	—	1,3	1,2	1,0	0,8	0,7	0,7	0,6	0,6	0,5
100	—	—	1,2	1,0	0,9	0,7	0,6	0,6	0,5	0,5	0,4
150	—	—	1,0	0,9	0,8	0,6	0,5	0,5	0,4	0,4	0,4
250	—	—	0,9	0,8	0,7	0,6	0,5	0,4	0,4	0,4	0,3
400	—	—	0,8	0,7	0,6	0,5	0,4	0.4	0,3	0,3	0,3
600	—	—	0,7	0,6	0,5	0,4	0,4	0,3	0,3	0,3	0,2
1000	—	—	0,6	0,5	0,5	0,4	0,3	0,3	0,2	0,2	0,2

Schornsteine.

Es bezeichne:

H die Heizfläche der Kesselanlage in qm

R » Rostfläche » » » »

B » Brennstoffmenge in kg, welche von der Kesselanlage
pro Stunde verzehrt wird.

Nach H. v. R e i c h e erhält man, falls diese Werte einer Anlage
bekannt sind, Höhe und Durchmesser des Schornsteins nach den Formeln:

$$d = 0,1 \left(\frac{B}{R} \cdot R\right)^{0,4} = 0,1\, B^{0,4}$$

$$h = 0,00277 \left(\frac{B}{R}\right)^{2} + 6\,d.$$

Tabellarisch lassen sich die Werte dieser Formeln folgendermaßen wiedergeben, wobei die Maße in Meter gelten und Steinkohlenfeuerung angenommen ist.

h	Lichter Durchmesser		Wandstärke		Ungefähre Heizfläche	Preis des Schornsteins
	oben	unten	oben	unten	qm	$\mathcal{M}$
16	0,5	1,0	0,15	0,30	30	500
17	0,6	1,0	0,15	0,33	36	550
18	0,6	1,0	0,15	0,35	40	600
20	0,7	1,18	0,15	0,36	50	1 000
22	0,75	1,25	0,15	0,40	65	1 500
25	0,90	1,40	0,15	0,40	90	2 000
28	1,0	1,70	0,15	0,45	135	2 800
30	1,1	1,75	0,15	0,48	175	3 200
33	1,2	1,90	0,2	0,55	240	4 200
36	1,3	2,15	0,2	0,6	300	5 600
40	1,5	2,60	0,25	0.7	360	7 000
45	1,6	2,8	0,3	0,75	480	9 600
50	1,8	3,2	0,3	0,8	630	11 000

Bemerkungen: Für Überschlagsrechnungen nehme man $h = 25\,d$
angenähert.

In Abständen von ca. 4—5 m nimmt bei runden Schornsteinen
die Wandstärke um 5 cm zu. Gegen Winddruck am günstigsten runde
Schornsteine, weniger günstig achteckige, viereckige nicht zu empfehlen.
Sockel vier- oder achteckig und ca. $^{1}/_{5}\,h$ hoch. Fundament abhängig
von den Baugrundverhältnissen, bei schlechtem Baugrund ein Betonpfahlrost nötig.

Die Kosten eines Schornsteins ergeben sich nach der Formel
in Mark: $k = n \cdot h \cdot d$, worin h und d in Meter einzusetzen, Koeffizient n
je nach der Ausführung zwischen 100 bis 150.

a) Cornwallkessel mit 1 Flammrohr. (L. A. Riedinger, Augsburg.)

Laufde. Nr. des Kessels	Wasser-berührte Heizfläche in qm	Dimensionen des Kessels			Kessel Gewicht kg	Ofen- und Kesselarmat. Gewicht kg	Kessel inkl. Armatur Gewicht kg
		Durchm. mm	Länge mm	Flammrohr Durchm. mm			
1	9	1300	2450	600	1950	1565	3 151
2	12	1300	3100	600	2600	1700	4300
3	15	1300	3600	600	3250	1750	5000
4	18	1300	4600	600	3850	1825	5675
5	21	1300	5300	600	4500	2580	7080
6	25	1500	5000	800	5000	2680	7680
7	30	1500	5900	800	6000	2750	8750
8	35	1500	6800	800	7000	2850	9850
9	40	1500	7700	800	8000	3000	11000

b) Cornwallkessel mit 2 Flammröhren und mit oder ohne 2 darüber liegenden Vorwärmern.

(L. A. Riedinger, Augsburg.)

Lfd. Nr. des Kessels	Wasserberührte Heizfläche			Dimensionen des Kessels					Gewicht des Kessels		Gewicht der Ofen- u. Kesselarmatur		Gewicht des Kessels mit Armatur	
				Cornwallkessel			2 Vorwärmer je							
	Total	des Kessels	der 2 Vorwärmer	Durchm.	Länge	2 Flammrohre Durchm.	Durchmesser	Länge	mit Vorwärmer	ohne Vorwärmer	mit Vorwärmer	ohne Vorwärmer	mit Vorwärmer	ohne Vorwärmer
	qm	qm	qm	mm	mm	mm	mm	mm	kg	kg	kg	kg	kg	kg
1	47	30	17	1800	4400	600	600	5700	9 650	6 000	2950	2400	12 600	8 400
2	55	35	20	1800	5 200	600	600	6500	9 900	7 000	3770	3060	13 670	10 060
3	62	40	22	1900	5 400	650	600	6 700	11 000	8 000	3850	3280	14 850	11 280
4	69	45	24	1900	6 200	650	600	7 500	12 200	9 000	4175	3400	16 375	12 280
5	76	50	26	1900	6 800	650	600	8 100	13 400	10 000	4200	3485	17 600	13 485
6	83	55	28	2000	7 000	700	600	8 300	14 500	11 000	4265	3660	18 765	14 660
7	90	60	30	2000	7 600	700	600	8 900	15 700	12 000	4740	3970	20 440	15 970
8	97	65	32	2000	8 200	700	600	9 500	16 900	13 000	4875	4100	21 775	17 100
9	100	70	30	2200	8 000	800	600	9 300	17 800	14 000	4985	4300	22 785	18 300
10	108	75	33	2200	8 400	800	600	9 700	19 000	15 000	5250	4420	24 250	19 420
11	115	80	35	2200	9 000	800	600	10 300	20 200	16 000	5325	4530	25 525	20 530
12	123	85	38	2200	10 000	800	600	11 300	21 500	17 000	5425	4570	26 925	21 570

Gleichstrommotoren Modell Gc. (Siemens-Schuckert-Werke.)

Modell	Bei hoher Tourenzahl								Bei niedriger Tourenzahl						Gewicht des Motors mit Riemenscheibe	
	Leistung PS	Touren pro Minute	Wirkungsgrad etwa %	Energieverbrauch etwa Kw	Stromverbrauch bei 110 Volt Amp.	220 Volt Amp.	Stromverbrauch bei 440 Volt Amp.	500 Volt Amp.	Leistung PS	Touren pro Minute	Wirkungsgrad etwa %	Energieverbrauch etwa Kw	Stromverbrauch bei 110 Volt Amp.	220 Volt Amp.	netto kg	brutto kg
Gc 1½	1,3	1040	72	1,3	12	6	3	2,6	0,6	490	67	0,7	6,4	3,2	120	150
	1,6	1250	73	1,6	15	7,5	3,8	3,2	0,75	600	68	0,8	7,3	3,7		
Gc 2	2	980	77	1,9	17	8,5	4,2	3,8	0,9	470	72	0,9	8,2	4,1	140	170
	2,5	1200	78	2,4	22	11	5,5	4,8	1,1	580	73	1,1	10	5		
Gc 3	3	980	80	2,8	26	13	6,5	5,6	1,3	470	75	1,3	12	6	170	200
	3,6	1200	81	3,3	30	15	7,5	6,6	1,6	580	76	1,6	15	7,5		
Gc 3½	4	950	81	3,6	33	16,5	8,2	7,2	1,8	450	76	1,7	16	8	190	230
	5	1170	82	4,5	41	20,5	10,3	9	2,2	560	77	2,1	19	9,5		
Gc 5	5,5	920	82	5,0	46	23	11,5	10	2,6	440	77	2,5	23	11,5	240	290
	7	1130	83	6,2	57	28	14	12,4	3,2	550	78	3	27	13,5		
Gc 6½	7,5	870	83	6,6	60	30	15	13,2	3,5	430	78	3,3	30	15	330	380
	9,5	1070	84	8,4	77	38	19	16,8	4,5	520	79	4,2	38	19		
Gc 9	10	840	84	8,8	80	40	20	17,6	4,5	410	79	4,2	38	19	375	450
	12	1030	85	10,4	95	47	24	21	5,5	500	80	5,1	46	23		
Gc 11	13	790	85	11,3	103	51	26	22,5	6	380	80	5,5	50	25	480	600
	16	970	86	13,5	124	62	31	27	7,2	470	81	6,6	60	30		
Gc 14	17	760	86	14,5	132	66	33	29	7,7	360	81	7	64	32	630	780
	21	930	87	18,0	164	82	41	36	9,5	450	82	8,6	78	39		
Gc 18	21	680	86	18,0	164	82	41	36	9,5	330	81	8,7	79	40	780	950
	26	840	87	22,0	200	100	50	44	11,5	400	82	10,3	94	47		

Gleichstrommaschinen Modell Gc 1½—18.
(Siemens-Schuckert-Werke.)

Modell	a	b	c	d	e	f	i	H	d_0[1]
Gc 1½	723	282	453	110	85	55	284	190	100
Gc 2	753	310	493	130	90	60	284	210	115
Gc 3	817	340	548	140	100	70	340	240	125
Gc 3½	847	320	548	160	110	80	340	240	145
Gc 5	912	330	579	190	120	90	340	255	170
Gc 6½	967	380	639	230	130	100	390	275	210
Gc 9	1101	390	659	260	140	110	424	285	235
Gc 11	1166	432	676	290	150	120	444	300	260
Gc 14	1271	470	733	330	170	140	464	320	300
Gc 18	1361	470	773	390	190	160	546	340	350

[1] d_0 bedeutet den kleinsten zulässigen Riemenscheiben-Durchmesser bei horizontalem und bei nach unten gerichtetem Riemenzug; bei nach oben gerichtetem Riemenzug ist eine weitere Verkleinerung dieses Durchmessers um 10% zulässig.

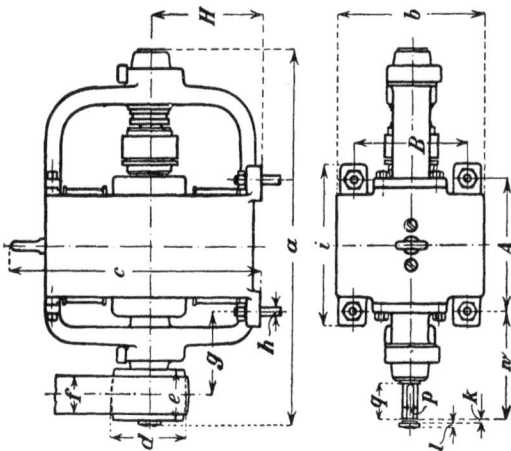

Maße in Millimetern.

Gleichstrommotoren Modell GM.

(Siemens-Schuckert-Werke.)

Modell	Bei hoher Tourenzahl								Bei niedriger Tourenzahl						Gewicht des Motors mit Riemenscheibe	
	Leistung PS	Touren pro Minute	Wirkungsgrad etwa %	Energieverbrauch etwa Kw	Stromverbrauch bei 110 Volt Amp.	220 Volt Amp.	Stromverbrauch bei 440 Volt Amp.	500 Volt Amp.	Leistung PS	Touren pro Minute	Wirkungsgrad etwa %	Energieverbrauch etwa Kw	Stromverbrauch bei 110 Volt Amp.	220 Volt Amp.	netto kg	brutto kg
GM 201	14	1080	85	11,8	107	53,5	26,9	23,6	7	540	81	6,4	58	29	450	540
	17,5	1340	86	15	135	68	34	30	8,5	670	82	7,6	69	34,5		
GM 211	17,5	1000	86	15	135	68	34	30	8,5	500	82	7,6	69	34,5	600	700
	21	1250	87	17,8	160	80	40	35	10	625	83	8,9	81	40,5		
GM 221	24	960	87	20,2	185	92,5	46	40	12	480	83	10,6	96	48	800	950
	29	1190	88	24,1	219	109	55	48	14	590	84	12,2	111	55		
GM 231	30	870	87,5	25,1	228	114	57	50	15	435	84	13,1	119	60	1000	1150
	36	1080	88,5	30	270	135	68	60	18	540	85	15,6	142	71		
GM 241	36	780	88	30	270	135	68	60	18	390	84,5	15,7	143	72	1300	1600
	45	970	89	37,1	335	168	84	74	22,5	485	86	19,2	175	88		

Gleichstrommotoren Modell GM 251—GM 332 für Leistungen von 23—280 PS.

(Siemens-Schuckert-Werke.)

Modell	Bei hoher Tourenzahl								Bei niedriger Tourenzahl						Gewicht des Motors mit Riemenscheibe	
	Lei-stung PS	Touren pro Minute	Wir-kungs-grad etwa %	Ener-giever-brauch etwa Kw	Strom-verbrauch bei 110 Volt Amp.	220 Volt Amp.	Strom-verbrauch bei 440 Volt Amp.	500 Volt Amp.	Lei-stung PS	Touren pro Minute	Wir-kungs-grad etwa %	Ener-giever-brauch etwa Kw	Strom-verbrauch bei 110 Volt Amp.	220 Volt Amp.	netto kg	brutto kg
GM 251	46	740	89	38	345	172	86	76	23	370	85	20	182	91	1700	2100
	58	915	90	48	435	218	109	96	29	455	86,5	25	227	113		
GM 261	60	700	90	49	445	222	111	98	30	350	86	26	236	118	2100	2500
	72	860	90,5	58	530	265	133	116	36	430	87	30	273	137		
GM 271	82	650	90,5	67	610	305	151	133	41	325	87	35	318	159	2800	3300
	100	800	91	81	735	367	185	162	50	400	88	42	381	190		
GM 281	105	600	91	85	775	387	193	170	52	300	88	44	400	200	3700	4200
	130	740	91	105	955	478	239	210	65	370	88	54	490	245		
GM 301	120	550	91	97	880	440	220	194	60	275	88	50	455	230	4000	4500
	145	680	91	117	1060	530	265	234	72	340	89	60	545	275		
GM 311	150	510	91	122	1110	555	280	244	75	255	89	62	565	285	5100	5700
	185	620	91,5	149	1350	675	340	300	92	310	89,5	76	690	345		

Gleichstrommaschinen

(Siemens-Schuckert-Werke.)

Modell GM 251—311.

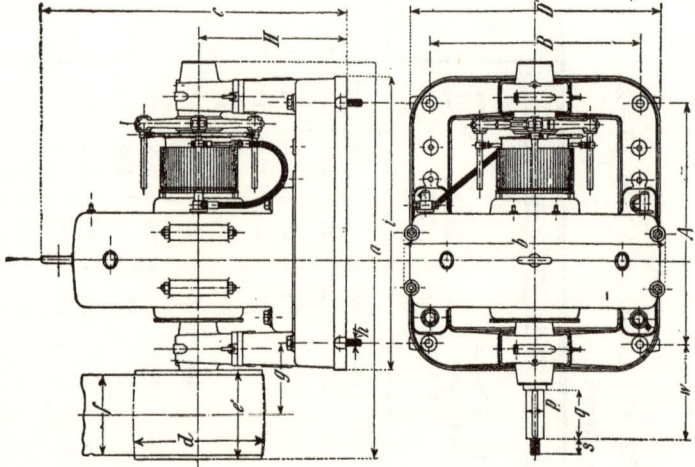

Modell GM 201—241.

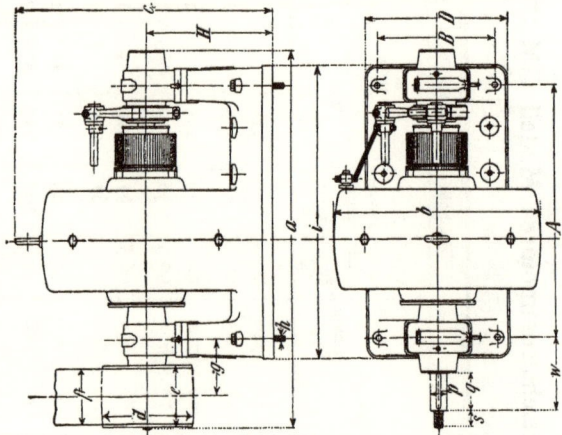

Maße in Millimetern.

Die hier angegebenen Maße gelten auch für die Modelle hGM.

Modell	a	b	c	d	e	f	i	D	H	d_v[1]
GM 201	1075	570	715	230	140	120	850	420	355	230
GM 211	1185	620	770	260	170	150	930	440	385	260
GM 221	1270	680	847	305	200	180	1000	470	420	305
GM 231	1340	750	920	360	230	210	1055	520	460	360
GM 241	1455	830	1020	400	260	230	1130	600	500	400
GM 251	1580	980	1110	460	280	250	1230	910	550	460
GM 261	1695	1095	1217	520	300	270	1335	1020	600	520
GM 271	1828	1160	1319	560	350	320	1410	1080	650	560
GM 281	2025	1250	1455	620	400	370	1550	1200	710	620
GM 301	2040	1192	1414	680	460	420	1500	1160	705	680
GM 311	2230	1312	1545	770	540	500	1595	1280	760	770

d_v bedeutet den kleinsten zulässigen Riemenscheiben-Durchmesser.

Drehstrommotoren Modell MD für 1500 Touren. Frequenz = 50.

(Siemens-Schuckert-Werke.)

Ausführung a. Modell	Bei voller Leistung		Bei niedrigen Spannungen					Bei höheren Spannungen		Gewicht für Ausführung a mit Riemenscheibe	
	Touren pro Minute	cos φ (bei Schleifringanker)	Bei voller Leistung							netto kg	brutto kg
			für Spannungen bis Volt	Leistung PS	Wirkungsgrad (bei Schleifringanker) %	Energieverbrauch etwa Kilowatt	Stromstärke in jeder Leitung bei 500 Volt Amp.	für Spannungen bis Volt	Leistung PS		
MD 81—1500	1440—1430	0,83	500	3,50	81,5	3,2	4,2	—	—	82	110
MD 111—1500		0,85	»	5	82,5	4,4	6,1	—	—	115	150
MD 131—1500		0,86	500	7	83,5	6,2	8,3	—	—	160	200
MD 150—1500		0,87	»	10	85	8,6	11,5	1000	8	250	310
MD 160—1500		0,88	»	12	85,5	10,1	13,5	»	10	270	330
MD 170—1500		0,88	500	15	86,5	12,7	16,8	1000	13	290	360
MD 180—1500		0,89	»	20	88	16,7	21,7	»	17	340	430

Drehstrommotoren Modell MD für 1000 und 750 Touren. Frequenz = 50.

(Siemens-Schuckert-Werke.)

Ausführung a. Modell	Bei voller Leistung		Bei niedrigen Spannungen			Bei voller Leistung		Bei höheren Spannungen		Gewicht für Ausführung a mit Riemenscheibe	
	Touren pro Minute	cos φ (bei Schleifringanker)	für Spannungen bis Volt	Leistung PS	Wirk.-Grad (bei Schleifringanker) %	Energieverbrauch etwa Kilowatt	Stromstärke in jed Leitg. bei 500 Volt Amp.	für Spannungen bis Volt	Leistung PS	netto kg	brutto kg
MD 132—1000		0,80	500	5	80	4,6	6,7	—	—	190	240
MD 150—1000		0,81	"	6	81	5,5	7,8	—	—	250	310
MD 180—1000		0,86	"	15	87	12,7	17	1000	13	370	460
MD 190—1000	975—930	0,87	"	20	88	16,7	22,5	"	17	400	490
MD 200—1000		0,87	"	25	89	20,6	27,5	2000	20	460	560
MD 210—1000		0,88	"	30	89,5	24,6	33,5	"	25	530	640
MD 220—1000		0,88	"	35	90	28,6	37,5	"	30	600	720
MD 221—1000		0,89	"	40	90	32,7	42,5	"	34	670	790
MD 230—1000		0,89	1000	50	90,5	40,6	52,5	3000	38	800	940
MD 231—750		0,87	500	40	90	32,7	43,5	2000	35	850	1000
MD 240/20—750		0,87	"	50	90,5	40,6	54	3000	44	950	1100
MD 240/25—750		0,88	"	60	91	48,5	64	"	53	1100	1300
MD 260/25—750	730—710	0,88	1000	75	91,5	60,5	80	"	66	1280	1550
MD 260/30—750		0,88	"	90	92	72	95	"	80	1400	1700
MD 280/20—750		0,89	"	100	92	80	104	"	90	1530	1900
MD 280/25—750		0,89	"	125	92	100	130	"	110	1770	2200

Drehstrommotoren Modell MD 81—280/30.

(Siemens-Schuckert-Werke.)

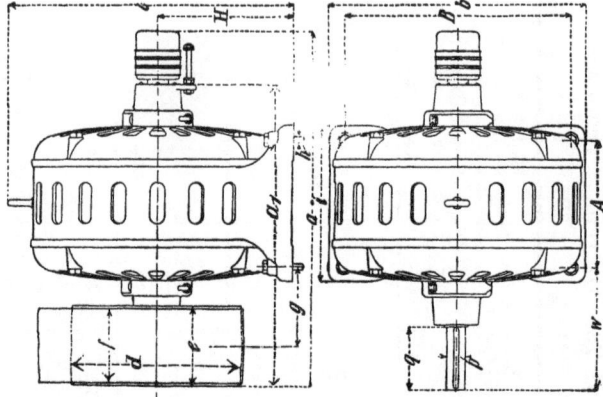

Modell MD 81—132.

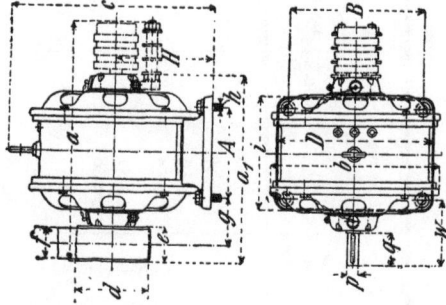

Modell MB 150—280/30.

Maße in Millimetern.

Modell	$a^1)$	$a_1{}^1)$	b	c	d	e	f	H
MD 81—1500	475	372	344	415	150	70	60	200
MD 111	530	427	380	450	165	90	80	220
MD 131	615	480	420	504	200	100	90	240
MD 132—1000	645	515	420	512	200	100	90	240
MD 150	820	655	474	542	165	130	110	240
MD 160	840	675	505	585	215	130	110	260
MD 170—1500	945	745	560	650	215	160	140	285
MD 170—1000	855	690	505	585	215	160	140	260
MD 180—1500	1000	800	596	685	215	180	160	300
MD 180	920	720	545	615	215	180	160	270
MD 190	960	760	560	650	320	180	160	285
MD 200	1030	830	596	675	320	220	200	300
MD 210	1065	865	645	720	365	240	220	325
MD 220	1105	905	675	740	400	260	240	335
MD 221	1165	965	675	740	400	280	260	335
MD 230	1220	1020	695	810	400	300	270	360
MD 231—750	1270	1070	695	810	400	340	310	360
MD 240/20	1240	1040	740	873	450	300	270	390
MD 240/25	1340	1140	740	873	450	350	320	390
MD 260/25	1310	1100	905	1017	600	280	250	470
MD 260/30	1410	1200	905	1017	600	330	300	470
MD 280/20	1400	1190	1040	1150	700	280	250	550
MD 280/25	1500	1290	1040	1150	700	350	320	550

¹) Das Maß a gilt sowohl für Motoren mit Schleifringen als mit selbsttätiger Gegenschaltung mit Ausnahme von Modell MD 81—111 und MD 131—132. Bei ersterem ist dieses Maß für Gegenschaltung um 20 mm kleiner, bei letzterem um 50 mm kleiner als in der Tabelle angegeben. Das Maß a_1 gilt für Ausführung mit Kurzschlußanker.

Drehstrommotoren Modell Nd für 1500 Touren. Frequenz = 50.

(Siemens-Schuckert-Werke.)

Ausführung c   Ausführung d

Model	Touren pro Minute	Bei voller Leistung cos φ (bei Schleifringanker)	Bei niedrigen Spannungen — Bei voller Leistung					Bei höheren Spannungen		Gewicht für Ausführung a mit Riemenscheibe	
			für Spannungen bis Volt	Leistung PS	Wirk-Grad. (bei Schleifringanker) %	Energieverbrauch etwa Kilowatt	Stromstärke in jed. Leitg. bei 500 Volt Amp.	für Spannungen bis Volt	Leistung PS	netto kg	brutto kg
Nd 3/1500		0,88	500	3	80	2,8	3,6	—	—	125	175
Nd 4/1500		0,88	»	4	81	3,6	5	—	—	155	220
Nd 5/1500		0,88	»	5	82	4,5	6	—	—	175	250
Nd 7/1500		0,89	»	7	83,5	6,2	8	—	—	220	310
Nd 9/1500		0,89	»	9	85	7,8	10	1000	8	260	360
Nd 12/1500	1480—1430	0,89	»	12	86	10,3	13,5	»	10,5	310	440
Nd 17/1500		0,85	»	17	86	14,5	20	»	15	415	550
Nd 26/1500		0,86	»	26	88	21	28	2000	23	570	700
Nd 35/1500		0,89	»	35	89,5	28,8	37,5	»	31	700	880
Nd 45/1500		0,90	»	45	90,5	36,6	47	»	40	830	1075
Nd 60/1500		0,90	»	60	91,5	48,3	62	»	53	1020	1300
Nd 90/1500		0,90	1000	90	92	72	92,5	3000	80	1500	1800
Nd 130/1500		0,91	»	130	93	103	130	»	115	2000	2300
Nd 160/1500		0,91	»	160	93	127	160	»	140	2300	2600
Nd 200/1500		0,91	»	200	93	158	200	»	175	2700	3000
Nd 240/1500		0,91	»	240	93	190	240	»	215	3000	3350

Drehstrommotoren Modell Nd für 1500 Touren. (Siemens-Schuckert-Werke.)

Modell	$a^1)$	$a_1{}^1)$	$a_2{}^1)$	b	c	d	e	f	H	$d_0{}^2)$
Nd 3/1500	600	525	220	419	452	115	90	60	210	95
Nd 4/1500	615	540	220	515	526	130	100	70	250	105
Nd 5/1500	695	605	260	515	526	135	100	70	250	110
Nd 7/1500	695	605	260	555	575	180	100	70	280	150
Nd 9/1500	765	685	260	555	575	180	120	90	280	150
Nd 12/1500	735	645	260	665	686	220	120	90	340	185
Nd 17/1500	820	710	295	705	745	250	140	110	360	215
Nd 26/1500	955	845	315	775	812	280	150	120	400	240
Nd 35/1500	1060	950	315	810	827	325	160	130	400	290
Nd 45/1500	1100	920	315	830	883	340	190	—	410	—
Nd 60/1500	1360	1220	315	830	883	340	240	—	410	—
Nd 90/1500	1395	1315	370	990	1015	355	290	—	470	—
Nd 130/1500	1440	1360	340	990	1025	370	390	—	470	—
Nd 160/1500	1500	1375	365	1190	1260	370	460	—	590	—
Nd 200/1500	1540	1405	—	1190	1260	—	—	—	590	—
Nd 240/1500	1500	1400	—	1190	1195	—	—	—	590	—

[1] Das Maß a gilt für Motoren mit Schleifringanker, a_1 für Motoren mit Kurzschlußanker und a_2 für Motoren mit Bürstenabhebevorrichtung.

[2] d_0 bedeutet den kleinsten zulässigen Riemenscheiben-Durchmesser bei horizontalem und bei nach unten gerichtetem Riemenzug; bei nach oben gerichtetem Riemenzug ist eine weitere Verkleinerung dieses Durchmessers um 10% zulässig

Maße in Millimetern.

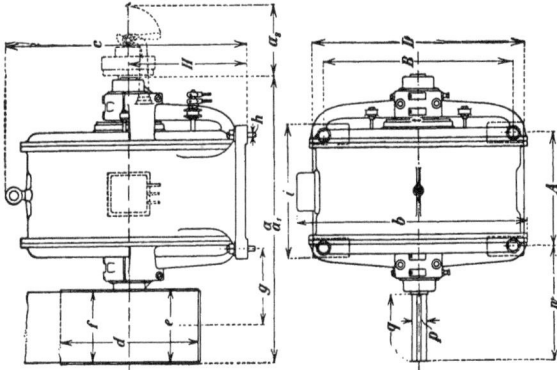

Verlag von R. Oldenbourg in München und Berlin.

Der Eisenbau.
Ein Handbuch für den Brückenbauer und den Eisenkonstrukteur. Von **Luigi Vianello.** Mit einem Anhang: Zusammenstellung aller von deutschen Walzwerken hergestellten I- und Γ-Eisen. Von Gustav Schimpff. (Oldenbourgs Technische Handbibliothek, Bd. IV.) XVI und 691 Seiten 8⁰, mit 415 Textabbildungen. In Leinwand gebunden Preis M. **17.50.**

Der Verfasser ist durch Veröffentlichung seiner wissenschaftlichen Arbeiten und durch seine Mitarbeit an der Erbauung der Berliner Hoch- und Untergrundbahn, deren Entwurfsbureau er längere Zeit zugehörte, bestens bekannt geworden. Sein Buch wird dem Bauingenieur sehr willkommen sein, da es in sich das vereinigt, was für die Praxis von Wert ist und sonst nur in einer Reihe einschlägiger Werke zu finden wäre. Mit feinem praktischen Gefühl hat der Verfasser eine richtige Wahl bei dem nur zu reichlich vorhandenen Material getroffen, und den Stoff in knapper und klarer Form, immer soweit als möglich vereinfacht, wiedergegeben. Dabei konnte er oft Ergänzungen und Neuerungen auf Grund seiner eigenen Erfahrung einführen, so daß viele Abschnitte, die sonst wohlbekannte Gegenstände behandeln (wie z. B. Knickfestigkeit, vollwandige Träger usw.) auch für den geübten Konstrukteur wertvoll sind. **Deutsche Bauzeitung.**

Träger-Tabelle.
Zusammenstellung der Hauptwerte der von deutschen Walzwerken hergestellten I- und Γ-Eisen. Nebst einem Anhang: Die englischen und amerikanischen Normalprofile. Herausgeg. von **Gustav Schimpff,** Regierungsbaumeister. VIII und 59 Seiten in quer 8⁰. Kartonniert Preis M. **2.—.**

Das vorliegende Tabellenwerk entspricht einem Bedürfnisse, das von Eisenkonstrukteuren gewiß schon oft empfunden worden ist, und bildet eine wertvolle Ergänzung des »Deutschen Normalprofilbuches«. Entstanden ist dieses Bedürfnis aus der Tatsache, daß neben den »Deutschen Normalprofilen« der I- und Γ-Eisen in ihrer jetzigen Form neuerdings wieder in größerem Umfange auch Profile anderer Art gewalzt werden, teils weil sich die Werke zur Erweiterung ihres Absatzgebietes gezwungen sahen, englische und amerikanische Profile herzustellen, teils weil die deutschen Normalprofile nicht für alle Zwecke gleich geeignet sind, namentlich nicht zur Verwendung als gedrückte Stäbe, Säulen usw. Verfasser hat sich daher der mühevollen Arbeit unterzogen, alle ihm bekannt gewordenen abweichenden, in Deutschland z. Zt. gewalzten I- und Γ-Profile mit den Normalprofilen zusammenzustellen. Neben den Abmessungen, Widerstands- und Trägheitsmomenten sind auch als wertvolle Ergänzung für die I-Eisen die »freien Längen« angegeben, d. h. die Längen, bei welchen für einen auf Knicken beanspruchten, nicht eingespannten Stab die Knicksicherheit eine fünffache ist bei 1000 kg/qcm Beanspruchung des Querschnittes. **Deutsche Bauzeitung.**

Krane,
ihr allgemeiner Aufbau nebst maschineller Ausrüstung, Eigenschaften ihrer Betriebsmittel, einschlägige Maschinenelemente und Trägerkonstruktionen. Ein Handbuch für Bureau, Betrieb und Studium von **Anton Böttcher,** Ingenieur. Unter Mitwirkung von Ingenieur G. Frasch. XV und 500 Seiten, gr. 8⁰, mit 492 Textabbildungen, 41 Tabellen und 48 Tafeln. 2 Bände — Text- und Tafelband — in Leinwand gebunden Preis **M. 25.—.**

Die reichen Erfahrungen und eingehenden Kenntnisse, die sich der Verfasser während seiner langjährigen Tätigkeit nicht nur auf dem Gebiete des Kranbaues erwarb und die zu erweitern er anläßlich des

Verlag von R. Oldenbourg in München und Berlin.

Umbaues der ausgedehnten Werkstätten des Stettiner Vulkan für elektrischen Betrieb Gelegenheit hatte, veranlaßten ihn, eine Übersicht über das gesamte Gebiet des Kranbaues zu geben. Der bei den Arbeiten im Stettiner Vulkan mit denkbar geringster Betriebsunterbrechung durchzuführende Umbau einer großen Anzahl Krane der verschiedensten Systeme, an die zum Teil hinsichtlich Geschwindigkeits-Steigerung große Ansprüche gestellt wurden, verlangte eine bis ins kleinste Detail gehende Prüfung der Konstruktion und gewissenhaftes Studium aller Einzelheiten im Betriebe, so daß hier eine reiche Quelle wertvoller Erfahrungen verwertet werden konnte. Die mit dem Umbau der Vulkan-Werkstätten Hand in Hand gehende ausgedehnte Erweiterung der Fabrikanlagen führte zu zahlreichen Neubeschaffungen auch an Kranen, deren Montage, Inbetriebsetzung, Probebelastung und Überwachung im Betriebe den Verfasser mit den modernen Ausführungen bestbekannter Firmen eingehend vertraut machten. Eine im Sommer 1902 unternommene, die bedeutendsten deutschen Seestädte und Industrie-Zentren berührende, mehrmonatige Studienreise lieferte ebenfalls sehr wichtiges Material.

Über Schwerlast-Drehkrane im Werft- und Hafenverkehr. Von Dr.-Ing. Eugen Schürmann. VI u. 79 S. gr. 8⁰. Mit 79 Textabbildungen und 12 Tafeln. Preis M. 6.—.

Die Schwerlast-Drehkrane gehören wegen ihrer ganzen Eigenart zu den Konstruktionen, die genau und mit aller Gründlichkeit und Schärfe berechnet werden müssen. Der Verfasser, der die vier Haupttypen genannter Krane, und zwar Drehscheibenkrane (alte Form), Drehscheiben-T-Krane (neue Form), Hammerkrane und Derrickkrane vergleichend und hinsichtlich Konstruktion und Berechnung behandelt, weiß jedenfalls die sich einstellenden Schwierigkeiten geschickt zu überwinden; er löst dabei mit einer gewissen Eleganz all die verschiedentlichen Aufgaben. Zu dem Zwecke bevorzugt er neben der graphischen Berechnung die Anwendung der höheren Mathematik, was ohnedies, namentlich bei dynamischen Aufgaben, von großem Vorteil ist, wenn nicht überhaupt ein gewisser Zwang dazu vorliegt. Die rechnerisch gefundenen Werte hinsichtlich der in Betracht kommenden Widerstände, der Gründungskosten, Stromkosten, der Kosten für Bedienung usw., stellt der Verfasser am Schlusse durch graphische Schaubilder übersichtlich zusammen und bietet somit Gelegenheit, die einzelnen Systeme gründlich zu vergleichen. Das Ganze ist eine gründliche Studie und wird dem Freude machen und dem interessante Anregung geben, der sich mit derartigen oder ähnlichen Fragen gern beschäftigt oder sich beschäftigen muß. **Stahl und Eisen.**

Die Petroleum- und Benzinmotoren, ihre Entwicklung, Konstruktion und Verwendung. Ein Handbuch für Ingenieure, Studierende des Maschinenbaues, Landwirte und Gewerbetreibende aller Art. Bearbeitet von G. Lieckfeld, Zivilingenieur in Hannover. Zweite umgearbeitete und vermehrte Auflage. X und 297 Seiten. gr. 8⁰. Mit 188 Textabbildungen. Preis M. 9.—. In Leinw. geb. Preis M. 10.—.

Lieckfeld behandelt einleitend das Betriebsmaterial, das ist Rohpetroleum und seine Destillate, in sehr gründlicher Weise nach dem neuesten Stande der Wissenschaft und geht sodann auf Benzin- und Petroleum-Motoren näher ein, unter Angabe der verschiedenen Systeme und Detailkonstruktionen in Wort und Bild. Zum Schlusse werden die einzelnen Verwendungsarten eingehend erörtert und wird speziell auch der Aufstellung und Bedienung solcher Motore in erschöpfender Weise gedacht. Sehr wertvoll ist der Anhang, der ein Verzeichnis einschlägiger deutscher Privilegien bringt. Muß diese Arbeit als eine sehr verdienstliche im allgemeinen bezeichnet werden, so wird sie für alle jene, welche mit Petroleum- und Benzin-Motoren zu tun haben, geradezu ein unerläßliches Hilfs- und Nachschlagebuch, dessen eingehendes Studium auf das wärmste empfohlen wird. Die Ausstattung des Werkes mit zahlreichen guten Zeichnungen verdient gleichfalls vollste Anerkennung. **Der Gastechniker.**

Verlag von R. Oldenbourg in München und Berlin.

Oldenbourgs Technische Handbibliothek.

Band I: **Neuere Kühlmaschinen**, ihre Konstruktion, Wirkungsweise und industrielle Verwendung. Leitfaden für Ingenieure, Techniker und Kühlanlagenbesitzer, bearbeitet von Dr. **Hans Lorenz.** Professor an der Technischen Hochschule Danzig, dipl. Ingenieur. Dritte, durchgesehene und vermehrte Auflage. VIII und 374 Seiten. 8⁰. Mit 208 Textabbildungen. In Leinwand geb. Preis M 10.—.
<small>Außerdem existiert eine französische, englisch-amerikanische und russische Ausgabe.</small>

Band II: Praktische Betriebskontrolle eines Mälzerei- und Brauereibetriebes. Von Dr. **Anton Schifferer.** XII und 304 Seiten. 8⁰. Mit 97 Textabbildungen und 3 Tafeln. In Leinwand geb. Preis M. 9.—.

Band III: Einrichtung und Betrieb eines Gaswerkes. Ein Leitfaden für Betriebsleiter und Konstrukteure. Von **A. Schäfer,** Ingenieur und Direktor des städtischen Gaswerkes Ingolstadt. XII und 373 Seiten. 8⁰. Mit 185 Textabbildungen und 6 Tafeln. In Leinwand geb. Preis M. 9.—.

Band IV: Der Eisenbau. Ein Handbuch für den Brückenbauer und den Eisenkonstrukteur. Von **Luigi Vianello.** Mit einem Anhang: Zusammenstellung aller von deutschen Walzwerken hergestellten I- und ⴺ-Eisen. Von Gustav Schimpff. XVI u. 691 Seiten 8⁰. Mit 415 Textabbildungen. In Leinwand geb Preis M. 17.50.

Band V: Warmwasserbereitungsanlagen und Badeeinrichtungen. Leitfaden zum Berechnen und Entwerfen von Warmwasserbereitungs- und Verteilungsanlagen, öffentlichen Badeanstalten, Bädern in Wohn- und Krankenhäusern, von Militär-, Arbeiter und Schulbädern, bearbeitet für Architekten, Ingenieure, Techniker und Installateure von **Holger Roose,** Ingenieur. XII und 289 Seiten, 8⁰, mit 87 Textabbildungen. In Leinwand geb. Preis M. 7.—.

Band VI: Der praktische Bauführer für Umbauten, seine Tätigkeit vor und während der Bauausführung, sowohl in konstruktiver wie in geschäftlicher Beziehung. Von **F. Hintsche,** Architekt und Baumeister. Umfang ca. 18 Bogen. 8⁰. Mit 63 Textabbildungen und 24 mehrfarbigen lithographierten Tafeln. Ein Text- und ein Tafelband in Leinwand Preis M. 12.—.

Band VII: Zahlenstoff und Winke zum Bau und Betrieb von Kältemaschinen-Anlagen. Von Ingenieur **C. Heinel,** Privatdozent an der Techn. Hochschule. Berlin.

Band VIII: Wasserkraft- u. Wasserversorgungsanlagen. Von Ingenieur **Ferdinand Schlotthauer.**

In Vorbereitung befindet sich:

Band IX: Elektrometallurgie. Von Dr. **A. Neuburger.**

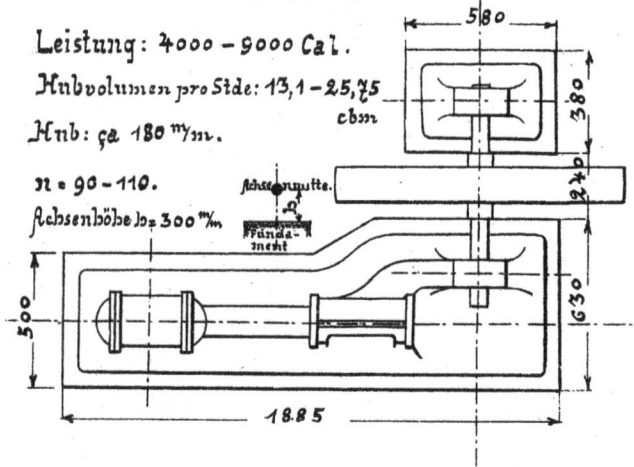

M: 1:20.

Leistung: 4000 - 9000 Cal.

Hubvolumen pro Stde: 13,1 - 25,75 cbm

Hub: ca 180 m/m.

n = 90 - 110.

Achsenhöhe h = 300 m/m.

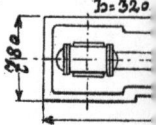

M:

Leistung: 9000 - 1...

Hubvolumen pro Stde:

Hub: ca 250 m/m. 39...

n = 80 - 100.

h = 320

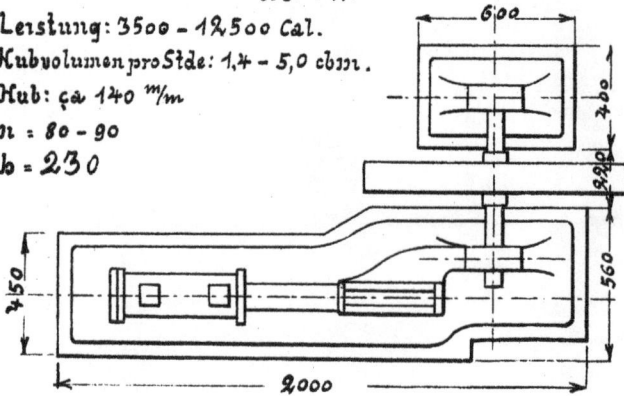

M: 1:20

Leistung: 3500 - 12500 Cal.

Hubvolumen pro Stde: 1,4 - 5,0 cbm.

Hub: ca 140 m/m

n = 80 - 90

h = 230

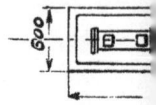

M

Leistung. 13000 -

Hubvol. pr. Stde: 5,4

Hub: ca 160 m/m

n = 75 - 80

h = 280

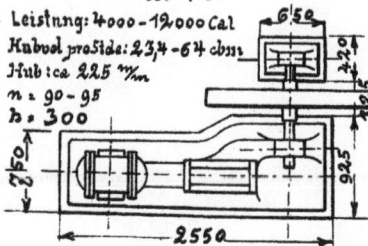

M: 1:50

Leistung: 4000 - 12000 Cal

Hubvol. pro Stde: 23,4 - 64 cbm.

Hub : ca 225 m/m.

n = 90 - 95

h = 300

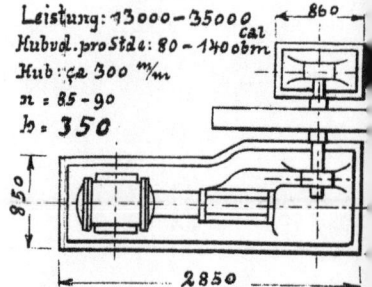

M: 1:50

Leistung: 13000 - 35000 cal

Hubvol. pro Stde: 80 - 140 cbm

Hub: ca 300 m/m

n = 85 - 90

h = 350

NH_3 - Comp

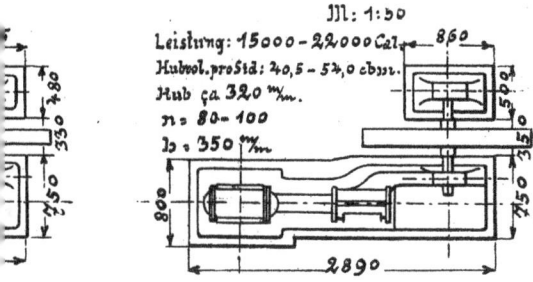

M: 1:50
Leistung: 15000 - 22000 Cal
Hubvol. pro Std: 40,5 - 52,0 cbm.
Hub ca 320 m/m.
n = 80 - 100
D = 350 m/m

860
505
350
800
750
2890
330 480
750

Leistung: 23000 - 48
Hubvolumen pro Stde: 55,
Hub ca 450 m/m.
n = 70 - 90.
D = 400 m/m.

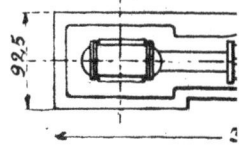

925
3

CO_2 - Comp

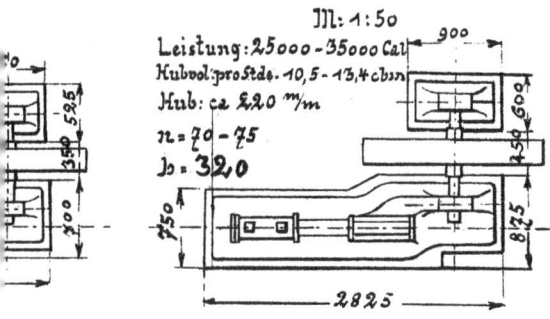

M: 1:50
Leistung: 25000 - 35000 Cal
Hubvol. pro Stde. 10,5 - 13,4 cbm
Hub: ca 220 m/m
n = 70 - 75
D = 320

900
450 600
875
750
2825
350 525
300

M: 1:5
Leistung: 40000 - 75000
Hubvol. pro Stde: 17,3 - 30,8 c
Hub: ca 320 m/m.
n = 70 - 75
D = 350

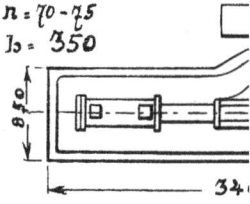

850
34

SO_2 - Comp

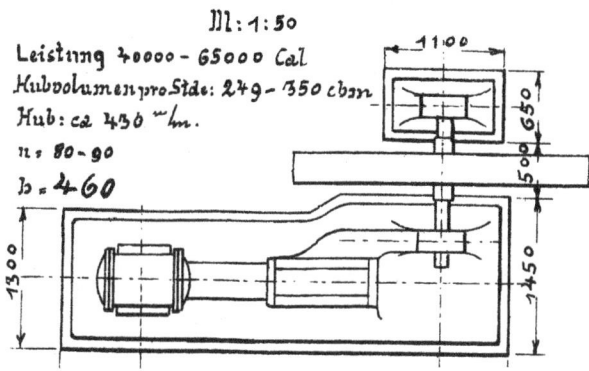

M: 1:50
Leistung 40000 - 65000 Cal
Hubvolumen pro Stde: 249 - 350 cbm
Hub: ca 430 m/m.
n = 80 - 90
D = 460

1100
650
500
1450
1300

Leistung: 7
Hubvol. std. l
Hub: ca 52
n = 75 - 80
D = 530

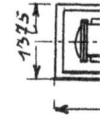

1375

ressoren:

M: 1:50.

00 Cal.
1 - 105,9 cbm

9,50

575
500

950

5700

M: 1:50.

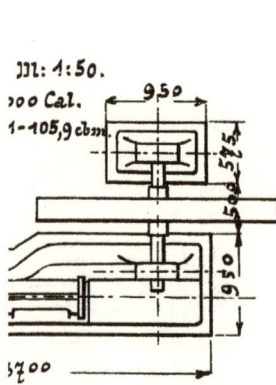

Leistung: 50000 - 96000 Cal
Hubvolumen pro Stde: 106,5 - 207,0 cbm
Hub: ça 450 $^m/_m$
n = 65 - 80.
b = 480 $^m/_m$.

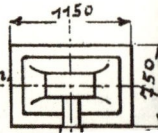

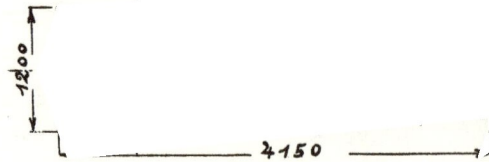

1150

750

1200

4150

---

ressoren:

Cal.
bm.

1000

600
525

1030

00

M: 1:50.

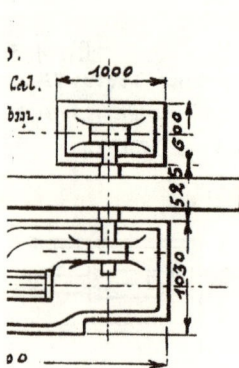

Leistung: 77000 - 135000 Cal.
Hubvol. pro Stde: 31,5 - 45,0 cbm.
Hub: ça 420 $^m/_m$.
n = 65 - 70.
b = 480

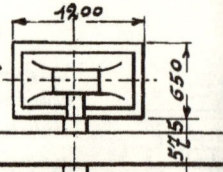

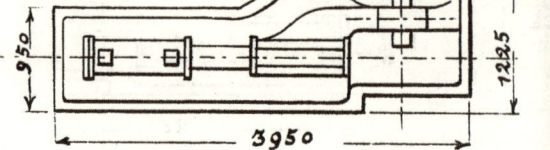

1200

650
575

950

1225

3950

---

ressoren:

M: 1:100

0000 - 115000
450 - 600 cbm
5 $^m/_m$

1500

950
600

1700

4675

M: 1:100.

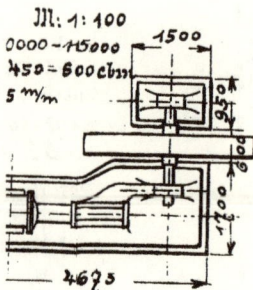

Leistung: 120000 - 165000 Cal.
Hubvol. pr Std: 745 - 965 cbm.
Hub: ça 600 $^m/_m$.
n = 65 - 75
b = 620

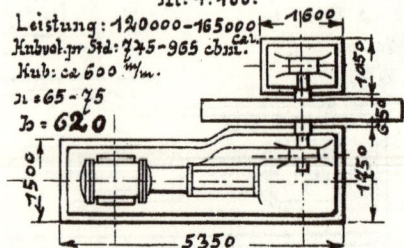

1600

1650
650

1500

1450

5350

Le
H
H.
n
b

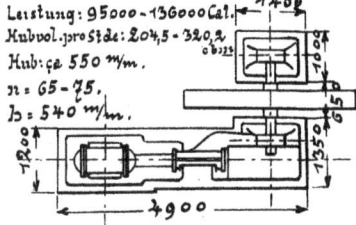

M: 1:100

Leistung: 95000-136000 Cal.
Hubvol. pro Stde: 204,5 - 320,2 cbm.
Hub: ça 550 m/m.
n = 65 - 75.
b = 540 m/m.

4900

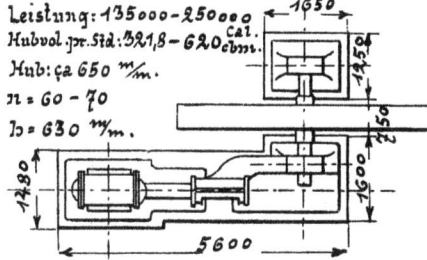

M: 1:100

Leistung: 135000-250000
Hubvol. pr. Std: 321,8 - 620 Cal. cbm.
Hub: ça 650 m/m.
n = 60 - 70
b = 630 m/m.

5600

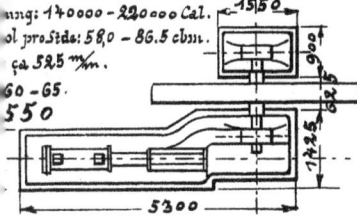

M: 1:100

...nng: 140000 - 220000 Cal.
...ol. pro Stde: 58,0 - 86,5 cbm.
...ça 525 m/m.
60 - 65.
550

5300

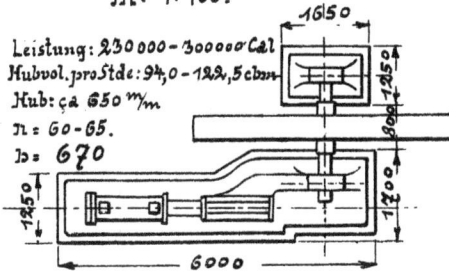

M: 1:100.

Leistung: 230000 - 300000 Cal
Hubvol. pro Stde: 94,0 - 122,5 cbm.
Hub: ça 650 m/m.
n = 60 - 65.
b = 670

6000

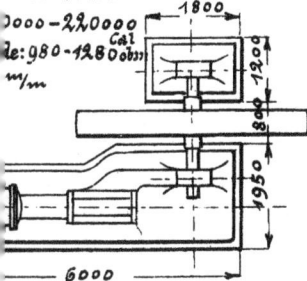

M: 1:100.

...000-220000 Cal
...de: 980-1280 cbm
m/m

6000

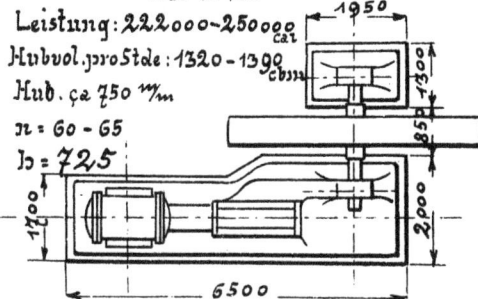

M: 1:100

Leistung: 222000-250000 Cal.
Hubvol. pro Stde: 1320 - 1390 cbm.
Hub. ça 750 m/m.
n = 60 - 65
b = 725

6500

Zweck	Nr.	Vorkehrungen und Arbeitsgang	Ob eine Hilfsleitung zu legen von wo nach wohin? Zweck derselben?	Reguilerventil	Kompressor				Kondensator			
					Druckleitung	Saugleitung	Entlüftung der Druckleitung	Lufteinsaugventil an der Saugleitung	Entlüftungsventil	Am Eintrit der Druckleitung	Manometeranschluß	Flüssigkeitsleitungsanschluß
				R	1	2	3	4	5	6	7	8
	I.	Entfernen der Luft aus dem Kältemittel — Verdampfer absaugen { auf Vakuum bei SO₂; etwa I atm. NH₃; 2 CO₂ }	—	zu	auf	auf	zu	zu	zu	auf	auf	zu
		Kompressor abstellen und nach einiger Zeit reichlicher Kühlung Kondensator entlüften	—	»	zu	?	»	»	auf	»	»	»
	2.	Entfernen der Luft aus dem Verdampfer und der Saugleitung. Zunächst etwas Kältemittel überströmen lassen.	—	et-was auf	»	»	»	»	zu	»	»	auf
		Absaugen auf Vakuum, wenn es der Zustand der Anlage erlaubt	von Ventil 3 ins Freie bzw. Wasser. Luftausstoß	zu	»	»	auf	»	»	»	»	»
	3.	Langsames Überströmen des Kältemittels in den Verdampfer ε.) durch eigenes Gefälle	—	et-was auf	»	»	zu	»	»	»	»	»
		b) durch langsames Absaugen des Kondensators durch den Verdichter	von 5 nach 4 u. von 3 nach 9	zu	»	zu	auf	auf	auf	»	»	zu
		c) dto., durch umgekehrtes Arbeiten des Verdichters	Umtausch der Verdichterventile	»	auf	auf	zu	zu	zu	»	»	»
		d) oder nach b), saugen durch 5, 17, 16, 15, 14, 13, 2	von 3 nach 9	»	zu	»	auf	»	»	»	»	»
	4.	Verdampfer gut absperren	—									
	5.	Druckprobe des Kondensators zum Auffinden von Undichtheiten	Ventile des Verdichters normal setzen	»	auf	»	zu	auf	»	»	»	»
r Leitungen	6.	Entleeren des Kondensators nach 3 b), c) oder d) und der Leitungen	von 3 oder 4 aus Ausstoß ins Freie oder Wasser	auf							»	auf
	7.	Reinigung und Reparatur des Kondensators (Gaskühlers,	—									

ener Kälte-Erzeugungsmaschinen.

pfer		Öltopf (Destill.)		Ölab-scheider			Bemerkungen	Häufig gemachte Fehler in der Arbeits-weise bzw. Bauweise
Anschluß der Saug-leitung	Verbindung mit Öltopf am Siebkopf	Anschluß an Saug-leitung	Anschluß an Öl-abscheider	Anschluß zum Öltopf	Anschluß zum Kondensator	Anschluß der Stopf-büchse an Saugleitung		
12	13	14	15	16	17	18		
auf	auf	auf	auf	auf	auf	auf	Druckmanometer, insbesondere bei CO_2-Ma-schinen, beobachten; wenn Druck ruckweise mit Verdichterhub steigt, so ist Anlage über-füllt bzw. der Kondensator voll. Absaugen dann sofort unterbrechen. Im Notfalle Regulierventil rasch öffnen.	Bei zu raschem Absaugen wird die Stopfbüchse zu warm. Bei undichter Stopfbüchse darf nicht auf Vakuum abgesaugt werden, da sonst Luft eingesaugt.
»	»	»	zu	zu	»	»	Entlüftung kräftig vornehmen, etwas Verlust an Kältemittel nicht scheuen.	Entlüftungsventil ist oft an falscher Stelle ange-bracht, spezifische Gewichte der Gase beachten. Luftsäcke vermeiden.
»	»	»	»	»	»	»	Wieder etwas Druck in den Verdampfer geben.	—
»	»	»	»	»	»	»	—	Verlust an Kältemittel wird gescheut, diese Ent-lüftung meist unterlassen.
zu	»	»	»	»	»	»	Salzwasserpumpe darf keine Wärme zubringen, Temperatur des Salzwassers soll recht tief sein, damit rasche Verflüssigung im Verdampfer	Zu rasches Überströmenlassen, dann wird zu viel Unreinigkeit in den Verdampfer hinübergerissen.
»	»	»	»	»	»	»	Verlust an Kältemittel hiebei kleiner, weil Druck im Kondensator kleiner als bei a)	Ventile lassen sich nicht untersuchen. Saug-manometer muß Druck vertragen.
auf	zu	zu	»	auf	auf	»	Ventilsitze müssen nach Schablonen gearbeitet sein, vor Umsetzen der Ventile Öffnen des Kom-pressors nach besonderer Anleitung	Überfüllen des Verdampfers vermeiden (siehe 1)
zu	auf	auf	auf	»	»	»	Öltopf vorher ganz entleeren.	—
zu							Wenn nötig, vor 10 und 12 Blindflanschen schrauben.	—
»				zu			Meistens konnten die Undichtheiten im Be-triebe gefunden werden.	Leitung zwischen R und 10 öffnen nach Atmo-sphäre, sonst ev. Luft in Verdampfer gedrückt
»	»	»	»	auf		»	Gegen Ende Luft durch die Anlage saugen und bei 3 ausstoßen	Entleerung unvollständig, nur öffnen ohne Ab-saugen ungenügend mit Rücksicht auf Unfälle
							Siehe Anweisung am Schluß	Sehr sorgfältige Reinigung nötig. Wasser und

nd Hähne) am

(Linke vertikale Beschriftung: Instandsetzung des Kondensators, Verdichters und de...)

Nr.	Arbeitsvorgang	Mittel										
	Verflüssigers und Unterkühlers) der Ventile und Hähne, des Verdichters (Stopfbüchse, Kolbenstange, Lager etc.) der Leitungen und der Ölabscheidungsteile	—										
8.	Wiederanschluß des Kondensators und der Leitungen, Druckprobe auf Druck wie bei 5	—	auf	auf	zu	zu	auf	zu	auf	auf	zu	a
	» » Vakuum nach 3 b), c) oder d)	—	siehe 3 b), c) oder d)								»	
9.	Austrocknen des Kondensators und der Leitungen mittels Durchpumpen von Luft. Saugleitung bei 12 nach Atmosphäre öffnen, dort am besten warme aber trockene Luft ansaugen, bei 9 ausgestoßen. Ist zu befürchten, daß die Leitungen auf diese Weise nicht trocken werden, so sind die Verdichterventile umzutauschen, die Luft bei 9 anzusaugen und vor 12 ins Freie auszustoßen	— / Verdichterventile umgesetzt		auf	auf	zu	zu	zu	»	»	auf	sonst w
10.	Entlüften der geöffnet gewesen Teile, kann manchmal mit der Probe auf Vakuum verbunden werden (Saugleitung bei 12 wird angeschlossen, 12 bleibt zunächst zu, Luftauspuff bei 3	von 9 nach 4	auf	zu	auf	auf	auf	zu	auf	auf	auf	a
11.	Verdampfer entleeren, umsaugen in Kondensator. Absaugen stets am höchsten Punkt des Verdampfers a) Sammelstück des Verdampf. am höchsten Punkt	—	zu	auf	»	zu	zu	»	»	»	zu	a
	b) Verteilstück » » » » »	von 9 nach 4 als Saugleitung	»	»	zu	»	auf	»	»	»	»	a
12.	Kondensator wird abgesperrt	—	»	zu			zu		zu		»	
13.	Verdampfer entleeren durch Luftdurchsaugen bei 9 und ausstoßen bei 3, sonst nach 11 a) oder b)	von 3 ins Freie oder in Wasser	»	»	*(siehe 11)*	auf						
14.	Verdampferdruckprobe. Luft durch 4 angesaugt. Aufsuchen von Undichtheiten (Luftblasen)	von 3 nach 9 als Druckleitung	»	»	zu	»	auf	»	»	»	»	
15.	Reinigung und Reparatur des Verdampfers und der Ventile 10, 11, 12	—										
16.	Wiederanschluß und Druckprobe wie bei 14	—										
17.	Austrocknung der Verdampferschlangen u. Saugleitung, Lufteinsaugen bis 9, Ausstoß bis 3	—	»	»	auf	»	zu	»	»	»	»	
18.	Entlüften des Verdampfers und der Saugleitung	von 3 ins Freie oder in Wasser	zu, etw. auf, zu	»	»	»	»	»	»	»	auf	a
19.	Nachfüllung	Flasche angelegt	zu	auf	»	zu	»	»	auf	»	»	a
20.	Probeweise Inbetriebsetzung	Flasche bleibt liegen	auf	»	»	»	»	»	»	»	»	a

Angenommen wurde, daß die vorhandenen Druck- und Saugmanometer für Druck und zugleich für Vakuum eingerichtet sind, so daß kein Umwechseln zufinden braucht resp. eine Absperrung derselben nicht nötig erscheint.

Reinigung der Schlangen und Revisionsarbeiten: Sammelstück und Verteilungsstück werden entfernt, Schlangen mit einer Sodalösung g (bei SO_2 mit einer starken Sodalauge), nach 15—20 Stunden abgelassen, mit Dampf ausgeblasen, bis Dampf am anderen Ende austritt (nicht Wasser). Äußere Oberflä werden durch Stahldraht- oder Kupferdrahtbürsten gereinigt, Anfressungen sauber blank geschabt, mit Zinn verlötet, mit Gummi überdeckt und Schelle angepreßt. strich ist mittels Nautonfarbe zu empfehlen. Die Revision erstreckt sich auf sämtliche Ventile und Hähne, welche gereinigt und eventuell nachgeschliffen w

								Dampf mit großer Geschwindigkeit durch die Schlangen jagen, sonst Reinigung ungenügend. Für Beizung meist zu kurze Zeit vorgesehen
							Siebtopf bekommt neues Sieb	Sieb darf bei etwaiger Verstopfung nicht dem Zerreißen ausgesetzt sein
zu							Der Druck sowohl als auch das Vakuum müssen 12 bis 24 Stunden hindurch beobachtet werden unter Berücksichtigung der Temperaturschwankungen	Bei der Druckprobe mit Luft ist langsam vorzugehen, die Stopfbüchse ist kühl zu halten
»	—	—	—	—	—		Die kleineren Verbindungsleitungen können durch Anwärmen vor der Wiedermontage getrocknet werden, ebenso der Öltopf. Das Kondensatorgefäß wird mit warmem Wasser gefüllt zur Anwärmung der Luft. Anwärmung der Luft im Kondensator stärker nötig.	Das Anwärmen der Luft durch Wasser wird meist unterlassen, es kann dann unter Umständen durch das Durchsaugen von Luft erst recht Feuchtigkeit in das Innere der Maschine hineingelangen
auf	auf	auf	auf	auf	auf		Zunächst Vakuum gesaugt, dann 12 kurz auf, etwas Druck einlassen, 12 zu, absaugen auf Vakuum und bei 3 ausstoßen. Verfahren wird dreimal wiederholt	Einmaliges Entlüften genügt nicht
zu	zu	zu	zu	auf	zu		Absaugen sehr langsam, so daß nur reines Gas überdestilliert; Kühlwasser zum Kondensator zulaufen lassen	Oft wird Flüssigkeit übergesaugt, also auch wieder Schmutz in den Kondensator übergepumpt
»	»	»	»	»	»			
»	»	»	»	zu	»		—	—
							9 wird erst aufgemacht, nachdem das Saugmanometer auf Vakuum gegangen ist.	Das Luftdurchsaugen wird häufig unterlassen, führt zu Unfällen durch Vergiftung oder Erstickung
»	»	»	»	»	»		—	—
							siehe bei 7. Das alte Salzwasser wird am besten entfernt, zum mindestens gefiltert	
							—	—
»	»	»	»	»	»		Wasser im Verdampfergefäß wird angewärmt, bzw. die Schlangen durch Koksfeuerung erwärmt	—
»	»	»	»	»	»		Zunächst Vakuum, dann R kurz auf, wieder Vakuum, Verfahren dreimal wiederholt	Siehe 10
auf	auf	auf	»	auf	auf		Die Nachfüllung darf nur allmählich und langsam geschehen, zeitweise unterbrochen durch Versuch, nach 20 zu arbeiten	—
»	»	»	»	»	»		Ob Füllung genügt, zu erproben nach Tabelle 46, Absatz 18 u. 21.	—

...den Kompressor, bei welchem die bearbeiteten Flächen durch Abwaschung mit heißer Sodalösung gereinigt werden, ferner auf Manometerleitungen, Flüssig-..., Ölleitungen, die mittels Dampf auszublasen sind; sodann müssen sämtliche Apparate, wie Ölabscheider, Ölsammler, Ammoniaksammler etc. einer gründlichen ...terworfen werden. Die Manometer sind neu zu eichen (bzw. zu vergleichen mit neuen Manometern).

NB. Bei Reinigung eines eventuell vorhandenen Flüssigkeitskühlers sind die Manipulationen wie bei der Reinigung des Kondensators und kann dieselbe ...eit mit der des Kondensators erfolgen.

www.lngramcontent.com/pod-product-compliance
Lightning Source LLC
Chambersburg PA
CBHW031433180326
41458CB00002B/537